第四次气候变化国家评估报告

应对气候变化国际科技合作

国际经验与中国策略

陈 雄 等 编著

商务印书馆
创于1897　The Commercial Press

图书在版编目（CIP）数据

应对气候变化国际科技合作：国际经验与中国策略/陈雄等编著.—北京：商务印书馆，2023
（第四次气候变化国家评估报告）
ISBN 978-7-100-21278-6

Ⅰ．①应…　Ⅱ．①陈…　Ⅲ．①气候变化-国际科技合作-研究　Ⅳ．①P467

中国版本图书馆 CIP 数据核字（2022）第 100459 号

第四次气候变化国家评估报告

应对气候变化国际科技合作：国际经验与中国策略

陈　雄　等编著

商 务 印 书 馆 出 版
（北京王府井大街 36 号邮政编码 100710）
商 务 印 书 馆 发 行
北 京 冠 中 印 刷 厂 印 刷
ISBN 978 - 7 - 100 - 21278 - 6

2023 年 3 月第 1 版　　　开本 710×1000　1/16
2023 年 3 月北京第 1 次印刷　印张 17 3/4

定价：115.00 元

本 书 作 者

指导委员　吴国雄　　院　士　　　中国科学院大气物理研究所

潘家华　　研究员　　　中国社会科学院城市发展与

环境研究所

领衔专家　陈　雄　　处长/副研究员　中国科学技术交流中心

首席作者

第一章　陈其针　　副主任　　　中国 21 世纪议程管理中心

仲　平　　研究员　　　中国 21 世纪议程管理中心

第二章　李　宁　　处　长　　　中国科学技术交流中心

郗凤明　　研究员　　　中国科学院沈阳应用生态

研究所

柏燕秋　　副处长　　　中国科学技术交流中心

第三章　李　欣　　副处长　　　中国科学技术交流中心

马宗文　　助理研究员　中国科学技术交流中心

张　楠　　处　长　　　中国科学技术交流中心

第四章　杨　修　　副研究员　　中国科学技术交流中心

李航谦　　馆　员　　　中国科学技术交流中心

第五章　陈　雄　　处　长　　　中国科学技术交流中心

马云飞　　助理研究员　中国科学技术交流中心

第六章	辛秉清	处　长	中国科学技术交流中心
	杨　修	副研究员	中国科学技术交流中心
第七章	杨　修	副研究员	中国科学技术交流中心
	朱晓暄	副研究员	中国科学技术交流中心
	辛秉清	处　长	中国科学技术交流中心

主要作者

第一章	王文涛	中国 21 世纪议程管理中心
	何霄嘉	中国 21 世纪议程管理中心
	贾　莉	中国 21 世纪议程管理中心
	刘家琰	中国 21 世纪议程管理中心
	崔　童	国家气候中心
第二章	刘晓燕	中国科学技术交流中心
	宋　娥	中国科学技术交流中心
	马宗文	中国科学技术交流中心
	邵英红	中国科学技术交流中心
	严　密	浙江工业大学
	孔田平	中国社会科学院欧洲研究所
	段红霞	环境与可持续发展研究院（宁夏）
	代力民	中国科学院沈阳应用生态研究所
	王娇月	中国科学院沈阳应用生态研究所

	尹　岩	中国科学院沈阳应用生态研究所
第三章	吴　燕	中国科学技术交流中心
	宋杨竹	中国科学技术交流中心
	赵星宇	中国科学技术交流中心
	贾剑波	中南林业科技大学
	张梦杰	湖南省水利水电科学研究院
	邴龙飞	中国科学院沈阳应用生态研究所
	徐婷婷	中国科学院沈阳应用生态研究所
	齐　麟	中国科学院沈阳应用生态研究所
	刘丽茜	中国科学院沈阳应用生态研究所
第四章	杨　冰	中国科学技术交流中心
	赵高斌	中国科学技术交流中心
	陈白雪	中国科学技术信息研究所
第五章	辛秉清	中国科学技术交流中心
	杨　修	中国科学技术交流中心
	熊思尘	浙江大学建筑工程学院
第六章	陈　雄	中国科学技术交流中心
	林茜妍	中国科学技术交流中心
	马云飞	中国科学技术交流中心
第七章	陈　雄	中国科学技术交流中心
	熊思尘	浙江大学建筑工程学院

前　　言

　　气候变化是人类社会可持续发展所面临的共同问题。通过科技创新解决全球性问题已成为国际社会的共识。面对气候变化等全球性挑战，世界各国是休戚与共的命运共同体。世界各国必须团结合作，共同应对，持续加强科学技术创新，推动国家和地区间的科技创新合作，才能实现温室气体减排，解决全球气候变暖造成的诸多全球性问题。中国是全球应对气候变化的倡导者，近年来积极参与全球气候治理，通过加强气候变化领域的国际科技创新合作、加强关键技术领域的国际联合研究，以及通过科技援助来提升广大发展中国家在应对气候变化领域的技术水平，与世界各国共同应对全球气候变化。

　　2018 年 2 月，在科技部组织下，《第四次气候变化国家评估报告》编写工作正式启动。本报告作为《第四次气候变化国家评估报告》的研究成果之一，分析研究与评估近几年来典型国家应对气候变化总体目标、规划及科研举措与国际合作政策，中国应对气候变化国际科技合作等有关工作，结合全球气候变化发展和中国应对气候变化发展实际，从顶层设计、国际合作重点领域、应对气候变化科技援助、区域合作机制建立等方面提出未来推动中国应对气候变化国际科技合作的政策建议。

　　本报告的具体框架内容如下：

　　第一章为全球应对气候变化科技合作机制。本章重点就应对气候变化的国际合作机制、科技创新在应对全球气候变化中的地位进行分析。在此基础上，总结和分析了《联合国气候变化框架公约》内、外的国际科技合作机制。

第二章为世界主要国家应对气候变化的国际科技合作现状。本章选择伞形集团、欧洲国家、拉美国家、太平洋岛国作为典型代表国，从科技国际合作机制、政策、合作举措等角度，总结和分析研究对象国应对气候变化的国际科技合作现状、经验借鉴与对中国的启示。

第三章为应对气候变化的多边科技合作。多边科技合作是应对气候变化国际科技合作的重要组成。应对气候变化国际科技合作不仅要重视双边科技合作，更应加强国际组织或区域框架下的国际科技合作。本章选择了 APEC 经济体、欧盟、拉美联盟、联合国环境署为研究对象，重点分析了当前主要国际组织、区域性组织等应对气候变化的多边科技合作的特点。

第四章为中国应对气候变化国际科技合作。本章重点对中国在气候变化领域国际联合研究、科技援助和多边科技合作的现状进行总结和分析，为政策建议的提出奠定实践基础。

第五章为中国与"一带一路"沿线国家应对气候变化科技合作需求与重点。科技合作是"一带一路"沿线国家应对气候变化南南合作的重要内容。精准评估"一带一路"沿线国家气候变化科技合作的需求，明确重点合作领域，是落实"一带一路"沿线国家应对气候变化南南合作的关键。本章选择小岛屿和低海拔沿海国、干旱和半干旱国家、最不发达国家等为研究对象，就气候变化国际科技合作需求和重点领域进行了分析。

第六章为中国应对气候变化的南南科技合作。本章总结和分析了中国应对气候变化南南科技合作的现状与问题。在此基础上，选择美国、德国和日本为研究对象，总结了上述国家的科技援助经验。

第七章为政策建议。本章首先总结提出了世界主要国家通过科技创新应对气候变化政策的启示，基于以上实践，分别从合作战略、政策、机制等角度提出推动中国应对气候变化国际科技合作的政策建议。

应对气候变化国际科技合作不仅是全球气候治理的主要途径之一，也是推动构建人类命运共同体的重要内容。当前，全球气候治理格局正发生着深刻的变化；全球气候治理体系正面临着前所未有的挑战。中国作为世界创新大国、全球气候治理的倡导者，如何推动全球气候治理体系变革，提升中国的国际话语权至关重要。本报告以国际科技合作为视角，在全面分析世界主要国家应对气候变化国际合作现状的基础上，借鉴典型经验与做法，评估和分析了中国应对气候变化国际科技合作的重要实践。本报告集中了本报告团队在这一领域长期研究的成果。当然限于能力和所处阶段的认识局限，不足之处在所难免，敬请各位不吝赐教。

本报告得到《第四次气候变化国家评估报告》的支持。

本书作者

2020 年 8 月

目　　录

摘　　要

　　应对全球气候变化需要发挥科技创新的作用。面对气候变化这一全球性问题，需要借助世界各国的合力来共同应对。为此，加强应对气候变化国际科技合作已成为必然之路。但是当前"逆全球化"趋势愈演愈烈，给全球气候治理带来了诸多不确定性。全球气候治理体系面临着前所未有的挑战，全球气候治理体系变革迫在眉睫。如何发挥科技创新在全球气候治理中的作用，如何通过国际合作提升世界各国应对气候变化的创新能力显得至关重要。中国是全球气候治理的倡导者，在气候变化国际科技合作上始终发挥着积极作用。自《第三次气候变化国家评估报告》发布至今，中国始终积极主动应对全球气候变化，坚持国际科技合作驱动全球气候治理，通过加强气候变化关键技术领域的跨国合作、推动全球气候变化多边科技协同治理、加强应对气候变化科技援助等方式，努力推动全球气候治理体系变革，努力提升中国在全球气候治理上的国际话语权。

　　本报告对伞形集团、欧洲国家、拉美国家等应对气候变化的国际科技合作行动、政策等进行分析，总结提出上述国家应对气候变化国际科技合作的经验；在此基础上，从事实特征、存在问题、应对气候变化南南合作方面，深入分析中国应对气候变化国际科技合作的现状，并从顶层设计、重点领域、合作方式、科技援助、全球治理等角度提出切实可行的对策和建议。

　　本报告认为，科技创新是应对全球气候变化国际合作的基础，为应对全球气候变化提供了创新支撑。加强应对气候变化国际科技合作已成为国际社会应对气候变化的共识。在《联合国气候变化框架公约》中，技术机制是应对气候变化国际科技合作的机制，包括了技术执行委员会和气候技术中心与网络。该机制旨在强化技术开发与转让行动的目标，以支持减缓和适应气候变化行动。技术执行委员会主要为缔约方政策制定者及利益相关方提供政策建议；气候技术中心与网络作为具体实施机构，在帮助发展中国家提升气候变化领域能力建设上发挥着十分重要的作用。此外，清洁能源部长级会议、创新使命、联合国最不发达国家技术银行的成立等在《联合国气候变化框架公约》外也设置了气候变化国际科技合作的有关机制。

在应对气候变化国际合作上，无论是伞形集团、欧洲国家，还是经济发展水平较低的小岛国家、拉美国家等，它们对气候变化国际科技合作均持积极态度，愿意通过国际科技合作、国际援助来提升各国应对气候变化的能力，为2030年减排目标的实现贡献创新力量。

对于发达国家而言，其应对气候变化国际科技合作主要具有如下特点：①加强关键技术领域的强强联合。与发展中国家不同，发达国家在气候变化有关适应领域和减缓领域具有明显的技术优势，特别是在可再生能源、新能源、清洁能源等领域具有明显的互补性优势，存在较大的合作需求，愿意通过与科技实力强国开展合作来提升本国应对气候变化的技术水平。如美国与欧盟国家建立了清洁能源和可持续发展领导人高层对话机制，加强清洁能源等领域合作；瑞典积极加强与欧盟成员国应对气候变化的国际科技合作，特别是与北欧其他国家保持着长期稳定的合作关系。②建立以本国为核心的区域合作机制。为提升本国在应对气候变化领域的领导力，美国、日本、德国等发达国家十分注重建立以本国为核心的应对气候变化区域性合作机制。如美国、加拿大和墨西哥合作共建的"北美低碳"，是为更好地整合国家层次、地区层次、产业部门层次应对气候变化的规划。③通过国际援助提升国际话语权。为提升各国在全球气候治理中的国际话语权，伞形集团以及欧洲发达国家还积极推动对发展中国家应对气候变化的国际援助，从而实现环境标准和治理理念的输出，提升气候治理的国际话语权。如日本高度重视气候变化科技援助，凭借其技术和资金优势，对发展中国家提供了多层次的气候变化科技援助，努力提升其在全球气候治理中的主导地位。值得注意的是，随着特朗普的上台，美国在应对气候变化国际合作的立场上表现出"上下不一致"的特点。从美国联邦政府层面，特朗普政府宣布退出《巴黎协定》，这说明美国联邦政府在应对气候变化国际合作上持消极态度。然而，从各州政府及民间科学界层面，美国各州政府仍然在积极推动减排目标的实现，加强应对气候变化技术创新研发与国际合作，民间科学界对特朗普政府退出《巴黎协定》也持有强烈的反对意见。

对于发展中国家而言，以墨西哥、智利等为代表的拉美国家，以波兰为代表的中东欧国家，以及太平洋岛国和最不发达国家在应对气候变化国际合作上总体保持积极的态度，但与发达国家相比，部分发展中国家更加强调对本国经济特殊性的考虑。例如，波兰在《巴黎协定》的谈判中强调必须考虑各国经济的特殊性，呼吁关注贫困、饥饿和能源安全，而不是强力推动减少污染的国家承诺。在国际合作上，发展中国家在应对气候变化国际援助上存在较大的合作需求，特别是以太平洋岛国为代表的小岛屿国家和非洲、东南亚等最不发达国家。 与此同时，新兴经济体国家注重加强区域气候变化国际合作，加强对气候应对能力较弱国家的援助。例如，阿根廷在拉美能源一体化框架下，加强与巴西、智利等国在清洁能源方面的国际合作。墨西哥注重对中美洲和加勒比海地区国家的气候变化援助，以创造对墨西哥更好的发展环境。

近年来，中国政府加强顶层设计，积极推动应对气候变化国际科技合作，大力推动对"一带一路"沿线等广大发展中国家的科技援助。气候变化领域国际联合研究规模不断增加，气候变化国际联合研究项目的数量和资助规模不断扩大，合作国别从以往的美欧发达国家扩大至印度、巴西等发展中国家，合作领域涉及与气象科学、环境科学、地球科学有关的交叉学科等。同时，中国政府不断推动气候变化科技援助，气候变化领域科技援外培训班数量逐年增多，在防灾减灾、废弃物利用、工业节能减排、能源等领域重点开展援外培训，培训学员数量亦日益增加，主要来自小岛屿国家、拉美联盟和金砖国家等。此外，中国积极参与应对气候变化多边科技合作方面的活动，与联合国政府间气候变化专门委员会（Intergovernmental Panel on Climate Change，IPCC）、国际能源署（International Energy Agency，IEA）等国际组织开展气候变化多边科技合作，在全球气候治理中的贡献得到国际社会的普遍认可。

"一带一路"沿线国家经济社会发展水平较低，环境问题突出，应对气候变化科技创新能力较弱。加强"一带一路"气候变化国际科技合作是有效落实"一带一路"应对气候变化南南合作计划的关键。通过对联合国环境规划署（United Nations Environment Programme，UNEP）的国家技术需求评估（Technology Needs Assessment，TNA）报告中发展中国家应对气候变化重点技术领域和合作需求的分析，本报告认为，小岛屿国家应对气候变化技术合作需求主要集中在应对海平面上升、自然灾害监测与预防、农业、生态保护、水资源利用等适应领域，以及以获取电力为主要目的的可再生能源技术等减缓领域。干旱和半干旱国家主要集中在适应领域，包括水资源利用、旱作农业、防沙治沙、气象预测等。最不发达国家主要集中在水资源利用、农业、卫生健康等适应领域，及以获取电力为主要目的可再生能源技术等减缓领域。"一带一路"沿线国家在应对气候变化能力建设上存在较大需求，不仅包括硬技术，还有诸如政策、制度、经验、管理之类的软技术需求。农林业和能源被大部分国家列为减缓领域的优先发展技术，水资源和农业被大部分国家列为适应领域的优先发展技术。

近年来，中国积极推动气候变化南南科技合作，出台了《国家适应气候变化战略》（2013～2020 年）等重要政策，把应对气候变化南南科技合作作为重要内容，明确了重点合作领域、优先支持的国家类别，建立了多部门合作的科技援助管理体系，推进应对气候变化南南合作机制建设和发展中国家能力建设。尽管如此，中国仍在科技合作管理制度、支持机制、配套资金支持、项目成果宣传、部门间协调等方面存在着诸多问题。通过对发达国家和发展中国家应对气候变化科技合作的现状与政策分析，本报告发现，全球应对气候变化国际合作的做法对于新形势下中国推动应对气候变化国际科技合作具有重要的借鉴意义，主要归纳为如下几方面：统一、全方位地应对气候变化国家总体战略是应对气候变化落实的重要保障；应对气候变化科技创新管理体系应完整、灵活；气候变化援助仍是南北合作的重要方式；发展中国家、最不发达国家仍迫切需要国际援助；国际话语权争夺仍是全球气候治理的核心；非政府组织在全球气候治理中发挥了独特作用。

基于上述典型做法，本报告就中国加强应对气候变化国际科技合作提出如下切实可行的对策建议：

一是加强应对气候变化国际合作的顶层设计，重视气候变化立法在应对气候变化国际合作上的协调与统领作用。研究、制定应对气候变化的国家法律法规，注重应对气候变化技术中知识产权的保护，为国家战略实施提供法律保障；在《联合国气候变化框架公约》下，围绕"联合国 2030 可持续发展目标"，研究、制定应对气候变化国际科技合作的国家战略规划；研究、制定中国应对气候变化国际科技合作的政策与实施路线图；研究、提出中国应对气候变化国际科技合作的重点行动。

二是加强区域性应对气候变化国际合作的机制建设，重点在"一带一路"倡议下围绕沿线国家应对气候变化需要，在中亚、东北亚、南亚等地区打造若干个区域性的国际合作机制，提升中国在全球气候治理上的影响力。

三是加强应对气候变化重点领域国际合作。在与发达国家合作上，要聚焦双方共性技术领域，加强与发达国家应对气候变化的国际合作，特别要发挥中国在应对气候变化上的技术优势，结合发达国家的技术发展需要，在优势领域加强与发达国家的合作，巩固与发达国家应对气候变化国际合作的基础，降低美欧合作不确定性对中国应对气候变化国际合作的负面影响。例如，与美国围绕清洁能源、低碳技术、碳封存技术等领域开展与各州政府间的合作；与欧洲发达国家则要注重在氢能源、应对气候变化的数字技术等新兴能源技术领域的国际合作。围绕发展中国家应对气候变化的需求，重点加强农林业、水资源、系统监测等领域的国际科技援助，如对加勒比海和南美等不发达国家，中国应加大在农业、林业、水资源、卫生健康等领域国际援助；对于太平洋岛国等小岛屿国家，则要重点关注海岸带、农业和林业上的国际援助。特别地，要加强绿色基础设施项目的援助力度，避免或降低对煤电厂等高碳排放项目的援助，切实考虑被援助国当地环境可持续发展利益。

四是推动应对气候变化国际合作方式的多元化发展。重视对发展中国家应对气候变化的国际援助，通过国际援助提升中国在全球气候治理的国际话语权；努力打造应对气候变化南南技术合作平台，促进技术转移与合作交流；建立由绿色技术银行牵头的应对气候变化国际科技合作基金；加强应对气候变化国际联合研究项目合作，打造应对气候变化国际合作的旗舰项目；加强应对气候变化重点领域的技术转移。

五是加强应对气候变化科技援助，服务"一带一路"气候变化南南合作。科技援助应采取多主体、软硬结合的方式；组建产学研结合的走出去联盟；能力建设应与技术转移、贸易结合；建立综合示范培训服务的海外一体化基地；加强与非政府组织（Non-Governmental Organization，NGO）合作，共同推动应对气候变化科技援助；从需求出发，注重援助实效和可持续性。

六是积极参与全球气候治理，发挥中国的建设性作用。中国应积极应对，在国际谈判中争取主动，在双边、多边"气候外交"场合力争成为议程设置者和制度建设者，为中国经济社会发展赢得必要的发展空间。

最后是建立氢能、可再生能源、清洁能源、核能和智能电网等多能源一体化的绿色发展体系，降低中国煤炭等传统能源的依赖度。

第一章　全球应对气候变化国际科技合作机制

气候变化是全人类面临的共同挑战，需要世界各国携手共同应对，加强国际合作。科技创新是人类应对全球气候变化挑战的关键，加强气候变化领域科技创新合作是应对全球气候变化难题的必然选择。本章评价了科技在应对气候变化国际合作中的地位，梳理了当前全球应对气候变化国际科技合作的机制，并围绕全球应对气候变化的发展趋势与挑战等问题进行分析。

第一节　国际合作是应对全球气候变化的现实选择

工业革命以来人类大量消费了化石能源，使温室气体累积排放，导致大气中温室气体浓度显著增加，加剧了以变暖为主要特征的全球气候变化。气候变化对全球自然生态系统产生显著影响，温度升高、海平面上升、极端气候事件频发给人类生存和发展带来严峻挑战。气候变化作为全球性问题，需要国际社会携手应对。如何动员世界各国共同致力于应对全球气候变化，是当前的重大课题，也是一项庞大的综合性系统工程，其成功应对将是人类社会发展、进步历史进程中一个重要的里程碑。能否成功应对全球气候变化，不仅取决于能否变革长期以来工业化形成的传统高排放高增长的旧模式，创建切合时代和生态环境变迁要求的低排放高增长的新模式，还取决于世界各国能否共同重视和参与的政治意愿，提高对治理气候变化重要性和紧迫性的认知和共识。

为合作应对全球气候变化挑战，1992 年在联合国框架下发起并通过的《联合国气候变化框架公约》（United Nations Framework Convention on Climate Change，UNFCCC，以下简称《公约》）是全球首个旨在控制温室气体排放、应对全球气候变化的框架性国际文件，目前共有 197 个缔约方，包括联合国所有成员国以及巴勒斯坦、库克群岛、欧盟等[①]。1997 年《公约》缔约方大会上通过了《京都议定书》（Kyoto Protocol），规定了发达国家的量化减排目标。为进一步加强应对气候全球合作，各方于 2015 年年底在巴黎气候变化会议上达成《巴黎协定》（Paris Agreement），确定了"将本世纪全球平均温升幅度控制在 2℃以内，并为将温升控制在 1.5℃以内而努力"的目标；各方于 2018 年年底在卡托维兹气候变化会议上达成了《巴黎协定》实施细则一揽子协议，为全球共同推动绿色低碳发展转型明确了方向和规则，注入了新的动力。

从当前发展和深化国际关系来看，全球化的日益发展和深化已使世界各国的前途与命运紧密相连。国际合作应对气候变化的现实意义尤其重大，加强各方在应对全球气候变化领域的互利合作，不仅可为政府间新型合作关系的健康稳定发展和深化注入新的活力，增添新的合作内涵，开拓新的合作领域，而且可为世界经济今后的可持续发展培育新的增长点。在全球气候治理领域，探索建立世界各国共同参与、平等协商、同谋共识，协调合作处理和解决全球性问题的新模式，符合当今时代要求，未来还可以扩大和运用到处理和解决其他国际事务和全球性问题之中。

---

① 资料来源：联合国气候变化框架公约官网（https://unfccc.int）。

第二节　科技在应对气候变化国际合作中的地位

一、科学是应对气候变化的合作基础

全球治理的概念和现代科学联系紧密，当前全球治理正向多元治理方向演变。科学家团体、企业、非政府组织等也在全球治理方面发挥日益重要的作用。科学家团体不断为专业领域的全球治理提供科学依据，并推动全球治理朝着追求科学、更加民主、更加符合全球利益的方向发展。从政府间气候变化专门委员会（The Intergovernmental Panel on Climate Change，IPCC）报告到联合国可持续发展目标（Sustainable Development Goals，SDGs），全球治理议程都离不开科学家团体的重要作用。科学家依靠专业优势以及在公众中的道德形象和可信度，占据着知识和道德高地，其影响力是无法替代的。科学家团体可以有效地启发民智，并依照专业特点提出技术治理的方案。由于环境、生态等全球性问题的专业性和复杂性，决策者进行决策时不得不求助相关专家，科学家的专业知识和训练是决策者做出明智决策的基础。许多国家的气候变化谈判代表团中都有科学家的身影，许多国际组织也都选拔全球优秀的科学家组成专家组，对专业问题提出治理方案。

学术界在解释科学家在环境和生态领域治理中的作用时使用了"认知共同体"这一术语。作为"认知共同体"的科学家往往都有多学科合作的经验，不受某一特定学科的限制，这为科学家组织从容面对各种挑战、为决策者提供综合有效的治理方案奠定了基础。科学家团体的权威性在环境治理领域一直非常活跃。美国学者鲁尼·赫斯（Ronnie Hjorth）认为"认知共同体"曾创立了强效的国际机制，在全球保护臭氧层、欧洲控制酸雨以及控制地中海污染物等行动中发挥了巨大作用（巢清尘等，2018）。

IPCC 是全球气候治理领域最重要的科学共同体，对国际和各国应对气候变化政策制定与行动具有重要推动作用。IPCC 由世界气象组织（World Meteorological Organization，WMO）和联合国环境规划署（United Nations Environment Programme, UNEP）在 1988 年联合成立（巢清尘等，2018）。鉴于气候变化问题涉及自然、社会、经济等多个学科，IPCC 邀请各学科、各领域的科学家对气候变化的科学认识、影响及适应，减缓的政策和技术选择等开展全面、系统的评估，先后于 1990 年、1995 年、2001 年、2007 年、2014年发布五次评估报告。

气候谈判尽管已经脱离单纯的科学之争，成为国家之间利益和权力的较量。但是，其谈判的依据仍然无法超越科学研究的范畴，科学成果始终嵌于政治谈判进程之中。对比国际气候谈判的历史与 IPCC 前五次报告的评估周期，可以明显看出两者在时间上的一致性。

IPCC 第一次评估报告（FAR）于 1990 年发布，报告确信"人类活动产生的各种排放正在使大气中的温室气体浓度显著增加，这将增强温室效应，从而使地表升温"，该结论确定了气候变化的科学依据，促使各国政府和民众开始意识到气候变化问题的重要性，从而使得各国政府在第二次世界气候大会（1990 年）上呼吁建立一个气候变化框架条约，并推动 1992 年联合国环境与发展大会通过了旨在控制温室气体排放、应对全球气候变暖的第一份框架性国际文件——《公约》（巢清尘等，2018）。

1995 年发布的 IPCC 第二次评估报告（SAR）进一步指出，当前出现的全球变暖"不太可能全部是自然界造成的"，人类活动已经对全球气候系统造成了"可以辨别"的影响；大气中温室气体含量在继续增加，如果不对温室气体排放加以限制，到 2100 年全球气温将上升 1℃～3.5℃；将大气中温室气体浓度稳定在防止气候系统受到危险人为干扰的水平上（这是《公约》的最终目标），要求大量减少排放，这为 1997 年《京都议定书》的达成铺平了道路（巢清尘等，2018）。

IPCC 第三次评估报告（TAR）肯定了气候变化的真实性，强调近 50 年观测到的大部分增暖可能归因于人类活动造成的温室气体浓度上升（有66%～90%的可能性），并开始分区域评估气候变化影响，由此适应议题被提高到了和减缓并重的应对气候变化途径的位置，并促使《公约》谈判中新增了"研究与系统观测""气候变化的影响、脆弱性和适应工作所涉及的科学、技术、社会、经济方面内容"，以及"减缓措施所涉及的科学、技术、社会、经济方面内容"三个常设议题（巢清尘等，2018）。

2007 年发布的 IPCC 第四次评估报告（AR4）明确指出人类活动"很可能"是导致气候变暖的主要原因，其中有关影响和适应的评估结论为 2℃作为应对气候变化的长期温升控制目标奠定了科学基础，也为全球应对气候变化长期目标这一国际谈判的核心问题提供了科学依据。《公约》第 13 次缔约方大会就 AR4 如何促进谈判进行了专题审议，会议决议中敦促各方利用 AR4 的结论参与各议题的谈判以及制定国家政策和战略，并将 AR4 报告中有关"发达国家 2020 年在 1990 年基础上减排 25%～40%"的表述纳入会议决议中，旨在指导《京都议定书》第一承诺期有关温室气体减排路线的"巴厘路线图"的实施。AR4 还推动了 2009 年《公约》第 15 次缔约方大会（也称为哥本哈根气候大会）在《哥本哈根协议》中首次明确提出了 2℃温升控制目标，2℃温升控制目标由此被国际社会普遍承认。至此，定量化的长期目标从科学成果逐渐转化为一个全球性的政治共识（巢清尘等，2018）。

2014 年完成的 IPCC 第五次评估报告（AR5）进一步明确了全球气候变暖的事实以及人类活动对气候系统的显著影响，明确提出"如果全球平均温度升幅超过 2℃或以上将会带来更大的风险"。这使得全球多数民意支持政府在巴黎签署气候协定，限制温室气体排放，促使各国政府尽快采取适应和减缓行动；也为《公约》第 21 次缔约方大会（也称巴黎气候大会）顺利达成《巴黎协定》奠定了科学基础。此外，AR5 在适应需求和选择、适应计划制定和实施、适应机遇和限制因素，以及适应气候变化经济学等方面得出的新的评估结论，为 2020 年以后国际气候制度建立中有关"如何管理气候风险"提供了重要的科学信息，推动《巴黎协定》中各国达成"提高适应气候变化不利影响的能力，以不威胁粮食生产的方式增强气候可恢复、实现低排放发展"的共识（巢清尘等，2018）。

IPCC 发布的气候变化评估报告，特别是其第二工作组的"影响、脆弱性与适应"分报告，是反映国际社会适应气候变化科技发展趋势的代表作（IPCC，1990a，1990b，1995，2001，2007，2014）。从历次报告的进程看，1990 年发布的第一次评估报告，首先将适应议题作为与减缓并列的应对气候变化措施而提出。1995 年发布的第二次评估报告将"适应"分为"自主适应"和"计划适应"两类，此时适应决策的理论基础主要是基于系统"自适应性"的科学认知。第三次评估报告进一步将适应的系统分为人类系统和自然系统，人类系统又分为公共部门和私营部门，将适应措施分为"类响应性"和"预见性"，适应决策的理论基础为"关注的理由"，包括关注全球总体影响、影响的分布，以及关注极端天气事件和大范围的异常事件。第四次评估报告赋予了适应更多的内涵，包括与减缓的协同、发展道路的选择等，适应决策的理论基础为"关键脆弱性"。在第五次评估报告中，适应决策的理论基础转变为"应对风险"，尤其强调"关键风险"和"紧迫风险"，而适应的方式也分为减少脆弱性与暴露程度、渐进适应、转型适应与整体转型，对适应的科学认识逐渐深入（何霄嘉等，2016）。同时，在第五次评估报告中，适应的篇幅大幅增加，专列四章内容讨论适应的需求与选择、适应的规划与实施、适应的机遇与挑战以及适应经济学，还有一章专门讨论适应与发展路径、减缓和可持续发展，使适应具有了更深刻的内涵和更广泛的外延。纵观 IPCC 五次评估报告的进展，可以看出国际社会对适应的科学认识不断深入、所采取的适应措施的可操作性越来越强。对适应科学机理认识的不断深入，一直是推动全球适应行动前进的最核心驱动力。

二、科技为应对气候变化合作行动提供支撑

（一）绿色低碳科技成果逐渐渗透，支撑行业领域应对气候变化行动

传统工业、能源、交通、建筑等部门的减排技术是绿色低碳技术的主体。根据国际能源署对现有政策情景（Stated Policies Scenario，STEPS）及可持续发展政策情景（Sustainable Development Scenario，SDS）模拟，为实现《巴黎协定》温控目标，到 2070 年电力部门将贡献约 47% 的减排量，其中可再生能源贡献最大，约占电力部门减排总量的 60%；其次是核能（14%）和碳捕获利用与封存（Carbon Capture，Utilization and Storage，CCUS）技术（6%）；建筑、交通和工业部门电力使用效率的提高以及材料利用效率的加强将贡献 13% 的减排量；此外，生物能源与碳捕获和储存（Bioenergy with Carbon Capture and Storage，BECCS）技术具有很大的负排放潜力，有望于 2070 年实现约 1.5 Gt CO_2 的负排放量。

1. 清洁能源

全球可再生能源投资继续快速增长。根据彭博新能源财经数据（BloombergNEF，2020），2019 年全球可再生能源投资共 2 822 亿美元，较 2018 年的 2 802 亿美元增长 1%。可再生能源种类上，陆上和海上风电以 1 382 亿美元处于领先地位，较 2018 年增长 6%；太阳能投资总额为 1 311 亿美元，下降了 3%；生物质能（包括废物资源化）投资总额达到 97 亿美元，增长 9%；地热资源、生物燃料、小水电投资出现了不同程度的下滑，分别降低 56%（达 10 亿美元）、43%（达 5 亿美元）、3%（达 17 亿美元）。可再生能源投资分布上，全球最大的市场中国投资总额为 834 亿美元，较 2018 年下降 8%，是 2013 年以来的最低水平，其中风电投资增长 10%（达 550 亿美元），但太阳能投资下降 33%（为 257 亿美元）；同时第二大市场美国创下新高，2019 年可再生

能源总投资 555 亿美元，较 2018 年增长 28%；欧洲投资总额为 543 亿美元，下降了 7%，其中西班牙以 84 亿美元居欧洲榜首，较 2018 年增长了 25%。

全球可再生能源发电装机继续快速增长。根据国际可再生能源署（International Renewable Energy Agency，IRENA）最新发布的数据（IEA，2020a），截至 2019 年底全球可再生能源发电装机容量达 2 536.8 吉瓦，中国占比 29.9%，处于领先地位；欧盟占比 18.5%；美国占比 10.4%。2019 年全球可再生能源发电新增装机容量 176 吉瓦（略低于 2018 年的 179 吉瓦），太阳能光伏和风电因设备成本下降和政策支持，处于领先地位。各国装机总量看，中国在水电（占全球装机容量的 27.2%）、太阳能（35.0%）、风电（33.8%）领域相对领先；欧盟在海上风电（77.4%）、生物质能源（33.0%）、海洋能发电（46.5%）、光热发电（37.1%）领域处于领先；美国在地热发电领域领先（19.3%）。

2. 交通运输

根据 IEA 发布的《全球电动汽车展望 2019》，过去 10 年电动汽车发展迅速，2018 年全球电动汽车数量超过 500 万辆（同比增长 63%）。中国上路电动汽车占全球总量的 45%（约 230 万辆），领先欧洲（全球占比 24%）和美国（22%），而挪威电动汽车市场份额位居全球第一（占比 46%）。全球电动汽车产业基础设施也在逐渐完善，截至 2018 年底全球轻型电动汽车充电站约为 520 万个（同比增长 44%），其中私人充电站数量增长迅速，占 2018 年充电站安装总量（约 160 万个）的 90% 以上，公共汽车充电站约为 15.7 万个。另一方面，2018 年，全球上路电动汽车实现减排约 3 600 万吨 CO_2 当量。与传统的内燃机汽车相比，纯电动汽车和插电式混合动力汽车单位行驶里程的温室气体排放量较低，但具体减排量在不同国家和地区存在差异，取决于当地电网发电的碳排放强度。因此，未来电力系统的进一步脱碳是电动汽车产业全生命周期减排的关键。

电动汽车推广受到政策支持、技术进步等多方面因素驱动。在政策支持方面，政府采购计划、优惠的购车和停车费用、燃油经济标准、基础设施建设等均可有力推动电动汽车市场的扩增；在技术发展方面，锂电及电极成本继续降低、固态电池和新一代锂电技术提高电池效率和功率输出、可双向充电的智能充电系统的开发等，均有力支撑着电动汽车的进一步普及，电池生产、充电设施制造及运营等相关产业的规模化也带来了更多的经济效益。

（二）绿色低碳转型大势所趋，应对气候变化亟待科技引领支撑

《巴黎协定》提出了将全球平均温升控制在 2℃，并为实现温升控制在 1.5℃以内而努力的目标。各国均展现出较高的政治意愿以及携手共同应对气候变化信心，已有 192 个缔约方提交了国家自主贡献（Nationally Determined Contributions，NDC）目标，并全面开展应对气候变化的务实行动。波兰卡托维兹气候大会上通过了《巴黎协定》实施细则一揽子协议，标志着全球气候变化合作逐步由谈判步入务实行动阶段。在《巴黎协定》全球温控目标下，以政府间气候变化专门委员会相关评估不断夯实全球气候治理的科学基础，以"全球盘点"和"透明度"等机制不断强化各国 NDC 目标，以资金、技术和能力建设等手段不断促进发展中国家应对气候变化能力提升，从而推动全球能源体系不断向着绿色、低碳、可持续的方向转型发展，绿色低碳转型成为世界发展的潮流和大势所趋。

但必须正视的是，各国现有努力远无法实现《巴黎协定》的温控目标，全球应对气候变化合作在减排、资金、领导力等方面存在巨大缺口。根据联合国环境规划署（UNEP）发布的《2019 排放差距报告》（UNEP，2019），即使当前的国家自主贡献目标能得以充分实施，全球气温升幅在 21 世纪末也有可能达到甚至超过 3.2℃；要实现《巴黎协定》2℃的温升控制目标，2030 年全球年排放量须在各国提交的国家自主贡献减排方案基础上再减少 150 亿吨 CO_2 当量，若要实现 1.5℃的温升控制目标，年排放量须再减少 320 亿吨 CO_2 当量。

现有的清洁能源技术远无法支撑绿色低碳转型的需要。根据 IEA 发布的《清洁能源技术进展跟踪报告》（IEA, 2020b），在支撑 2℃ 温升控制目标实现所需的 45 类关键清洁能源技术中，仅电动汽车、光伏、储能、生物质发电、火车、照明等 7 类技术当前的发展"符合需要"（on track）；可再生能源、核能、氢能、智能电网、航空、航海、钢铁、化工、水泥等 20 多类技术或行业"亟需加大力度"（more efforts needed）；电力部门中燃煤发电、电厂 CCUS、海洋能、地热能和太阳能热发电技术，油气行业甲烷泄漏和火炬气燃烧技术，工业领域 CCUS 应用技术，建筑领域外围护、供热、热泵技术，交通领域燃油效率、生物燃料等 13 类技术的发展"无法满足需要"（not on track）。

因此，应对气候变化目标的实现，能源、工业、建筑、交通和城市的低碳转型需要各国继续加大投入、创造政策环境并凝聚各界力量，推动气候变化减缓和适应技术的研发与应用，加速推动全球向低碳可持续发展转型。

第三节　应对气候变化国际科技合作机制

一、《公约》下的科技合作机制

1992 年联合国大会上通过的《公约》第四条规定：所有缔约方应促进技术开发与转让合作，包括提供资金支持，使发展中国家获得切实有效的技术，这是因为发展中国家开展应对气候变化的行动与发达国家提供资金和技术的支持程度紧密相关。最初各国气候协商的重点是寻求气候技术问题的共同解决方案，在凝聚共识的基础上，各国加紧了气候友好技术的开发和转让的协商进程，2001 年通过的《马拉喀什协定》建立了"技术开发与转让框架"，成立技术转让专家组（Expert Group on Technology Transfer，EGTT）作为公约附属科技咨询机构（Subsidiary Body for Scientific and Technological Advice，

SBTA）的下属咨询机构，并决定在全球环境基金（Global Environment Facility，GEF）下设立气候变化特别基金，为"技术开发与转让框架"下活动提供资金支持。

近年来，随着气候谈判的推进，《公约》下技术开发与转让的相关机制逐渐有了长足进展。2010 年，第 16 次缔约方大会（COP16）通过的《坎昆协议》正式确立了"技术机制"（Technology Mechanism）。技术机制的职能是为加速技术开发与转让活动，以支持减缓和适应气候变化目标的实现。技术机制下设两个机构，"技术执行委员会"（The Technology Executive Committee，TEC）和"气候技术中心与网络"（The Climate Technology Center and Network，CTCN）负责开展相关工作。2012 年，COP18 通过的《多哈决议》确定 UNEP 作为气候技术中心（Climate Technology Center，CTC）执行机构，全面启动技术开发与转让的相关工作。《多哈决议》还确定各缔约方指派负责本国技术开发与转让工作的国家指定实体（National Designated Entities，NDEs）作为网络节点，并与 CTCN 对接开展相关工作。

基于各缔约方的一致共识，即技术开发与转让活动在气候适应性、实现温室气体减排目标发挥着重要作用，2015 年 COP21 通过的《巴黎协定》第 10 条第 4 款明确提出建立新的"技术框架"可以更好地指导技术机制，加强技术开发与转让，对《巴黎协定》目标以及长期技术愿景起到支撑作用。2018 年，COP24 通过《巴黎协定》实施细则，进一步细化了技术框架，包括创新、实施、支撑环境与能力建设、合作与相关方参与及支持系统五个关键主题的活动，增强了对相关行动的具体指导。

作为技术机制的具体实施机构，TEC 和 CTCN 的职能存在差异，同时密不可分。TEC 作为政策咨询机构，负责提供政策建议供缔约方政策制定者及利益相关方考量，主要职能包括：明确技术需求概况，分析减缓和适应技术开发与转让的相关政策及技术问题，作为履行其他职能的基础；为加速开展减缓和适应行动的相关技术开发与转让活动提供政策、优先项目、障碍的解决措施等方面的建议；推动政府、私营部门、非营利组织、学术机构等利益相关方开展国家和国际层面的技术开发与转让合作。CTCN 则是具体实施机构，负责为发展中国家制定技术路线和行动计划、开发项目等提供技术支持，为加强能力建设提供培训指导，主要职能包括：根据发展中国家缔约方请求，就技术需求评估、加强技术能力等提供咨询、培训和支持；通过与政府、私营部门、非营利组织、学术机构等交流，促进南北、南南和三方合作的开展；加强与国家、区域和国际技术中心及相关机构合作，促进国际伙伴关系形成。CTCN 由"CTC"和"网络"两部分构成，由咨询委员会提供指导。CTC 负责收集发展中国家提出的技术需求并做出回复，"网络"负责受理缔约方国家技术开发与转让方面的请求。各国 NDEs 从国家层面协调本国技术需求方与CTCN 之间的联系，确保提交给 CTCN 的需求符合国情并具备优先权，进而推动国家应对气候变化技术等进程。

TEC 每年定期举办工作会议、出版政策建议报告、举办国际和区域专题活动、为利益相关方提供信息以促进气候技术工作，加强各国在气候技术领域的合作。CTCN 致力于促进全球范围内的技术交流合作，通过每年定期举办工作会议、气候技术活动、论坛和培训等形式，加强发展中国家能力建设。TEC 与 CTCN 每年通过附属机构提交联合年度报告（Joint Annual Report，JAR）至缔约方大会审议，联合汇报各自工作和下一步工作计划。技术机制积极督促发展中国家开展技术需求评估，并将相关结果与国家自主贡献方案（NDC）等相结合，以更好制定技术发展路线和技术行动计划。

除此之外，清洁发展机制（Clean Development Mechanism，CDM）也是当前《公约》体系下发挥科技支撑作用，并以具体项目为主的灵活履约机制。核心内容是允许发达国家与发展中国家缔约方进行项目级的减排量抵消额的转让与获得，从而在发展中国家实施温室气体减排项目。CDM 能够有效地起到促进技术研发与转移，以支撑发展中国家开展减缓行动的效果，因为这种机制直接与资金挂钩，能通过出售核证减排量来获取资金收益，从而激发了技术拥有方的积极性。

二、《公约》外科技合作机制

参与到应对气候变化国际合作中的机构广泛、机制层出不穷，IPCC 第 5 次评估报告进行了有关梳理（表 1–1）。其中，《公约》外的相关科技合作机制主要包括联合国相关机构下不同级别的行动倡议和全球或区域的多边行动倡议：一是联合国高级别活动和倡议（如技术促进机制、针对最不发达国家

表 1–1　应对气候变化国际合作机制和机构（IPCC，2014）

类型	举例
《公约》	京都议定书、清洁发展机制、国际碳排放交易系统
其他联合国非政府间组织	IPCC、联合国开发计划署（The United Nations Development Programme, UNDP）、UNEP、国际海事组织（International Maritime Organization, IMO）、国际民用航空组织（International Civil Aviation Organization, ICAO）
联合国系统外非政府间组织	世界银行（World Bank,WB）、世界贸易组织（World Trade Organization,WTO）
其他环境条约	《蒙特利尔议定书》《联合国海洋法公约》《生物多样性公约》
其他多边活动	主要经济体论坛、G20
双边合作机制	美国—印度合作、挪威—印度尼西亚合作
伙伴关系	全球甲烷行动、可再生能源和能效合作伙伴
抵消认证体系	黄金标准、自愿碳标准
投资者管制行动	碳披露项目、气候风险投资网络
地区管制	欧盟气候政策
次国家地区行动	加利福尼亚排放交易体系
城市网络	美国市长协议、转型城镇
跨国城市网络	C40 城市集团、气候保护城市行动
国家适宜减缓行动（NAMAs）、国家适应行动计划（NAPAs）	发展中国家适宜减缓行动等

的联合国技术银行）；二是联合国各专门机构承办的活动和倡议（如国际海事组织、国际民航组织）；三是全球和区域多边倡议（如清洁能源部长级会议、创新使命等）；四是公共与私人活动和倡议；五是研究与开发合作；六是知识管理。

技术条款通常是联合国协定的一个关键组成部分。高级别活动和倡议包括信托基金、针对最不发达国家的联合国技术银行、联合国能源机制等。"技术促进机制"是通过第三次发展筹资问题国际会议的"亚的斯亚贝巴行动议程"成立，目的是支持可持续发展目标。技术促进机制由以下几部分组成：可持续发展科技创新机构间工作组，科技创新促进可持续发展目标多利益攸关方论坛及一个共享科技创新倡议、机制和规则信息的线上平台构成。此外，由联合国秘书长任命的科学家团体将负责指导技术促进机制的实施。

针对最不发达国家的联合国技术银行根据自愿和共同商定的条款与条件，促进科学研究和创新，促进技术向最不发达国家传播和转让，同时开展对知识产权的必要保护，努力避免与其他国际技术倡议的措施重复。联合国最不发达国家技术银行主要通过识别满足最不发达国家发展需求的技术及障碍，推动技术转让，增加相关技术获得性，加强促进技术创新的政策制定和能力建设，并搭建最不发达国家与其他国家科研人员交流合作的桥梁等方式，系统提高最不发达国家实现可持续发展的科技创新能力。

国际海事组织（IMO）关于船舶能效的技术合作和转让来源于 2011 年海洋环境保护委员会第 62 次会议对船舶能效规则的谈判，规则中包括了一个条款，即 IMO 成员国要向有需求的国家，特别是向发展中国家提供技术合作与转让，推动国际海运业尽快减排。IMO 目前已启动建立了 5 个海事技术合作中心，分别设立在非洲、亚洲、加勒比海地区、拉丁美洲和太平洋地区这 5 个核心区域，进而形成一个全球合作网络。2020 年 IMO 提出"迫切需要"制定具体措施，以支持国际海事组织关于减少运输中温室气体排放的初步战略，并希望通过技术合作，开发能被广泛使用的廉价的新型零碳船用燃料或推进技术，例如可再生氢，氨或风力推进器。

国际民用航空组织（ICAO）是各国于 1944 年创建的一个联合国专门机构，旨在对《国际民用航空公约》（《芝加哥公约》）的行政和治理方面进行管理。国际民航组织与《公约》193 个成员国和行业集团进行合作，就国际民用航空的标准和建议措施（Standard and Recommended Practices，SARPs）及政策达成协商一致，以支持一个安全、有效、安保、经济上可持续和对环境负责的民用航空业。2018 年，ICAO 通过《国际航空碳抵消及减排机制（CORSIA）标准及建议措施》，并将其列入《国际民用航空公约》。ICAO 将借助 CORSIA 实现国际民航业温室气体排放的控制，并试图在全球气候治理中获得更多话语权。ICAO 通过发布信息共享平台、开设培训课程等行动来协助各国执行民航组织的标准和建议，使所有国家都能获得安全可靠航空运输的重大社会经济利益，ICAO 还积极推进国家减排行动计划和援助，目前有 119 个国家提交航空减排国家行动计划并实施相关减缓措施。

清洁能源部长级会议（Clean Energy Ministerial，CEM）由美国能源部发起、全球主要经济体参与，旨在加强清洁能源技术领域国际合作，推动向低碳和气候友好技术转型，同时在全球加快推广部署清洁能源技术的一个高层论坛。CEM 成员国的清洁能源投资额约占全球投资总额的 90%，其温室气体排放量约占全球的 75%。CEM 讨论的议题主要包括清洁能源政策、清洁能源技术及创新战略、投融资、公共、私营部门合作等，其合作倡议则既涵盖技术合作、示范推广等内容，又包括资源调查、标准规范制定等内容。2018 年 CEM9 宣布成立区域与全球能源互联、清洁投融资、碳捕集利用与存储、核能创新与清洁能源四个倡议。2019 年 CEM10 达成了氢能倡议，通过推动氢能相关的政策及项目合作，以实现氢能燃料电池技术的全领域发展和商业化部署。

创新使命（Mission Innovation，MI）于 2015 年 11 月成立，是一个由 24 个国家和欧盟委员会共同发起的多边机制，致力于推动全球清洁能源的技术研发创新，以提高清洁能源推广的可行性。在 MI 倡议下，每个成员国将根据本国资源、需求和国情，独立制定清洁能源创新的融资战略。MI 成员国也鼓励其他合作伙伴国基于互惠互利原则参与国际合作。目前 MI 的工作重点包括政府清洁能源研发投入倍增计划、7 项"创新挑战"和 MI 部长级会议。自发起以来，创新使命不断推动，同时各国也在充分利用该平台推动国内清洁能源技术发展和相关领域国际科技合作。其主要内容包括：参与国寻求 5 年内清洁能源研发的政府投资翻倍；发挥私营部门在清洁能源投资上的引领作用；采取透明、高效的方式实施"创新使命"；共享各国清洁能源研发活动的信息。

国际能源机构（IEA）技术合作项目（Technical Cooperation Projects,TCPs）是一个独特的多边技术合作机制，其目的是为全球能源挑战提供解决方案。到目前为止，TCPs 的参与者已经研究了大约 2 000 个与能源相关的主题，并就技术部署、减少温室气体排放的研究、推进创新能源技术示范，为基准和国际标准的制定做出贡献。TCPs 由全球超过 6 000 名专家参与，他们代表了 55 个国家的近 300 个公私机构，其中包括中国、印度和巴西等国际能源机构联盟国家的大量参与。这个专家网络完成了一系列重要成果，包括发明、试验工厂、示范项目、数据库和标准的制定，并将在未来几年为国际能源机构支持能源安全、经济增长和环境保护方面的创新提供支持。

总的来说，《公约》外的活动和倡议集中在联合国、全球或区域多边、公共和私人以及研发（R&D）倡议，其中的活动和举措包括以下几项：①技术信息，促进利益相关者之间的信息共享；②能力建设，协助发展中国家推进气候行动；③有利环境，重点是查明和消除障碍，以及一些其他活动。其中大多数倡议都有私营部门或利益相关方成分，表明私营部门的重要性日益增加。许多高级别的倡议围绕清洁能源、可再生能源、能源效率和可持续能源获取，提供了促进政策和行动的平台，并为各国政府、金融和商业实体、多边机构筹集资金。

第四节 应对气候变化的国际科技合作发展趋势及机遇

一、应对气候变化的国际科技合作发展趋势

从技术发展看，全球应对气候变化的技术发展有如下特点：一是全球应对气候变化技术创新成果及其应用迅速增长，但技术发展的系统性、协调性不足，基础研发和系统技术集成有待加强；二是现有应对气候变化技术的应用范围和规模不断扩大，但尚无法支撑全球绿色低碳转型的需要，尽管新能源技术专利数量多，真正能够支撑能源系统转型变革的颠覆性技术尚未出现；三是发展中国家在应对气候变化科技发展上取得了长足进步，但总体上仍存在较大的"南北"差距，大多数应对气候变化先进技术仍掌握在美、欧、日等发达国家手中；四是应对气候变化的技术和项目正获得越来越多的关注，但在缺少政府补贴的情况下市场竞争力仍不足，尤其是在发展中国家，清洁技术仍难以吸引足够的投资。

从全球应对气候变化合作的政治进程看，《巴黎协定》释放了积极的技术合作信号，通过国际科技合作的方式提高全球应对气候变化能力日渐成为共识，技术开发与转让已经从单纯强调发达国家技术转让的义务，向更务实地追求气候变化领域的技术合作转变。这一转变体现了各国在应对气候变化问题上"命运休戚相关"的深刻认同：既强调不同，区别发达国家与发展中国家间的历史责任，并给予发展中国家尤其是最不发达国家和小岛屿国家更多的支持；又强调合作，在各种场合和机制下强调全球技术合作与共赢。

二、应对气候变化国际科技合作面临机遇

在上述趋势下，全球应对气候变化科技合作面临重要机遇，正逐渐成为国际气候治理合作的重要支撑（蒋佳妮等，2017）：

（一）以科技合作应对气候变化的潜力亟待释放。为实现本世纪末温度升高不超过 2℃的目标，需要全球经济和能源系统的深度低碳转型，并在本世纪下半叶实现净零排放。2015 年，《巴黎协定》将控制温度上升的目标更加严格地限定在 2℃以内，并努力实现 1.5℃的目标。与上述控温目标相比，通过技术应对气候变化仍有较大潜力。从技术转让的对象和频率来看，至今，低碳技术的国际转让仍主要在发达国家之间通过市场进行，发达国家与发展中国家之间、发展中国家内部之间的低碳技术转移仍较少发生。从技术转让的效果来看，在这些有限的面向发展中国家和欠发达国家的低碳技术转让实践中，作为技术接收方的发展中国家及欠发达国家，大多仅停留在接受和使用了低碳技术设备层面，并未实现低碳技术创新能力的提升。因此应对气候变化面临着前所未有的技术创新与合作需求。全球应对气候变化目标的实现呼吁现有绿色低碳技术能够在最大范围实现应用，真正发挥技术减排潜力。

（二）以科技合作应对气候变化的国际共识日渐形成。技术开发与转让一直是国际气候谈判中的重要议题。二十余年的技术谈判始终伴随着发达国家和发展中国家的利益分歧，但谈判从政治上促进了各方以技术应对气候变化共识的形成和强化。2015 年达成的《巴黎协定》标志着通过国际科技合作的方式提高全球应对气候变化的能力日渐成为共识。《巴黎协定》技术条款的核心是加强所有缔约方之间的气候技术合作、重申对发展中国家的技术合作行动予以支持，这为"后巴黎"有效落实技术开发与转让行动提供了明确方向和目标。巴黎会议期间，由中、美等 20 个国家作为创始国共同提出并加入

的"创新使命"旨在推动各国应对气候变化技术研发活动的信息分享和合作创新。"国家自主贡献"（NDCs）进一步促使各国重视以应对气候变化技术创新引领经济社会的低碳转型。

（三）应对气候变化科技合作正成为全球气候治理合作的重要支撑。受全球经济危机和欧债危机影响，欧洲经济一度低迷；欧盟东扩导致内部气候政策分化，欧盟在全球气候治理的领导力下降。哥本哈根气候会议后，欧盟对于应对气候治理的政治意愿降低。近年伴随英国脱欧、难民问题，欧盟展现领导力来引领全球应对气候变化已"力不从心"，在国际气候变化事务中逐渐转变为"搭桥者""协调者""领导者"等多重身份的杂合体。2017 年美国特朗普政府宣布退出《巴黎协定》标志着其应对气候变化立场的消极退变。作为全球最大的发达国家、第二大碳排放国和第三大人均碳排放国，美国在气候变化政策上的倒退，迫使全球气候治理联盟面临重新洗牌。在此背景下，气候谈判在推动严格履约和落实《巴黎协定》减排承诺等方面达成更加积极的共识并付诸行动将十分困难，但在发展科技和开展科技合作应对气候变化领域寻求最大公约数成为一种务实选择。

三、未来应对气候变化国际科技合作有关思路

从全球范围来看，在低碳技术及其产业化领域，并未形成几个国家甚至几个企业"一家独大"或"几家独大"的高度集中局面，这不仅意味着应对气候变化的技术研发及产业化充满了巨大的创新空间和市场潜力，也意味着低碳技术的研发需要集合全球的创新知识、资源和巨大的初期资金投入。2017年清洁能源技术的公共创新投资增长 13%，虽然打破了过去几年的连续下降和停滞，但全球低碳转型技术研发资金投入仍然缺口巨大。加强国际科技合作将是集中各方优势、统筹各方资源，促进和催化变革性绿色低碳科技实现突破的重要方向。

在"后巴黎"时期的全球气候治理中，中国应当做好战略性谋划和布局，以应对气候变化领域国际科技合作为切入点，以"践行人类命运共同体利益，开展科技合作应对气候变化，主动引领全球气候治理新方向"为指导思想，以实现中国生态文明建设目标和应对气候变化软实力和科技竞争力的提升为内在动力，全面、积极、主动引领全球气候治理走向依靠国际科技合作应对气候变化新方向。

小　结

本章重点就科技在应对气候变化中地位，以及全球应对气候变化的国际科技合作机制等内容进行了重点阐述。本章认为，科技创新是应对全球气候变化的必然选择。加强气候变化的国际科技合作已成为国际社会的共识：第一，加强在应对全球气候变化的互利合作，不仅可为政府间新型合作关系的健康稳定发展和深化注入新的活力，增添新的合作内涵，开拓新的合作领域，而且可为世界经济今后的可持续发展培育新的增长点。第二，科技创新是应对气候变化的合作基础。全球治理的概念和现代科学联系紧密，当前全球治理正向多元治理方向演变。科学家团体、企业、非政府组织等也在全球治理方面发挥日益重要的作用。IPCC 是全球气候治理领域最重要的科学共同体，对国际和各国应对气候变化政策与行动具有重要的推动作用。第三，科技创新为应对气候变化提供了创新支撑。绿色低碳科技成果逐渐渗透，支撑行业领域应对气候变化行动；绿色低碳转型大势所趋，应对气候变化亟待科技引领支撑。应对气候变化目标的实现，需要世界各国加强在能源、工业、建筑、交通和城市低碳转型等领域科技创新投入，创造有利的政策环境，推动气候变化减缓和适应技术的研发与应用，加速推动全球向低碳可持续发展转型，共同推动应对气候变化的国际科技合作。

在气候变化国际科技合作机制上，技术机制是《联合国气候变化框架公约》下的国际科技合作机制，主要包括技术执行委员会（TEC）和气候技术中心与网络（CTCN）。该机制旨在强化气候友好技术开发与转让以支持减缓和适应气候变化行动，尤其是支持发展中国家应对气候变化的行动，其中气候技术中心与网络的核心工作主要是技术支持、知识共享、合作与网络三方面。清洁发展机制（CDM）是当前《公约》体系下发挥科技支撑作用并以具体项目为主的灵活履约机制。此外，国际民航组织、清洁能源部长级会议、创新使命、联合国技术银行等在该《公约》外也均设置了促进气候变化国际科技合作机制。

最后，面对全球气候变化，本章认为气候变化领域国际科技合作的机遇和挑战并存。一方面，应对气候变化面临着前所未有的技术创新与合作需求。全球应对气候变化目标的实现呼唤现有绿色低碳技术能够在最大范围实现应用，真正发挥技术减排潜力。另一方面，全球应对气候变化亟待绿色低碳科技创新突破。国际科技合作将是集中各方优势、统筹各方资源，促进和催化变革性绿色低碳科技实现突破的重要方向。

参考文献

巢清尘、胡婷等："气候变化科学评估与政治决策"，《阅江学刊》，2018 年第 1 期。

何霄嘉、许吟隆："适应气候变化机理研究的回顾与展望"，《全球科技经济瞭望》，2016 年第 12 期。

蒋佳妮、王文涛、仲平等："科技合作引领气候治理的新形势与战略探索"，《中国人口·资源与环境》，2017 第 12 期。

BloombergNEF, 2020. *State of Clean Energy Investment.*

IEA, 2020a. *Renewable Capacity Statistics 2020.*

IEA, 2020b. *Tracking Clean Energy Progress.*

IPCC, 2014. *Climate Change 2014: Mitigation of Climate Change.*

UNEP, 2019. *Emissions Gap Report 2019.*

第二章　世界主要国家应对气候变化的
国际科技合作现状

　　面对气候变化这一全球性问题，世界各国加强气候变化领域的研发投入，不断推动气候变化领域的科技创新，加强气候变化国际科技合作和技术援助，共同应对全球气候变化挑战。从参与国家来看，全球应对气候变化国家包括伞形集团、欧盟国家、拉美国家、基础四国、最不发达国家和小岛屿国家等，其中伞形集团和欧盟国家主要以发达经济体为主，拉美国家、基础四国和小岛屿国家多以新兴经济体和不发达经济体为主。伞形集团和欧盟国家由于经济发展、科技创新等领域的优势，往往是全球应对气候变化的倡导者、驱动者，同时也是全球气候变化援助的重要主体；拉美国家和小岛屿国家虽然属于新兴经济体或不发达经济体，但在应对气候变化上一直保持着积极的态度，愿意通过国际合作的形式来推动本国科技提升应对气候变化的水平。本章将选择以上几类组别中的典型国家作为研究对象，就上述应对全球气候变化的国际科技合作现状进行分析。

第一节　伞形集团应对气候变化的国际科技合作

一、美国

2015 年至今,美国在应对全球气候变化上的立场可以分为如下两个阶段:一是奥巴马政府执政期间,美国政府仍延续以往的政策主张,积极应对全球气候变化,加强和推动区域间应对气候变化技术合作。然而,特朗普担任美国总统以后,美国政府应对全球气候变化立场发生了逆转,但美国各州及民间依然就应对全球气候变化持积极态度。奥巴马政府执政期间,美国对气候变化问题开始显示出一种积极的态度,并把"新能源""绿色经济"作为振兴经济的切入点。奥巴马针对气候变化问题的核心主张是在国内减少石油消费,鼓励清洁能源和低碳能源发展,提高能源使用效率,以此来减少温室气体排放量;在国际上积极参与气候变化问题上的多边合作,发挥全球领导作用[①]。奥巴马政府将刺激经济复苏、能源结构调整与气候变化政策相互链接、统筹兼顾,符合时代的发展潮流。特朗普就任总统以后,大幅调整了奥巴马时期的能源与气候政策,撤销"奥巴马气候变化总统行动计划"以及"清洁电力计划",通过重要人事任命和部门预算大幅削弱执行机构能力,并发布"美国能源第一计划""能源独立政令"等一系列"反环保""反低碳"的能源政策(The White House,2017)。

2017 年 6 月,时任美国总统特朗普以《巴黎协定》对美国不公平为理由,宣布美国将退出《巴黎协定》,不再履行其中的承诺。同时,美国 EPA (Environmental Protection Agency)提出了"廉价的清洁能源"(Affordable

---

[①] https://legal-planet.org/2016/11/02/obamas-remarkable-environmental-achievements

Clean Energy，ACE）政策建议，以代替清洁电力计划（Clean Power Plan，CPP）①。然而，美国是否正式退出或者什么时间退出《巴黎协定》仍然不确定。在时间上，真正退出《巴黎协定》还要履行许多必要的法律程序，至少3~4 年以后才能完成退出过程。尽管美国联邦政府决定撤出《巴黎协定》，美国气候联盟（United States Climate Alliance，USCA）宣布成立，承诺支持国际协议，设立了 2030 年在目前基础上减少 40%~45%的短期气候污染物的目标，并制定了减排战略，继续分享信息和最好的减排实践，采取一系列更为激进的应对气候变化行动，取得了实施气候变化目标的良好进展。美国多州的州长、市长、商业领袖等在 2017 年 6 月签名"我们在坚持宣言"，向世界承诺美国不会退出起源于气候变化的全球减排温室气体的协定。此外，美国气候变化政策和行动存在着"上下不一致性"。美国的政治体制赋予了各地方政府宽松的政策实施空间。这意味着美国各州可以直接控制州境内所有二氧化碳气体排放，甚至影响到周边的地区。尽管美国联邦政府政策对大规模应对气候变化行动至关重要，但是州立层面的法规和行动在目前的政治环境更是理想的方法。美国各州目前都采取多样化的气候友好型的政策，并从不同角度和各个侧面实施多种减排行动，这些政策和行动已经覆盖了美国绝大部分区域，而且通过州立联盟等方式，加强合作，强化州立层面的气候行动（USCA, 2018）。例如，2018 年 1 月 31 日美国 9 个州的议会宣布成立碳成本联盟；美国至少有 455 个城市支持在国际协定的背景下减排温室气体，其中 110 个城市已经有温室气体减排目标。

---

① https://www.epa.gov/sites/production/files/2017-10/documents/ria_proposed-cpp-repeal_2017-10.pdf

（一）美国应对气候变化国际科技合作战略

1. 美国应对气候变化的国别科技合作战略

（1）美国与美洲主要国家的合作战略

由于地理位置接近，美国与同属北美地区的加拿大和墨西哥在经济、环境等各个方面联系紧密，因此美国政府非常重视与加拿大、墨西哥的三边和双边能源与气候伙伴关系。此外，美国还努力将这种合作扩大至整个北美和南美地区，发起了"美洲气候和能源伙伴关系"。

第一，美国与加拿大的双边合作。2009年2月，美国奥巴马总统和加拿大哈帕总理宣布建立了具有重大意义的美加清洁能源对话机制，旨在加强两国的清洁科技合作，减少温室气候排放，促进清洁能源发展，共同应对气候变化。该对话机制主要关注以碳捕获与封存（Carbon Capture and Storage，CCS）为重点的清洁能源技术的开发和部署、清洁能源研究与开发、在清洁和可再生能源生产的基础上建设更高效的电网。

二是美国与墨西哥的双边合作。2009年4月，美国与墨西哥签订《美国和墨西哥清洁能源与气候变化双边合作框架协议》，建立了政治和技术合作及信息交流机制，把合作重点放在清洁能源、能效、适应气候变化、森林与土地利用、低碳能源技术开发和能力建设等方面。美国与墨西哥合作开发风能和太阳能等清洁能源技术，促进可再生能源发电，并解决两国之间电力传输的问题。此外，合作项目还包括适应气候变化项目（如减少海洋和自然灾害等关键部门的适应项目）。

三是三边合作共建"低碳北美"。2009年8月，在美国奥巴马总统的主导下，北美领导人们就气候变化和清洁能源问题发表宣言，提出了建设一个"低碳北美"的共同愿景，并承诺要采取积极行动，通过"三边合作计划"共同应对气候变化的挑战。美国、加拿大、墨西哥三国承诺加强合作，及时交流各自在应对和适应气候变化方面所取得的经验，以更好地整合国家层次、地区层次和产业部门层次应对气候变化的规划。北美三国表示，致力于共同制订用于测度、报告和检验温室气体减排量的可比方法。北美三国还承诺要加强能力和基础设施建设，促进在排放交易体系、能效标准、交通运输工具减排等众多方面的合作。2016 年 2 月 12 日，加拿大、墨西哥和美国签署《气候变化和能源合作谅解备忘录》，主要涉及：①共享低碳电网发展的经验和知识；②加快推进清洁能源技术的部署；③为提高能源、设备、工业和建筑的能源效率，强化信息交换；④通过信息交换和联合行动，推进 CCS 工作的部署；⑤通过三边联合行动，提高气候变化适应能力；⑥交流实践经验，寻求石油和天然气行业的温室气体最佳减排方案。

四是发起"美洲气候和能源伙伴关系"。西半球国家在全球能源版图上具有重要地位，同时也面临着应对能源安全和气候变化的双重挑战。为了在这些问题上开展合作，在 2009 年第五届美洲峰会上，美国总统奥巴马邀请广大美洲国家加入"美洲气候和能源伙伴关系"。"美洲气候和能源伙伴关系"已经成为美国与伙伴国家加强可再生能源效率、化石燃料清洁利用、能源减贫、能源基础设施、气候变化适应，以及可持续森林和土地利用等领域合作的一个灵活的平台。为了促进技术合作，鼓励投资和制定公共政策，美国政府促使国家实验室、研究中心、大学和政府机构参与到与合作伙伴的合作中。

（2）美国与欧盟的合作战略

1998 年，美国与欧盟签署了《美国与欧盟科学技术协议》，提供了美国与欧盟在众多科技领域的合作框架，其中包括气候变化、清洁能源等。在美欧峰会这种高层对话机制中，气候变化问题是重点议题。在 2006 年的美欧峰会上，两国建立了美欧气候变化、清洁能源和可持续发展领导人高层对话机制。在第一次美欧气候变化、清洁能源和可持续发展领导人高层对话中，美国和欧盟承诺要推进跨大西洋合作计划，并同意在清洁煤、CCS、节能、甲烷回收、生物燃料，以及其他可再生能源领域开展合作。在 2009 年美欧峰会上，双方还建立了美欧能源委员会。在 2011 年美欧峰会上，美国和欧盟呼吁加强清洁能源技术合作，特别要把重点放在关键能源材料、智能电网技术、氢与燃料电池技术和核聚变技术等领域。

（3）美国与亚太地区主要国家的合作战略

日本是美国在亚太地区重要的合作伙伴。2009 年美国能源部与日本经济产业省签署了"美日清洁能源技术行动计划"，共同出资开展合作研究。主要合作领域包括清洁能源基础研究、CCS、能效、智能电网技术和核能。基础研究的内容包括人工光合作用、应用纳米技术的能源存储和转化设备、储氢技术、燃料电池、能源相关材料的计算科学。在 CCS 的合作中，主要集中在建模、测试和数据共享、示范、模拟和监测；在能效领域主要开展电动汽车和智能电网合作，以及夏威夷-冲绳清洁能源示范；在核能领域，主要开展现有设施有效利用的合作，以及气冷堆、钠冷快堆技术开发验证等方面的研发。美国提出要促进与中国、印度尼西亚、墨西哥等亚太地区发展中国家的高层双边气候变化伙伴关系，加强在能源和气候变化领域的合作。2014 年 11 月 12 日，中国与美国在北京联合发表《中美气候变化联合声明》，双方表示将继续加强在先进煤炭技术、核能、页岩气和可再生能源等方面的合作，同时，为进一步落实减排目标，双方将通过现有途径特别是中美气候变化工作组、中美清洁能源联合研究中心、中美战略与经济对话，强化和扩大合作的范围与举措。

2. 美国应对气候变化的多边科技合作战略

（1）亚太清洁发展与气候新伙伴计划

2005 年 7 月，中国、美国、加拿大、日本、澳大利亚、印度和韩国共同发起"亚太清洁发展与气候新伙伴计划"（Asia-Pacific Partnership on Clean Development and Climate, APP），旨在通过各国合作，促进开发与推广清洁能源及高效能源技术；实现应对气候变化、发展经济和减少贫困、保证能源安全与减少空气污染的多赢。2006 年 1 月，"亚太清洁发展与气候新伙伴计划"在澳大利亚悉尼正式启动。APP 已组建分别针对化石能源、可再生能源和分布式供能、钢铁、铝、水泥、煤矿、发电和输电、建筑和家用电器的开发利用 8 个领域开展技术合作与转让的专门工作小组，在成员国之间开展包括 20 个旗舰项目在内的 165 个项目合作，对开展成员国之间的技术交流、鼓励共同参与、提高能效、建立技术交流机制具有重要意义，可有效提高应对气候变化的能力。

（2）主要经济体能源与气候论坛

2009 年 3 月，美国倡议成立"主要经济体能源与气候论坛"（Major Economies Forum on Energy and Climate, MEF），旨在促进主要发达国家和发展中国家之间的对话，支持国际气候谈判，促进应对气候变化的合作行动。MEF 现有 17 个成员方，分别是澳大利亚、巴西、加拿大、中国、欧盟、法国、德国、印度、印度尼西亚、意大利、日本、韩国、墨西哥、俄罗斯、南非、英国和美国，这些国家和地区的温室气体排放量占全球总量的 80%以上。MEF 为主要经济体开展能源与气候变化领域的协商和低碳技术合作提供了重要平台，在推动与会各方认同全球升温不应超过 2℃的科学观点，提出发达国家深度减排和发展中国家显著偏高"常规商业"情景的温室气体减排目标，强调适应气候变化的重要性，要求建立技术合作机制并在应对气候变化资金筹集与使用机制等方面取得了进展，并对 2009 年出台的《哥本哈根协议》产生了显著影响。

（3）气候与清洁空气联盟

2012 年 2 月 16 日，美国与加拿大、墨西哥、瑞典、加纳、孟加拉国及联合国环境规划署联合发起成立"气候和清洁空气联盟"（Climate and Clean Air Coalition, CCAC），共同减少对全球气候变暖有严重影响的黑炭、甲烷及氢氟碳化物的排放。联盟的秘书处设在联合国环境规划署，该署已列出 16 项可以减少上述 3 种污染物排放的措施。如果这些行动得到落实，到 2050 年，全球升温幅度可减少 0.5℃。美国和加拿大分别出资 1200 万美元和 300 万美元，作为联盟减排项目的启动资金，并帮助其他有兴趣的国家和组织加入该项目。CCAC 目前正在积极实施十项措施以减少包括垃圾填埋场、农场、石油和天然气部门、制冷和空调、炉灶和柴油发动机等产生的短寿命温室气体排放。

（4）碳封存领导者论坛

碳封存领导者论坛（Carbon Sequestration Leadership Forum, CSLF）于 2003 年成立，是发达国家与发展中国家应对气候变化进行 CCS 技术合作的自愿协议。2014 年 6 月，CSLF 政策小组齐聚伦敦，组建了有关大型 CCS 项目融资、发展和数据交换的核心领导团队，美国将致力于促进大型 CCS 项目的全球合作，并对第二代、第三代 CCS 技术的发展提供支持。

（5）北美能源情报合作网

2014 年 12 月，加拿大、墨西哥和美国联合推出了"北美能源情报合作网"（North American Cooperation on Energy Information, NACEI），以提高能源利用效率，强化信息交换，该网站的信息仅 3 国可开放获取。该网站提供的主要信息包括：第一套静态和互动的北美能源基础设施地图；北美能源前景展望；为了促进三国间的能源贸易所开展的数据表和方法指南的比较分析报告；三个国家官方语言的专业术语表。

（二）美国应对气候变化国际援助的实施与利益考量

1. 美国应对气候变化的国际援助实施情况

20 世纪 80 年代中后期，美国国会鼓励美国国际开发署在向发展中国家提供"能源援助"（energy assistance）时综合考虑其他目标，包括解决电力短缺问题，促进非核电发展，为农村发展提供能源支持，鼓励私营部门参与能源活动，强调节能和发展可再生能源，促进美国能源技术出口，等等。《1990 财年国际开发署拨款法》（The Fiscal Year 1990 AID Appropriations Act）正式将减少温室气体排放添加到能源援助所要实现的目标清单中。该法案要求国际开发通过在能源、热带林业和生物多样性方面提供援助，来支持全球变暖倡议（GLobal Warming Initiative）。有资格获得此类援助的"关键"国家，是那些国际开发署对其援助活动能够对温室气体排放产生重大影响的国家。为了响应国会对"全球变暖倡议"的支持，美国国际开发署对能源援助计划进行了改革。1991 年 6 月，美国国际开发署要求在进行项目决策时，把全球变暖因素考虑进去。

20 世纪 80 年代末开始，美国国际开发署的援助方案将能源援助的目标扩展至在能源生产和使用中涉及二氧化碳排放的目标。这些目标包括：提高能源效率和节约能源，以减少建设新电厂的必要性；鼓励采用对环境无害的能源技术；推动私营部门参与能源生产和分配活动。1990 财年，美国提供了价值约 1.06 亿美元的能源援助，帮助发展中国家提高能源效率和节能。

与气候变化相关的国际资金机制是实现全球气候治理、推进国际气候合作的重要工具。最早运营的国际气候资金机构是 1991 年成立的全球环境基金（Global Environment Facility，GEF）。2001 年，《公约》第七次缔约方会议决定成立"最不发达国家基金"（Least Developed Country Fund）和"气候变化特别基金"（Special Climate Change Fund）。1992 年美国国会批准《公约》之后，除了出资支持多边资金机制以外，美国在双边框架下启动了一些新的旨在鼓励发展中国家政府和企业减少温室气体排放的计划，如安装更高效的照明装置，支持发展中国家制定应对气候变化的政策和方案，吸引私人投资于低碳和韧性的（low carbon and resilient）基础设施建设，等等（符冠云等，2012）。

从绝对数量来看，美国对外气候援助的金额总量在持续而缓慢地增长。联邦政府应对气候变化的支出从 1993 年的 23.5 亿美元增长到 2004 年的 50.9 亿美元，增长率为 116%。同期，美国对外气候援助的支出从 2.01 亿美元增加到 2.52 亿美元，增长率为 25%。从相对数量来看，同期对外气候援助支出在美国应对气候变化总支出中的份额从 9% 下降至 5%。与克林顿主政时期相比，在小布什执政时期，美国提供的对外气候援助规模略有增长，大约在每

年 2 亿美元至 4 亿美元之间，占同期美国联邦政府气候变化活动预算总额的
5%。

2009 年奥巴马入主白宫后，美国对发展中国家的气候援助大幅增长。2010
财年至 2015 财年，美国共计提供对外气候援助 87 亿美元，年均 14 亿美元。
在奥巴马政府时期，美国的对外气候援助主要通过"全球气候变化倡议"
（Global Climate Change Initiative，GCCI）来统筹实施。该倡议是奥巴马于
2010 年发布的"全球发展政策指令"（Policy Directive on Global Development）
三大支柱之一，旨在通过一系列双边、多边和私营部门机制将气候变化考量
纳入美国的对外援助，以促进可持续的、气候韧性的社会发展和低碳增长，
同时减少毁林和土地退化造成的温室气体排放。"全球气候变化倡议"主要通
过国务院、财政部和美国国际开发署这三个核心机构的计划和项目来落实。
国际开发署负责的计划和项目多通过该机构的双边发展援助计划实施；国务
院和财政部负责的计划和项目则通过国际组织实施，包括《公约》下设的"最
不发达国家基金""气候变化特别基金"，以及多边环境融资机制，如"全球
环境基金""清洁技术基金"（Clean Technology Fund）和"战略气候基金"
（Strategic Climate Fund）。

2016 年，特朗普声称气候变化是"谎言"和"骗局"，美国要退出《巴
黎协定》，不再对联合国应对气候变化的行动提供资金支持。入主白宫后，特
朗普立即将他的气候立场转化为实际行动。他不仅宣布正式退出《巴黎协定》，
而且在其 2018 财年预算申请中全面取消奥巴马提出的"全球气候变化倡议"，
宣布"停止给联合国的气候变化计划买单"，甚至要停止对《公约》的资助，
并不再为国务院和美国国际开发署举办的直接应对气候变化的双边活动提供
资金。美国国务院在 2018 财年预算中表示，美国在 2016 财年已经完成对"气
候投资基金"（Climate Investment Funds，CIF）的 20 亿美元承诺，未来不打
算对该基金进一步做出贡献。特朗普针对气候变化的"预算逆流"得到国会
的大力支持，进而导致 2018 财年的美国对外气候援助呈现断崖式下跌，全球

气候资金市场亦深受牵连。

2. 美国应对气候变化国际援助总趋势

第一，美国对外气候援助的总规模持续增长，但总规模偏低。美国联邦政府的气候变化资金主要用于三个方面：与温室气体减排有关的技术、气候变化科学，以及对发展中国家提供国际援助。其中，对外气候援助支出在美国应对气候变化总支出中的占比很小。美国联邦政府的气候变化开支从 1993 年的 24 亿美元增加到 2014 年的 116 亿美元。2009 年，《美国复苏和再投资法案》（American Recovery and Reinvestment Act，ARRA）又额外为美国的气候变化计划和活动提供了 261 亿美元，但该法案并未向对外气候援助提供资金支持。与联邦政府气候变化总支出的迅猛增长态势相比，美国对外气候援助总额仅从 1993 财年的 2.01 亿美元增长到 2014 财年的 8.93 亿美元。可见，对外气候援助在联邦气候变化总支出中仅占很小的比例，且增速较慢。这意味着对外气候援助在美国应对气候变化的整个事业中并非关键要素。

第二，美国提供的气候资金总量位居世界前列，但其占全球气候援助资金的比重持续下降。从全球数据来看，美国是向发展中国家提供气候援助资金最多的国家之一。2011 年到 2014 年，向发展中国家提供气候援助资金排名前九位的发达国家分别是日本、美国、法国、英国、德国、荷兰、瑞典、挪威、瑞士。美国提供的气候资金总量变化不大，但是其在全球气候资金总量中的比重不断下降，已从 2011 年的 17%下降至 2014 年的 12%。

与美国在全球经济、政治治理体系中的地位相比，美国提供的气候资金所占比重并不高。美国对世界银行、联合国开发计划署（United Nations Development Programme，UNDP）等重要国际机构的捐资数额非常大。以世界银行为例，美国对该机构贡献了 20%的资金。此外，美国为重大自然灾害和艾滋病防治等卫生问题的捐款大约占全球捐助总额的 20%～30%。但是，2011 年至 2014 年四年间，美国向发展中国家提供的气候资金占同期全球气候资金总额的比重仅为 14%。可见，美国对全球气候资金的贡献仍有较大的提升空间。

第三，美国对外气候援助的援助渠道和援助领域不断扩展和延伸。自 20
世纪 80 年代中期以来，随着联合国气候谈判的推进和美国对外关系的发展，
美国提供对外气候援助的机构和账户逐步建立和发展起来。1993 年以前，美
国的对外气候援助以提供双边援助的形式来实现，美国国际开发署是当时美
国提供气候援助的唯一机构，主要通过其"发展援助"（Development
Assistance）账户进行对外气候援助的规划和实施。1993 年至 2005 年，除了
美国国际开发署外，财政部和国务院也开始在力所能及的前提下支持和参与
联合国等多边国际机构的气候变化资金机制。美国财政部在"国际发展援助"
（International Development Assistance）账户下设立了子账户"全球环境基金"
（Global Environment Facility），国务院则通过"国际组织和计划"（International
Organizations and Programs）账户拨款，支持对外气候援助。在这一时期，美
国国际开发署在美国对外气候援助中仍然处于绝对的优势地位。从 2006 年至
今，财政部和国务院逐渐拓展渠道参与到对外气候援助的工作当中，提供的
气候援助力度逐渐加大，涉及的领域逐渐扩展，援助方式更为灵活，美国国
际发展署和财政部共同成为美国对外气候援助的两大主导机构，在美国对外
气候援助资金总额中各占 40%左右。

总之，美国对外气候援助不仅通过双边援助项目来实施，而且通过对主
要国际组织捐助来进行。通常，从事对外气候援助的主要联邦机构设立并管
理相关账户，通过这些账户定期获得国会拨款，根据具体外交政策目标的需
要来开展对外气候援助业务。自 2009 年以来，应对气候变化已成为美国外交
和发展援助工作的重点，以及美国主要对外援助机构的核心业务。对美国而
言，通过双边方式提供援助是对外气候援助最重要的方式。随着美国对外气
候援助的渠道越来越畅通，美国对外气候援助的质量也变得越来越有保证。

3. 美国应对气候变化国际援助的战略意义

气候变化问题是一个全球性问题，美国政府认为，气候变化这一全球性

挑战关系到美国的软实力，美国在气候变化问题上的立场和利益争夺决定了美国在更广泛的领域的国际领导力。因此，美国政府不仅希望主导气候变化谈判进程，而且重视与世界各国在气候变化及相关领域的合作，特别是与日本、加拿大、欧盟等主要发达国家和地区以及中国、印度等发展中国家积极开展清洁能源科技合作。而与广泛的国家加强各种形式的清洁能源科技合作，不但可以应对能源安全和气候变化方面的挑战，而且有助于带动各种美国清洁能源技术的出口，从而帮助美国政府实现其 2010 年年初提出的 5 年出口翻番的目标。

（三）美国应对气候变化国际科技合作的特征

美国在应对气候变化、可持续发展、节能和环保等领域开展形式多样的国际合作。首先，主持、倡导或参与各种应对气候变化的计划与国际会议，促进国际合作。2003 年以来，美国先后倡导与发起国际氢能经济合作组织（IPHE）、碳收集领导人论坛（CSLF）及部长级会议、甲烷市场化伙伴计划部长级会议、第四代核能国际论坛、国际热核实验反应堆计划（ITER）、全球核能伙伴计划（GNEP）、全球生物能源伙伴计划（GBEP）、全球可再生能源大会、全球能源论坛等计划与会议，旨在发挥美国在未来全球性问题上的领导作用，促进其应对气候变化能力的提升；2010 年美国宣布在与南美能源及气候伙伴计划的基础上发起新的合作计划，帮助南美地区发展清洁能源、加强能源合作。可见，美国的一系列举措，以其国家利益为目标，以能源和环境为主题，以科技为后盾，加强应对气候变化的国际合作。

其次，已与许多国家就能源与可回收技术、应对气候变化技术与政策等领域加强国际合作。主要包括：一是加强与发达国家的气候变化国际合作。2009 年美国与加拿大共同启动美加清洁能源对话机制，以向低碳经济转型为主题联合启动《美加清洁能源对话行动计划》；2010 年双方又联合宣布在"清洁能源对话"框架下的合作协议，促进美国能源部橡树岭国家实验室（ORNL）

与加拿大能源与矿物技术中心材料技术实验室（CANMET-MTL）合作，重点开展清洁能源的研发。二是与发展中国家加强气候变化的国际合作。2010 年美国与巴西在巴西利亚签署应对气候变化协议，承诺在全球气候变化问题上加强合作，旨在加强和协调各方力量，实现低碳可持续性的经济增长，有效应对气候变化；2010 年美国与印度达成为期 10 年，包括页岩气和清洁能源的研发合作协定，将在印度设立清洁能源研发中心，未来 5 年每年与民营企业共同提供 1000 万美元资金，重点发展太阳能、第二代生物燃料与建筑物能效。

最后，通过多边清洁能源合作关系，提升自身应对气候变化的能力。为充分利用气候变化的全球性资源和技术，美国积极参与其他国家大规模的合作计划与技术研究，合理调节资源，参与大尺度和复杂性的研究活动，共享成果，共担风险，促进美国利用别国气候变化先进技术研发，发展高级风涡轮设计、核裂变能源研究等技术，加快应对气候变化先进技术的开发、转移和应用。同时，美国利用引领全球地球观测系统的研究和创建有效的多边机制，加速向发展中国家传播清洁技术、提供技术援助和培训。

二、澳大利亚

澳大利亚是国际应对气候变化起步比较早的国家。早在 1998 年，澳大利亚政府就建立了温室气体办公室，是世界上第一个专注于温室气体减排的国家政府部门，同时建立了国家碳排放核算体系（陈方丽等，2015；边晓娟等，2014）。1998 年澳大利亚签署了《京都议定书》，但是一直到 2007 年才批准。2016 年澳大利亚批准了《巴黎协定》，承诺和世界上发达国家、发展中国家一起应对气候变化，寻求全球的解决方案，解决温室气体排放（李伟等，2008）。

虽然澳大利亚的温室气体排放占世界总排放的份额较小，但是人均排放却高居榜首。2015 年澳大利亚向 UNFCCC 秘书处递交了国家自主减排目标（NDC），承诺 2030 年在 2005 年的基础上减少 26%～28%的温室气体排放（2021～2030）[1,2]。政府强调 2030 年的减排目标是"比较强的和可信的目标，是对气候变化行动负责任的贡献"，目标的建立考虑了卓有成效的应对气候变化的路径，并和经济、就业增长以及保持能源安全等保持协同。澳大利亚减排目标将通过综合的政策框架实施，鼓励技术创新和开发清洁能源。

（一）澳大利亚应对气候变化的科技合作战略

澳大利亚是全球排放量的一个小贡献者，其排放量不到 2%。在过去五年中，澳大利亚作为绿色气候基金董事会的共同主席，致力于让私营部门参与并发挥杠杆作用，加快向经认证的实体支付核准项目的款项，并确保绿色气候基金供资的有效性和影响。全球合作框架支持经认证的实体的伙伴组织实施项目，迄今为止，全球合作框架已向 73 个国家的 54 个项目共承付 26.5 亿美元。在如何履行援助计划承诺的另一措施中，澳大利亚承诺在 2016～2020 年内提供 3 亿澳元，以应对太平洋岛屿国家气候变化的挑战，这个项目将帮助太平洋岛屿国家适应不断变化的气候，并为更频繁、更强烈的天气事件做好准备。澳大利亚政府还向世界银行能源部门管理援助方案捐助了 150 万美元，用于太平洋岛屿国家的可再生能源发展。

澳大利亚开展应对气候变化国际科技合作，是基于双边及多边合作框架持续推进的，其概况及成果可参见下表。

---

①http://www.unfccc.int

②http://www.environment.gov.au/climate-change/publications/ factsheet-australias-2030-climate-change-target

表 2-1 澳大利亚气候变化合作项目

合作项目	简介	合作规模
国际减排协定	澳大利亚在参加全球减排协定以及在保持经济和人口增长的同时,在达到和实现减排目标方面有着良好的记录。澳大利亚是批准《京都议定书》第一个承诺期的 191 个国家之一,超额实现了在 2008~2012 年期间将排放量限制在 1990 年水平 108%的目标。截至 2017 年,澳大利亚是批准《京都议定书》第二个承诺期的 96 个国家之一。有望实现 2020 年的目标,即将排放量比 2000 年的水平减少 5%。	澳大利亚于 2016 年在第 45 届议会上尽早批准了《巴黎协定》。澳大利亚 2030 年的目标是将排放量比 2005 年的水平减少 26%至 28%,相当于将人均排放量减半,经济活动的排放强度几乎减少三分之二。在此基础上,它是主要经济体最强烈追求的目标之一。
太平洋蓝碳建设	2015 年澳大利亚于巴黎举行的"气候公约"会议上宣布了蓝碳国际伙伴关系。该伙伴关系汇集了各国政府、非政府组织和研究机构,以加强对沿海蓝碳生态系统-红树林、潮汐沼泽和海草的保护和恢复,有助于减缓气候变化,增强沿海地区的复原力和抵御风暴潮,并为粮食安全、渔业和可持续生计带来一系列共同利益。澳大利亚蓝碳占世界的 10%。澳大利亚建立了亚太雨林伙伴关系和国际蓝碳伙伴关系,并与泰国、印度尼西亚和太平洋国家政府就旨在帮助各国进行森林和蓝碳生态系统排放测量、监测和管理的若干双边项目密切合作。	澳大利亚政府正在支持太平洋地区的国家建设保护沿海蓝碳生态系统的能力。其中包括 600 万美元的太平洋蓝碳计划和 200 万美元的印尼-澳大利亚计划。澳大利亚在 2016~2017 年提供了 2.74 亿美元的国际气候援助,在 2017~2018 年提供了 3.24 亿美元。2015 年宣布将在 5 年内(2015~2016 年至 2019~2020 年)提供至少 10 亿美元资金,帮助本地区的发展中国家建立气候适应能力和减少排放。
太平洋投资合作	2017 年 11 月,澳大利亚政府宣布与斐济及其他太平洋国家、区域机构和私营部门组织合作,为保护和管理太平洋沿海蓝碳生态系统所做的努力提供 600 万澳元的资金。澳大利亚的支持将加强太平洋地区的蓝碳专业知识和数据,支持将其纳入国家温室气体核算和气候政策,并鼓励公共和私营部门投资,包括研究为蓝碳项目融资的创新方法。还希望通过对沿海环境进行长期监测,社区将更加了解连锁店带来的好处,例如改善渔业健康状况。	澳大利亚已承诺从 2016 年至 2020 年在太平洋岛国的气候变化和防灾活动上投入 3 亿澳元,其中 7500 万澳元用于备灾。
肯尼亚陆基排放估算系统	该系统基于土地的排放进行估算意味着肯尼亚政府将能够测量和报告其土地部门的排放,并评估可持续发展的不同土地利用情景。这将有助于为改善森林、农业和水的管理提供决策依据。它将开发一个 MRV 系统和一个决策支持系统。相应的数据将免费提供给所有政府机构,非政府组织和土地所有者。	澳大利亚正在与肯尼亚政府合作执行这个 1 200 万美元的方案。

续表

合作项目	简介	合作规模
南非土地碳排放量评估项目	与南非和肯尼亚合作，建立测量和报告储存在土地、植被和土壤中的碳系统。帮助南非政府制定一项战略计划，以衡量该国植被和土壤中储存的碳量。南非增强了监测和测量土地使用排放量的能力，旨在提高该国满足国际报告要求并获得气候资金认证的能力。	澳大利亚将提供 1 200 万澳元以帮助肯尼亚政府测量和报告其排放量，并评估土地利用情景以促进可持续发展。
印度尼西亚森林监测系统	自 2009 年以来，澳大利亚一直支持印度尼西亚开发森林监测系统，这将使印度尼西亚能够制定政策以实现其国内和国际森林承诺。从 2017~2019 年度起，澳大利亚将支持印度尼西亚进一步建设和维护土地部门的 MRV 能力，在印度尼西亚政府内部实施 MRV 系统，并与其他发展中国家分享经验。	
泰国非土地部门 MRV 能力建设项目	澳大利亚多年来一直在准备和提交国家清单，并具有宝贵的经验和专业知识可以共享。该计划的重点是帮助泰国开发类似于澳大利亚的数据管理系统，以使泰国政府能够独立编制国家清单。	计划耗资 300 万美元支持泰国。
澳大利亚水伙伴计划	2015 年 5 月，外贸部与易水有限公司共同成立了澳大利亚水伙伴（Australian Water Partnership，AWP）。AWP 已被证明是一个及时提供高质量服务的机构。AWP 提供了一个独特的机会，可以在长期的战略参与框架下将澳大利亚的发展和水务部门结合起来。通过分享其在水改革的三十年中的经验以及通过学习将水作为一种稀缺的经济商品进行管理，澳大利亚可以帮助国际伙伴更好地了解其可持续水资源基础；实施强有力的流域规模规划；制定由创新政策和法律框架支持的治理改革；加强机构建设，增强专业能力；发展对水敏感的城市；改善水质和生态健康；在多变和干燥的气候下管理需求并提高用水效率。 AWP 取得了显著成果，并不断壮大。通过支持一系列利用澳大利亚专业知识来响应国内和国际合作伙伴的援助要求的活动。在管理水资源短缺和安全的背景下，这些活动涉及四个用水领域：流域、灌溉现代化、城市综合水管理和环境水。AWP 还致力于在其各项活动中改善多个交叉领域的优先事项，例如水管理中的性别平等和社会包容性，培养年轻和新兴水务专业人员，以及在水-食物-能源联系中取得积极成果。	通过"澳大利亚援助与国际合作计划"（Australian Aid And International Cooperation Program）为最初的四年期拨款 2 000 万美元提供了资金。经过独立中期审查，它获得了第二笔为期四年的 2 400 万美元的资助，直至 2023 年 6 月，并获得 986 万美元的赠款支持。

续表

合作项目	简介	合作规模
蒙特利尔议定书	澳大利亚在确保《关于消耗臭氧层物质的蒙特利尔议定书》规定的氢氟碳化合物生产和进口逐步减少 85%的全球协议方面发挥了主导作用。前环境部长格雷格·亨特议员是 2015 年"迪拜途径"协议的支持者，该协议于 2016 年 10 月商定成为了《基加利修正案》。澳大利亚于 2017 年 10 月批准了《基加利修正案》。据估计，蒙特利尔议定书的氢氟碳化合物逐步减少，在 2019 年至 2050 年期间将全球温室气体排放量减少 720 亿吨，这相当于全球温室气体排放总量的三分之一。	

（二）澳大利亚应对气候变化国际援助的实施与利益考量

1. 澳大利亚气候变化国际援助的实施情况

自 20 世纪 90 年代环境的可持续发展成为海外援助项目新主题以来，澳大利亚通过其国际发展署等机构，以双边、多边等形式向广大发展中国家和地区提供了大量的气候变化援助。据统计，1999～2000 年和 2012～2013 财年，澳大利亚向海外提供援助达 21 亿澳元，其中一般性气候变化援助约为11.24 亿澳元，约占总额的 53.3%。2012～2013 财年有关气候变化方面的援助计划在 6 亿澳元左右，约占该财年整个 ODA 预算的 10.6%。这些援助分别给了国家、非政府组织、区域组织、国际组织等不同层次合作伙伴。

（1）澳大利亚对外环境援助的"国家"层次

印度尼西亚是澳大利亚一个十分重要的邻居，其生态环境变化对澳大利亚影响无疑是巨大的。印度尼西亚基础设施落后，滥砍滥伐造成森林资源锐减、温室气体排放量较高、气候变化应对能力较弱等问题一直得不到根本解决。为了帮助印度尼西亚解决环境问题，澳大利亚不断增加对印度尼西亚的援助，并实施一系列有关气候变化的项目计划。其中有代表性的是印度尼西亚—澳大利亚森林合作，澳大利亚政府援助金额从 4000 万澳元增加至 1 亿澳元。主要从政策发展和能力建设、为森林碳的监控和测量提供技术支持、示范性行动的开展三方面的援助来支持印度尼西亚政府建立对毁林和林质下降的减排机制。

（2）澳大利亚对外环境援助的"非政府组织"层次

与非政府组织合作是澳大利亚对外气候变化援助工作的重要部分。自成立以来，澳大利亚国际发展署已和诸如澳大利亚世界宣明会、澳大利亚乐施会及澳大利亚儿童基金会等非政府组织开展了切实有效的合作，并成立了澳大利亚国际发展署非政府组织合作计划，作为双方合作的主要平台，极大地促进了受援地区生态环境的保护和改善，提高了当地居民的生活质量，增强了当地气候变化适应能力。

（3）澳大利亚对外援助的"区域组织"层次

1993 年成立的太平洋区域环境规划署（SPREP），是组成太平洋地区组织理事会 8 个相对独立的组织之一，有 26 个成员。它以解决太平洋地区（主要是南太平洋）的环境问题、保持当地生活方式、自然遗产与文化协调为目标。在其《战略行动计划（2012～2015）》中，SPREP 确立了四个战略优先等级，其中气候变化占领首位。澳大利亚是太平洋区域环境规划署的主要捐助者，2003～2012 近 10 年间，澳大利亚作为成员出资 189 万美元。另一方面，澳大利亚还通过一系列具体的工程和项目支持和改善太平洋地区环境问题。

（4）澳大利亚对外援助的"国际组织"层次

全球环境基金会（GEF）成立于 1991 年，是为解决全球环境问题国家合作提供支持的金融机制，也是全球最大的公共环境基金。自成立以来，全球环境基金会已向 165 个发展中国家或经济转型国家的 3690 个工程提供了 125 亿美元的赠款。自全球环境基金会成立以来，澳大利亚便与其展开了密切合作。根据 2012 年 3 月澳大利亚国家发展署发布的《澳大利亚多边评估：全球环境基金会》，自 1991 年起澳大利亚向 GEF 拨付了 3.4 亿澳元的资金，包括

1.06 亿澳元用于第五次增资。

表 2-2　澳大利亚对外援助合作伙伴一览表

	国家	非政府组织	区域组织	国际组织
典型代表	南太平洋岛国、越南、蒙古、孟加拉国、海地、津巴布韦、巴勒斯坦、印度尼西亚等	澳大利亚世界宣明会、澳大利亚乐施会、世界自然基金、澳大利亚儿童基金会等	亚洲开发银行、环太平洋区域环境规划署、南亚水资源倡议组织等	联合国环境规划署、联合国气候变化框架条约、联合国绿色气候基金、英联邦秘书处、蒙特利尔协议履行多国基金、全球环境基金

2. 澳大利亚应对气候变化国际援助的战略意义

一是维护国家利益的需要。气候变化及生态环境问题事关每一个国家安全利益。由于气候变化问题具有全球性和跨国性，因此没有哪个国家可以在日趋恶化的全球环境中独善其身，其国际利益将无法得到保证。气候变化问题不仅会对澳大利亚的能源贸易和农业发展产生十分不利的影响，还会危及澳大利亚宝贵的自然资源，甚至威胁其国家安全（如全球气候变暖导致海平面上升，将对澳大利亚自身的生存及西南太平洋岛国的安全构成严重威胁）。因此，全球环境问题中最紧迫的议题都与澳大利亚休戚相关。推出应对气候变化国际援助，是维护澳大利亚国家利益的需要。

二是构建良好国家形象的需要。一切外交活动的成败，离不开国家形象的影响。构建成功的国家形象日益受到各国的重视。对于澳大利亚来说，尽管作为世界上主要的发达国家之一，拥有雄厚的经济和科技实力，但是由于受地理位置、政治依附性、军事实力等因素限制，很难在政治、军事等领域拥有较大的国际影响力。然而，随着国际社会日益重视气候变化及生态环境问题，加之其拥有丰富的气候变化应对及环境治理经验和较强的科技实力，澳大利亚在气候变化领域反而大有作为，并以此在国际社会中获得良好的形象，提升国家软实力，弥补其硬实力的不足。

（三）澳大利亚应对气候变化国际科技合作的特征

澳大利亚建立了从国别到区域、从区域框架到国际组织框架的气候变化国际援助体系。澳大利亚政府十分重视气候变化国际援助，从不同层面推动气候变化国际援助。从合作对象看，澳大利亚政府既注重同重点国别的应对气候变化技术、资金援助（如帮助印尼政府建立了对毁林和林质下降的减排机制），又注重区域内的气候变化国际援助（如澳大利亚是太平洋区域环境规划署的主要捐助国之一）。此外，澳大利亚政府主动在国际组织框架下推动气候变化国际援助，如澳大利亚在全球环境基金会框架下向发展中国家提供环境等领域的国际援助。

积极发挥多主体在气候变化国际援助中的作用，特别是非政府组织。澳大利亚政府成立了澳大利亚国际发展署非政府组织合作计划，来促进受援地区生态环境保护，提升当地气候变化治理水平。在气候变化国际合作中纳入非政府组织（NGO），这样可以适当缓冲和"稀释"官方援助的政治性，打消受援国戒心，更容易被受援国接受。借助 NGO 的力量，还可以扩大援助规模，提高援助效率，在对外援助的招标、实施和评估环境中引入 NGO 的力量也有利于提升国际合作的透明度。

三、日本

日本坚持以科技创新为引领推动气候变化国际合作，近年来从产业、技术等多层面出台了相应的政策，鼓励和支持本国企业主动参与气候变化国际科技合作，加强关键技术领域的联合科研攻关，提升气候治理的科技创新能力。同时，日本政府高度重视气候变化的国际援助，无论从资金支持还是技术培训均投入了大量的财力和人力，不仅帮助发展中国家解决了有关领域的技术能力，也将本国在气候变化领域的技术标准推广到全球，提升了日本在全球气候治理的地位。

（一）日本应对气候变化的国际科技合作战略

一直以来，日本在双边及多边合作框架下，持续开展气候变化国际科技合作。近年来，日本在应对气候变化方面采取了一系列政策与措施，以积极的态度研究制定了节能减排的中长期目标，并在全世界推广其应对气候变化的理念与技术。在缔结《巴黎协定》第二十一届联合国气候变化大会（COP21）中，日本承诺在 2020 年给予发展中国家总计年均约 13 000 亿日元的气候变化资金支持。同时，在每年的联合国气候变化大会上发表气候变化对策支持倡议，扩大国际合作。此外，该国自治团体及民间企业或自己成立合作框架，或与政府积极展开国际合作，各自治团体及企业为了更加便利，受益更多，还成立了新的组织，不仅在团体、企业范围内展开活动，还运用国际组织，开展更为高效的合作关系。日本开展气候变化国际合作，是基于双边及多边合作框架持续推进的，其概况及成果可参见下表。

表 2-3　日本气候变化合作项目实施依托机构

机构名称	简介	规模等
亚洲开发银行	旨在帮助发展中国家进入经济社会，以适应低碳化及气候变化。2016 年，气候财经捐款 44 亿美元，并表示，截至 2020 年，将气候变化资金扩大为 60 亿美元（缓和 40 亿美元，适应 20 亿美元）。此外，设立 JCM 日本基金（JFJCM），通过 ADB 的项目，使先进的低碳技术被广泛使用，降低高额的引进成本。	日本的捐款金额、出资金额约为 578 亿日元（2014 年） JCM 日本基金（JFJCM）规模：约 48 亿日元 截至 2016 年的累计金额

续表

机构名称	简介	规模等
《联合国气候变化框架公约》资金机制	全球环境基金（GEF）（1994～）：指包括《联合国气候变化框架公约》在内的五条环境相关公约资金机制。针对发展中国家，通过全球性环境问题对应项目进行支持帮助。绿色气候基金（GCF）（2015～）：针对发展中国家温室气体削减（缓和），有效处理（适应）气候变化影响，进行支持帮助。缓和与适应的资金配比为1:1。	GEF：第六期增资项目期间（2014～2018）44.3亿美元（其中，日本捐款6亿美元） GCF:2016年起约103亿美元（其中，日本捐款15亿美元）
国际协力银行（JBIC）	旨在动员民间资金团体，为发展中国家适应气候变化提供融资、保证及出资等的帮助、支持（全球环境保全业务：GREEN）。此外，JBIC作为JCM特别金融计划的一员，对JCM注册事务提供帮助、支持。	GREEN的投资、融资承诺金额：26.5亿美元（2010～2016）
双边信用机制（JCM）	通过普及发展中国家温室气体含量削减技术、产品、系统、基础设施等，实施相关政策。不仅在温室气体排放削减、吸收方面取得了可喜成果，日本代表作出贡献，也广泛应用于日本本国的排量削减计划。	双边积分制度（JCM）设备辅助业务预算：255亿日元（2014～2017）；2014～2017年度JCM实政事务·FS事务：86亿日元
日本国际协力机构（JICA）	发展中国家的低碳增长、可持续开发、气候变化政策合作组织。实施由政府开发援助政策（ODA）提供的技术合作（专家派遣、研究生留学、器材提供），并提供有偿、无偿的资金合作。	2016年气候变化领域合作成果：8 515亿日元（技术合作105亿日元、有偿资金合作8 239亿日元、无偿资金合作171亿日元）
世界银行	世界银行集团制定了气候变化行动计划（Climate Change Action Plan），帮助各国进行政策制定以及民间组织的合理运用。截至2020年，年均290亿美元的资金中，应用于气候变化领域金额占比由21%上升至28%。	日本的捐款金额约1 333亿日元（IBRD·IDA·IFC总计（2014年））

2015年7月，日本政府在"地球温暖化对策推进本部"会议上确定了2030年度（2030年4月～2031年3月）温室气体排放约为10.42亿吨 CO_2 当量的目标，该目标较2013年减排26%，并于当年将该目标正式提交给《联合国气

候变化框架公约》秘书处。为持续推进应对气候变化的各项工作，实现其减少温室气体排放的中长期目标，日本政府于 2015 年 11 月底公布了《气候变化适应计划》，并根据巴黎会议后确定的举措积极开展《气候变化对策计划》《能源创新战略》《能源环境新战略》的制定工作，在 2016 年 2 月公布了三项计划的要点和中间成果（阁议决定，2015；革新战略，2016）。这四大战略计划规划了日本未来 30 年的气候变化应对思路，明确了以科技创新应对气候变化的方向，确定了重点科技领域的研究开发计划。

第一，组织制定《气候变化对策计划》，根据巴黎会议达成的协定，于 2016 年上半年完成计划的制定。该计划制定了未来 10 年内适应气候变化的基本方针，将通过各方面的工作全力减少或避免因气候变化给国民生命、财产、生活、经济及自然环境带来的灾害损失。该计划由环境省制定，拟每五年更新一次，重点内容包括：制定了减轻地球温暖化造成损害的基本战略；对设想的农林水产、水环境水资源、自然生态、自然灾害与沿岸地带、健康、产业与经济活动、国民生活与城市生活七大领域的 80 项可能造成的损害及其影响的严重性、急迫性和可能性进行了评估，并提出了相应的适应措施与建议。

第二，制定政府工作计划，根据制定的《气候变化对策计划》，将一系列先导性政策举措纳入政府具体工作计划，并组织实施。巴黎会议后，日本在首相官邸设置的地球温暖化对策推进本部抓紧制定了该计划，从宏观布局上提出了日本应对气候变化的战略对策。该计划要点包括：以采取率先措施为目标；重视技术创新；重视节能减排技术的国际推广与合作；明确职能与责任。

第三，制定《能源环境创新战略》，强化能源环境领域创新技术的研究开发。2015 年 11 月，日本首相安倍晋三在巴黎气候变化会议上表明了制定该战略的意向。该战略面向 2050 年应对气候变化的工作目标，由 CSTI 组织制定。该战略选取技术的标准是：突破性强，影响力大的创新技术；可大规模导入，显著削减温室气体排放的技术；有一定风险性，需中长期投入，并发挥产官学合作作用的技术；可充分发挥日本优势的技术。根据该战略，日本将系统推动基础技术、创新能源、下一代太阳能电池、下一代地热发电、电池蓄能、节能领域的科学技术研究。

第四，研究制定《能源创新战略》。巴黎会议以来，日本政府着手制定该战略。该战略由日本经产省资源能源厅制定，以推进节能与应用可再生能源为两大核心目标，拟定了扩大能源投资，推进节能措施与应用新能源相关的一系列配套措施。该战略侧重于通过产业政策推进节能减排与新能源推广应用工作。该战略提出，到 2020 年节能效率要提高 35%，可再生能源占发电总量的 22%～24%，实现 LED 高效率照明应用率达到 100%，重点提出了全面开展节能、扩大可再生能源利用以及构筑新能源系统等方面的工作举措。

（二）日本应对气候变化国际援助的实施情况与利益考量

1. 日本应对气候变化的国际援助实施情况

1992 年，联合国大会通过了《联合国气候变化框架公约》，该公约提出将大气中温室气体的浓度维持在稳定水平从而防止全球变暖，规定了发达国家有义务向发展中国家提供资金援助、进行技术转移以及促进潜能开发（框架公约第 4 条第 3、4、5 款）。2009 年的第 15 次缔约方大会（COP15）则定下了截至 2020 年，全体发达国家政府和民间共集资 1 000 亿美元的目标。

在此大背景下，日本凭借技术、资金优势，对发展中国家开展多角度、多层次、全方位的环境外援——环境 ODA，以谋求在国际环境领域的主导地位，实现其国家利益和目标（ODA, 2014）。日本环境 ODA 包括日元贷款、无偿资金援助、技术援助、人员培训、专家派遣、项目合作等，亚洲的印度、越南、印尼等一直是重点援助对象国。在日本政府推动下，与气候变化有关的"环境外援"比重不断提高。在发展援助委员会（DAC）22 个成员国（世界上最富裕国家）中，日本提供的环境 ODA 长期居首位。1992 年联合国环发大会上，日本表示从当年起 5 年间提供 9 000 亿～10 000 亿日元的环境援助，赢得了"世界环保超级大国"的美誉。1997 年京都气候问题国际会议上，日本提出从 1998 年起的 5 年内，培训 3 000 名环境领域专业人员，提供利息为 0.75%、年限为 40 年的最优惠环境项目日元贷款。2002 年联合国环发大会上，日本提出到 2006 年的 5 年间培训 5 000 名环境领域专业人员，继续提供最优惠的环境项目日元贷款，扩大地球环境无偿资金合作。2008 年以后，日本以更加积极的姿态提供环境 ODA。在当年的洞爷湖八国峰会中，日本提出将在 5 年内向发展中国家提供大约 100 亿美元的气候援助。2009 年，日本在哥本哈根气候大会上提出，到 2012 年向发展中国家提供 150 亿美元的气候援助。2010 年 10 月 27 日，日本在第 10 次生物多样性公约缔约国会议上提出，从 2010 年起 3 年内向发展中国家提供 20 亿美元以应对生态危机。2015 年于巴黎举办的 COP21（首脑会议）上，安倍首相宣布了用以推进世界气候变化应对措施的系列举措——ACE2.0（美丽行星行动），并表示将在 2020 年对发展中国家在气候变化领域施以 13 000 亿日元的援助。

表 2–4　日本气候变化国际援助代表事例一览表

分布	所涉国家	项目名称
大洋洲	萨摩亚	太平洋气候变化中心建设计划
	基里巴斯、库克群岛、萨摩亚、所罗门群岛、图瓦卢、汤加、瑙鲁、纽埃、瓦努阿图、巴布亚新几内亚、帕劳、斐济、马绍尔、密克罗尼西亚	太平洋岛屿国家的多种灾害危险度评价系统及前期警报系统强化计划（联合 UN（联合国）/由 ESCAP（亚太经社会）实施）
	斐济	大洋洲培养气象人才能力强化项目
	帕劳	有关气候变化对珊瑚礁岛国造成的危机与相应对策的项目
	巴布亚新几内亚	为应对气候变化而提高充分利用 PNG 森林资源信息管理系统能力的项目

续表

分布	所涉国家	项目名称
亚洲	泰国	东南亚地区减缓-适应气候变化能力强化项目
	越南	气候变化应对措施援助工程
	泰国	提高首都曼谷制定并实施气候变化总规划（2013～2023 年）能力的项目
	菲律宾	提高气象观测·预报·警报能力的项目（VI）
	孟加拉国	达卡及朗布尔的气象雷达维修计划
	巴基斯坦	生产部门能源管理计划
中南美	圭亚那共和国、格林纳达、牙买加、苏里南共和国、圣文森特及格林纳丁斯群岛、圣卢西亚、多米尼加国、伯利兹	日本·加勒比·伙伴关系计划（联合 UNDP（联合国开发计划署））
	哥斯达黎加	瓜纳卡斯特地热开发部门贷款
	安提瓜·巴布达	水产相关机械材料维修计划
	海地	灾害应对能力援助计划（联合 UNDP（联合国开发计划署））
中东	伊朗	关于实施在政府系大楼内引进 ESCO（节能服务公司）的领航工程项目
	约旦	青年赴约旦研修／可再生能源路线
	阿富汗	通过改善灌溉系统、强化组织能力以提高农业生产力计划（联合 FAO（联合国粮食及农业组织））
	阿富汗	加强水文·气象信息管理能力项目
	土耳其	产业中的节能及能源管理
非洲	毛里求斯	第二次气象雷达维修计划
	阿尔及利亚、摩洛哥、突尼斯、布基纳法索、布隆迪、佛得角、乍得、科特迪瓦、塞内加尔	青年赴非研修／可再生能源路线
	莫桑比克	气象观测及预报、警报能力提高项目
	博茨瓦纳	国家森林观测系统强化项目
	塞舌尔	离岛微电网开发总规划制定项目
	肯尼亚	奥卡瑞地热开发计划

2. 日本应对气候变化国际援助的战略意义

21世纪以来，日本从多角度开展气候变化国际援助，构建气候外交战略，将自身优势与气候变化援助进行了较好地契合。日本的气候援助具有鲜明的实用主义特点，具有经济、政治、安全等方面的综合功能属性，突出体现在：以追求国家权力、实现国家利益作为战略目标，旨在构建亚洲气候规则，主导亚洲经贸秩序。

（1）保护国家安全

环境安全问题日益凸显，改变着国家的安全理念与安全环境。世界环境安全与日本的切身利益紧密相关；全球能源、资源危机直接影响日本的经济安全。日本国土狭小、自然资源匮乏，绝大部分资源、能源和原材料依赖进口。开展对外援助是日本确保其资源、能源稳定供应，保护本国资源储备、可持续发展和生态安全的重要途径。保护环境安全是日本综合安全保障的重要组成部分。因此，日本积极投身于国际环保事业、参与缔结国际环境条约、参加国际环境合作、解决环境争端、呼吁世界各国共同应对环境威胁，其根本目的就是要保护自身的生存环境和国家安全。

（2）获取经济利益

20世纪80年代末，泡沫经济崩溃使日本陷入萧条，日本产业的国际竞争力日益下滑。日本通过开展包含气候援助在内的气候外交，推进环保国际合作，开拓了国际市场，获取了巨大的经济利益。从1996年至2006年，日本环境商业规模一直稳居世界第三，仅次于美国、西欧。2000年以来，日本环境商业市场规模逐渐扩大，成为激发日本经济活力的新引擎。在2009年的"新成长战略（基本方针）"中，日本提出到2020年开拓50万亿日元环境市场规模，新雇140万环境领域从业人员的目标。随着全球性减排框架的不断建构和实践，"碳排放权"将成为世界经济新秩序的核心。"碳权交易"作为最具潜力的世界环境市场产业，成了日本气候外交追逐巨额经济利益的新来源。通过"环境外援"的技术和资金援助，向亚洲输出基于日本意识形态、价值标准和战略要求的经贸服务规则，实现日本主导下的环保设施建设。

（3）增强应对气候变化的主导权

日本环境省文件明确表示，日本必须从战略上考虑以优先把握未来的姿态全力以赴应对环境问题，以确立在国际结构中的主导权。日本从多层次、多路径争取国际环境领域的主导权和话语权，以推进其政治大国化。一是以"国际贡献"方式确立在国际环境领域的重要地位和影响力。日本对外不断增加环境援助、协力应对全球环境问题、支持发展中国家的环境事业等皆是出于这样的考虑。日本前首相竹下登曾指出，"只有在地球环境问题上发挥主导作用，才是日本为国际社会做贡献的主要内容"。二是以"率先垂范"方式争取气候外交平台的主导权，这在"后京都时代"尤为明显。例如，为了在G8 峰会中发挥主导作用，日本 2008 年提前出台"环境立国战略"，提出新的减排框架原则。三是以"先发制人"策略推进日式国际环境标准规范化，在国际环境机制建设中谋求主导权。2004 年，日本明确提出推进国际环境标准规范化战略，旨在与欧盟争夺主导权，制定符合日本利益的国际环境标准与规范。以资金、技术援助为条件，日本从发展中国家大量购买或换取"碳排放权"，借此不断扩大碳权市场规模，从亚太向中东欧、中南美、非洲地区拓展，以"碳权机制"为契机争取世界新秩序的主导地位。

（4）培养软实力

日本借助气候援助，使日本塑造的环保大国形象更容易获得国际社会认同。日本优秀的环境技术、优美的国家环境、在地球环境问题上积极承担责任的国家形象，成为日本最重要的软实力。日本具有领先世界的环保技术如污染防治技术、废弃物处理和再资源化技术、清洁生产技术、节能技术，在国际绿色市场备受青睐；以核能发电、LED、燃料电池、太阳能电池为代表的环境能源技术尤其具有非常强的竞争力。日本的环境 ODA 更是帮助日本塑造了良好的国际形象。日本也主动提出通过有效应对环境问题使自己成为先进环境国家。经过多年发展，日本现已建设起一系列享誉世界的环保品牌，包括体现世界先进绿色技术的汽车、家用电器，如丰田、松下、索尼、日立、三洋等。日本还提出了一系列引领世界潮流的环保理念，如 3R（Reduce、Reuse、Recycle）、低碳社会、与自然共生的可持续发展等。日本实效环境法规和政策，如《环境基本法案》《循环经济法》也成为不少国家借鉴的典范。日本的环保国家形象在许多国家的民众中留下很深印象。

（三）日本应对气候变化国际科技合作的特征

日本作为科技大国，其科技实力与科研成果在应对气候变化中起到了关键作用。在国际科技合作上，日本十分注重对发展中国家的气候变化援助。气候变化国际援助成为推广日本气候治理观念，提升其在全球气候治理话语权的重要手段。例如，日本通过在气候变化领域国际援助，输出本国的技术标准、环境治理的理念等，多路径、多层次争取全球气候治理的国际话语权，包括以"国际贡献"方式确立在国际环境领域的重要地位和影响力，以"率先垂范"方式争取气候外交平台的主导权，以及以"先发制人"策略推进日式国际环境标准规范化。另外，日本借助气候变化国际援助来提升国际软实力，塑造环保的大国形象，增进援助国对日本的正面评价，提升自身的国际软实力和文化影响力。不难发现，气候变化国际援助不仅是提升受援国气候变化能力建设的重要途径，也是国家扩大气候治理国际影响力的重要渠道。

第二节　欧洲国家应对气候变化的国际科技合作

一、德国

近年来德国在国际舞台上一直积极扮演着气候保护倡导者的角色，制定了一系列的气候保护相关法规和计划。1987 年德国政府即成立了首个应对气候变化的机构——大气层预防性保护委员会，1990 年成立了跨部门"二氧化碳减排"工作组，1992 年签署了联合国《21 世纪议程》等国际保护气候公约，1995 年在柏林举办世界气候框架公约大会，1997 年签署《京都议定书》，2000 年通过《国家气候保护计划》、《可再生能源法》（EEG）生效（何霄嘉，2017）。德国联邦政府出于"应对气候变化和维护能源安全"两个目的，于 2007 年又通过了"能源利用和气候保护一揽子方案"，提出了至 2020 年将温室气体排放在 1990 年的基础上降低 40% 的气候保护目标。2008 年开始实施《德国气候变化应对战略》（DAS），2011 年出台《应对行动计划 I （APA I）》。为实现减排目标，2014 年通过了《气候保护行动纲领 2020》《国家能效行动计划》。2016 年夏季还制定了国家《气候保护计划 2050》。

表 2-5   德国应对气候变化的减排目标

目标	时间	主要内容
短期	2008～2012	根据《京都议定书》，到 2012 年德国温室气体排放量应比 1990 年降低 21%
中期	2013～2020	根据德政府 2009 年 12 月的政治承诺，到 2020 年德国温室气体排放量较 1990 年应减少 40%；2010 年《德国联邦政府能源战略》得到通过，再次确定了 40% 的减排目标
长期	2021～2050	根据 2010 年 9 月公布的《德国联邦政府能源战略》，到 2050 年德国可再生能源占最终能源消耗总量比例应达到 60%，可再生能源发电占总发电量比例达到 80%；2030 年在 1990 年的基础上减排 55%，2040 年和 2050 年依次递进减排 70% 80%～95%。

（一）德国应对气候变化的国际科技合作战略

德国政府认为气候保护不仅为经济可持续发展提供长期的保障，同时还会提高就业率、增加环保技术和服务出口，给德国经济带来直接的好处。为配合应对气候变化的国家战略和政策，德国政府制定和实施了一系列科研计划，推动应对气候变化国际科技合作。

1. 德国应对气候变化国际合作的主要政策

（1）德国政府推出史上最严苛的"气候保护计划"（Klimaschutzprogramm 2030，2019）

为实现长期气候目标，2019 年 9 月，德政府宣布成立"气候内阁"（Klimakabinett），由默克尔总理直接领导，内阁成员包括副总理兼财长、环境部长、内政部长、经济能源部长、交通与数字化部长、教研部长、农业部长等，以期集中最高决策，更直接迅速应对气候变化。随后，内阁通过了"2030 年气候保护一揽子计划"，包括首部框架性《气候保护法案》和"2030 年气候行动方案"，力促德国实现 2030 年温室气体排放比 1990 年减少 55% 的目标。《气候保护法案》将 2030 年减排目标纳入法律，为各部门制定年度排放预算，力争 2050 年实现"碳中和"。"气候行动方案"的措施覆盖能源、交通、建筑、农业、工业、金融六大领域。

"气候保护计划 2030"视研究与创新为实现国家气候战略目标的先决条件，因为"强有力的研发投入及市场激励，有助于扩大德国作为气候保护创新技术的领先输出国和领先市场的地位，推动本国经济增长和繁荣，进而为全球气候保护做出贡献"。它强调，计划实施需动员德国整个创新体系，政府应进一步加大对研究与创新的激励和促进措施，企业应坚守研发创新的信念，研究与创新活动应涵盖从科学研究、技术开发到社会和经济学分析的全链条。上述六大部门必须在实施计划时应始终贯穿对研发与创新项目的支持。计划列举了未来的研发与创新重点，包括发展绿色数字技术；提升绿色氢能技术比重；尽快制定联邦政府氢能战略；加强德国本土电池研发和生产能力；发展碳储存和利用技术；推出中小企业气候创新计划；建立"气候保护科学平台 2050"计划等。

（2）德国主要部门应对气候变化的国际科技合作措施

为"气候保护计划 2030"提供研发资助经费的政府部门主要包括德国联

邦教研部（BMBF）、交通与数字基础设施部（BMVI）、经济能源部（BMWI）和环境部（BMUB），其中 BMBF 为主牵头部门。2019 年 10 月，BMBF 列出 15 条具体落实措施，呼应"气候行动方案"能源、交通、建筑、农业、工业、金融六大领域，拟新增 4 亿多欧元支持 2020～2023 年相关的气候保护研发与创新活动。

BMBF 资助的气候保护的科研项目主要分为两类：一是联合研究项目，可持续的国土管理（COMTESS）中有关"可持续的沿海区域管理"研究，主要针对德国北海和波罗的海沿岸地区遭受着气候变化带来的严重威胁，尤其是加速上升的海平面和越来越频繁出现的海啸表明已有的海岸保护措施的不足的情况，研究比较了已有的和创新的海岸保护措施对各种生态服务系统所造成的影响。项目实施期限为 2011～2016 年，涉及经费 330 万欧元。二是气候联合计划倡议（JPI Climate），与欧盟和欧洲其他 13 个国家合作开展有关气候服务的研究。该倡议的目的是改善对气候变化和多样性带来的风险和机遇的管理；应用复杂而覆盖面广的知识，制定切实可行的提升应对气候变化能力的解决方案；所提供的气候相关信息，能够通过结合其他起决定作用的相关因素分析，为规划、投资和政策的制定提供了详细具体的依据。实施期限为 2017～2020 年，涉及经费 8 950 万欧元。

BMVI 主持资助了气候变化对水路和航运发展的影响研究（KLIWAS，2015）。该计划的研究期限为 5 年（2009～2013 年），投入经费 1 830 万欧元，包括 30 个项目。研究内容主要是研发建立新的方法和工具，以系统的视角，科学、可靠地评价气候变化对德国水路和航运的影响，并发现需要进行调整的区域。BMVI 所属的德国联邦水文研究所（BfG）、德国联邦航道工程研究院（BAW）、德国联邦航运与航道测绘局（BSH）和德国气象局（DWD）等多个部门研究机构参与了该计划的实施。另外，德国联邦水路与航运管理局（WSV）也始终积极配合该计划的实施，参与了从研究内容的设计、执行（如提供资料和数据、支持野外作业等）到讨论和评价研究结果等计划实施的各个阶段。KLIWAS 计划在整个实施过程中有 100 多家德国和欧洲的科研机构合作参与，形成了关注实际需求的重要研究基础。该计划成为联邦政府实施 DAS 和 APA I 的一个项目典范，对于跨部门合作具有重要的示范意义。

（3）德国开展气候变化研究的主要科研机构

2007 年成立的德国气候研究联盟（DKK）是德国气候与气候影响研究最重要的联合机构。该机构凝聚了各相关学科的科研力量并建立了开展联合研究项目的公共平台，高质量地推动着德国在海洋、极地、大气等优势领域有关气候变迁、气候影响和气候保护等方面的高端研究。DKK 的研究重点主要有：人类活动对气候变迁的影响，建立可有效应对气候变化的措施或方法，制定气候变化应对政策，提高气象预测的准确率，探索社会、经济和环境等领域与气候研究相关的活动等等。该联盟的另一个任务是，对有关气候变迁、气候保护和气候效应的研究需求进行评判，参与相关研究项目的拟订。因此，DKK 的成员是德国开展气候变化影响、气候保护、应对气候变化等相关研究工作的主要科研机构。目前，DKK 有 22 个成员，包括亥姆霍兹极地与海洋研究中心（AWI）、汉堡大学"气候综合分析预测系统"（CliSAP）精英集群、德国气候计算中心（DKRZ）、德国宇航中心（DLR）大气物理研究所、德国气象局（DWD）、于利希研究中心（FZJ）能源和气候研究所、亥姆霍兹基尔海洋研究中心（GEOMAR）、德国地学研究中心（GFZ）、亥姆霍兹盖斯特哈赫特材料及海岸研究中心、基尔大学世界经济研究所（IFW）、莱布尼茨瓦尔内明德波罗的海研究所（IOW）、卡尔斯鲁厄理工学院（KIT）气象学与气候研究所（IMK）等。

2. 中德应对气候变化科技合作

2009 年，中德两国签署了《中德关于应对气候变化合作的谅解备忘录》，并同意建立中德气候变化工作组，以强化中德气候变化伙伴关系，加强中德双方在减缓和适应气候变化政策和行动方面的交流，推动两国在气候变化方面开展的科学研究以及在气候友好技术转让创新机制、清洁发展机制等方面的合作。在中德双边气候伙伴关系的合作框架和国际气候倡议（IKI）的框架下，两国定期开展年度磋商和工作组会议。自 2009 年来，中德在应对气候变化领域的合作形式主要集中在联合研究和能力建设，涉及电动汽车、减排、公共建筑能效、可再生能源、排放交易体系的能力建设及战略环境对话等 30 多个项目、资金 7 400 万欧元。其中，有关环境和气候变化的科研项目和计划主要包括以下 12 个：环境和气候领域的干部培训、中德能源伙伴关系、中德低碳交通合作、中国排放交易体系能力建设、公共建筑能源效率、中德电动汽车合作、建筑节能领域关键参与者资格培训、减缓气候变化对土地利用的影响、中德环境伙伴关系、保护冈底斯山区生物多样性、喜马拉雅山兴都库什自然资源保护可持续管理政策举措。

总的来看，中德气候伙伴关系项目有力地支持了中德气候变化工作组机制的顺利进行，并成为中德两国间气候变化快速信息交流的平台；中国排放交易体系能力建设项目自 2012 年实施至今，已启动 7 个碳交易试点；江苏省以及其它外省三个城市低碳发展项目，除开展低碳发展规划研究、能力建设项目外，还进行了建筑节能改造、产业共生平台等示范项目。这些项目取得的成效显示了中德应对气候变化的务实合作。

（二）德国国家氢战略

2020 年月 10 日，德国联邦政府发布了国家氢战略。德国政府认为未来十年全球和欧洲的氢市场将得到发展，目标是使用绿色氢（利用可再生能源制备的氢），支持市场快速扩张，并建立相应的价值链。德国的国家氢战略提出了开发氢技术的"本国市场"、把氢气作为替代能源、探索使用氢能实现能源转型、建立国际氢市场并加强国际合作等主要目标。该战略指出，到 2030 年，德国将建设供应容量高达 5 吉瓦的氢能生产设施（包括必要的海上和陆上能源发电）。德国的国家氢战略提出了未来一段时期发展战略，一是在 2030 年前建立国内氢市场；二是 2024 年起开拓欧洲乃至全球氢市场。德国的国家氢战略从氢的生产、工业、交通、供热市场、氢作为欧洲的联合项目、国际贸易、国内外运输和配送基础设施、研究、教育与创新等层面提出了具体行动计划。在制氢和应用方面，该战略提出了免除使用可再生能源发电生产氢气的能源分摊税，优先考虑在交通和工业部门推动氢使用等；在研究、教育与创新方面，规划了氢经济路线图，并通过"氢技术 2030"将各类研发计划统一联系起来，促进氢技术创新。此外，德国的国家氢战略还提出，继续目前的国家氢能与燃料电池技术创新计划（NIP），扩大可替代燃料在汽车、卡车、公交车等上的补贴力度，对汽车清洁能源技术研发进行补贴，加大氢站在内的基础设施建设和相关标准建立，支持建立有竞争力的燃料电池系统供应链以及相关验证研发机构，促进氢燃料电池汽车相关标准国际统一等。

（三）德国应对气候变化科技合作的特征

2008 年全球金融危机后，德国将气候保护作为德国经济和工业发展的指导方针，将气候变化保护相关的科学、技术和产业发展视为重振本国经济的主要动力和新的增长极，各项科研举措对于推动经济和社会的绿色、可持续发展发挥了关键作用，相关做法值得中国借鉴学习。

第一，气候保护的目标及理念具有很强的借鉴性。德国是全球工业大国，并都对全球温室气体减排和能源效率提升负重要责任，未来德国在绿色能源和工业节能方面具有明显优势，同时，德国在气候保护方面已走在世界前列，对绿色经济时代工业大国气候战略的全面探索，值得工业化后行国借鉴和学习。

第二，德国"气候保护计划"的技术路线为德国应对气候变化提供了全面的执行框架。在技术上，以可再生能源作为主要供应源，面临的最大挑战是如何通过大规模电能储存实现平稳供电过程。此外，在可再生能源为电动汽车供电，在工业能效、建筑物能源等多个领域，"气候保护计划"所设定目标的实现，都需要以大量关键核心技术的持续创新出现为支撑。

第三，德国政府注重统筹协调各项应对气候变化科研措施，持续完善和创新有关科研政策。德国从科研政策、法律、机制、社会保障等方面进行综合考量，以联邦各部门、联邦与地方政府、企业及公民社会全面参与的联动模式推动气候目标实现。同时，为实现气候目标，及时对科研资助机制和措施进行创新性地调整、补充和完善，明确阶段性研发重点和关键技术，此举值得借鉴。

二、波兰

从名义 GDP 看，波兰的经济总量在欧盟 27 国中名列第 7 位。从购买力平价看，波兰的 GDP 在欧盟 27 国中名列第 5 位。在碳排放上，波兰是欧洲排放量最高的国家之一。在应对气候变化上，波兰负有义不容辞的国际责任。然而，由于波兰国内的能源高度依赖煤炭，波兰在碳减排问题上并非积极的合作伙伴[①]。波兰重视气候变化的科学研究，积极推动应对气候变化的国际科研合作。

（一）波兰应对气候变化的国际科技合作战略

波兰是欧洲主要的经济体之一，在世界经济中发挥着越来越重要的作用。波兰一方面积极参与全球应对气候变化进程，也参与联合国气候变化会议。波兰曾三次主办联合国气候变化会议：2008 年波兹南气候变化会议、2013 年华沙气候变化会议和 2018 年卡托维兹气候变化会议[②]。波兰作为《联合国气候变化框架公约》第二十四次缔约方会议（卡托维兹气候变化会议）的主办

---

①https://www.climatechangenews.com/2019/12/13/eu-sets-climate-neutral-target-2050-poland-stands-alone

②https://www.wri.org/blog/2018/12/heres-polands-recent-history-climate-and-how-they-can-steer-future-cop24

国，引导缔约方解决棘手问题，推动各方就《巴黎协定》关于自主贡献、减缓、适应、资金、技术、能力建设、透明度、全球盘点等涉及的机制、规则基本达成共识。另一方面在涉及具体的减排承诺问题上有所保留。波兰在《巴黎协定》的谈判中强调必须考虑各国经济的特殊性。2018 年 2 月，波兰气候谈判代表呼吁关注消除贫困、应对饥馑和能源安全，而不是强力推动减少污染的国家承诺。在卡托维兹联合国气候变化会议期间，波兰政府强调需要实现"公正转型"，以考虑能源转型的社会经济影响。在气候变化会议开始时的高级别会议上，波兰作为气候变化会议主席国发表了一份"团结和公正转型西里西亚宣言"，其中呼吁将社会需求纳入能源转型政策，以争取对可再生能源和保护流离失所的工人的支持。此外，欧盟大多数成员国支持雄心勃勃的大幅度的减排目标，而波兰的态度则较为消极。2015 年波兰否决《京都议定书》多哈修正案，阻止欧盟作为一个集团批准该修正案。直至 2018 年 3 月，波兰才批准《京都议定书》多哈修正案。尽管如此，波兰仍然积极推动本国与世界其他国家应对气候变化国际科技合作，具体如下所述。

1. 加强气候变化研究与国际合作

气候研究在国家科学政策中占有一席之地。2005 年 9 月 22 日，《国家框架项目》（The National Framework Program）获得通过，规定了研究和开发的重点。环境为其九个战略研究领域其中之一，重点为"经济和气候变化"领域。该项目的目的是确定减少波兰温室气体排放、加强温室气体清除、限制非可再生能源消费、支持可再生能源的手段，并抵消温室气体排放对经济和自然环境的不利影响。2008 年 10 月 30 日，国家研究与开发项目（National Research and Development Program）获得批准，该项目成为促进执行国家科学和技术政策的工具。应对气候变化的对策和适应问题已列入 5 个重点研究领域中的 2 个：一为能源和基础设施。研究方向包括有效利用国内化石资源，确保生态安全；开发替代能源，如可再生核能和氢基能源；提高能源的生成、加工、储存和传输的可靠性和效率的新技术；二为环境和农业。研究方向包括减轻气候、土壤和水威胁的环境诊断方法和技术；改进获取卫星环境信息和精确定位系统的技术。

2010 年 10 月 1 日，波兰通过一揽子改革法案，其中包括 2010 年 4 月 30 日的《科学拨款原则法》。科学改革使科学和高等教育部能够发挥波兰科学政策制定和协调领导中心的作用。国家科学中心（NCN）和国家研究与开发中心（NCBR）已经接管了确定项目和资助研究项目的任务。根据《科学拨款原则法》，2011 年部长会议（政府）通过了《国家研究计划》，其中规定了研究和发展工作的战略方向，并确定了国家科学、技术和创新政策的目标和任务。这些准则是国家研究与开发中心战略研发计划的基础。气候变化和适应气候变化问题涉及 7 项战略中的 3 项，其中跨学科的研究与开发领域有：能源领域的新技术、现代材料技术、环境、农业和林业技术。

1991～2005 年波兰的科研支出逐渐下降，这主要是由于国家预算中科研拨款份额的下降。2005 年国家框架项目通过后，科研资金逐步增加。科研预算包括科研单位的法定活动（用于保持研究潜力的资助、奖学金、部长计划、定向资助）以及国家研究与开发中心和国家科学中心的基金、与外国的科技合作、知识传播和其他相关的欧洲科研合作活动（POIR, POWER 和地平线 2020）。

2. 注重减缓和适应领域应对气候变化的国际科研合作

2013 年波兰通过了对气候变化敏感的部门和区域的战略性适应计划（SPA2020）①。SPA2020 旨在确保可持续发展和气候变化下的经济和社会的有效运作。该计划是高级研究项目 KLIMADA 的组成部分，该项研究由环境部发起，涵盖时间到 2070 年。SPA2020 的部分目标是确定经济和社会生活的各个领域必要的适应措施，并估计必要的成本。

波兰科研机构参与欧盟 Interreg Central Europe Programne 项目，提高地区

---

① https://klimada.mos.gov.pl/wp-content/uploads/2014/12/ENG_SPA2020_final.pdf

二氧化碳减排能力。波兰科研机构积极参与了 19 个项目。项目涉及能源管理、城市绿地和后工业化区域的振兴、使林木适应气候变化、空气质量和地下水污染。

适应气候变化包括波兰-挪威研究计划框架内的二氧化碳封存和储存（领域：碳捕获和储存），由国家研究与开发中心共同资助。该研究涉及海底和页岩气矿床下的 CO_2 封存和储存（鉴于其对生态系统的影响），并侧重于创新的 CO_2 捕获和存储技术。参与该项目的科研机构有格但斯克大学、西里西亚理工大学、克拉科夫科技大学（AGH）、西波美拉尼亚理工大学、什切青大学和波兰地质研究所-国立研究所。

该项目资金来源有国家科学中心、国家研究与开发中心和国际基金（欧盟以及其他的国际合作）。参与研究的科研机构还有波兰科学院水工程研究所、海事研究所、华沙大学、国家海洋渔业研究所、土壤科学与植物栽培研究所-国立研究所、环境保护研究所-国立研究所、格丁尼亚海事大学、波兰科学院地理和空间组织研究所。

3. 积极参与欧盟框架下的研发计划

2013 年 7 月，作为欧盟第七框架计划任务的后续行动和扩展，欧盟通过了"地平线 2020"框架计划。"地平线 2020"的主要目标是通过建立一个统一和连贯的科研资助体系，将研究和创新结合起来。其中"社会挑战"计划的第三支柱涉及适应气候变化、健康、人口结构变化、人类福祉、食品安全、可持续农业和林业、海事问题、内河航道和生物经济、安全、清洁、高效的能源、智能、绿色和综合发展、气候、环境和资源和原材料的有效利用。波兰研究机构积极参加了"地平线 2020"研究和技术发展方案框架内开展的与广泛理解的气候变化问题有关的项目。

4. 推动应对气候变化多边科技合作

（1）国际未来地球项目

2015 年启动的"国际未来地球项目"（FE）是 1986～2015 年实施的国际

地圈—生物圈方案（IGBP）的延续和扩展。"未来地球"汇集了促进地球可持续发展的国际努力，涵盖许多学科的活动以及社会和政治活动。波兰IGBP/FE 全国委员会作为方案协调员发挥着重要作用。委员会还开展活动，扩大对全球地球圈和生物圈变化的研究，并在波兰传播这些研究结果。波兰科学机构参与 IGBP 和未来地球子项目的问题。

①水文循环的生物圈方面（BAHC）：就 BAHC 的目标开展的研究项目侧重于地球物理过程对波兰水资源的影响，并特别注意极端水文事件（洪水和干旱）。详细研究覆盖了该国某些地区，主要是湖区、泥滩和洪泛区。对选定地区的水和热平衡（大波兰、卡舒比）进行了研究。已经形成了评估波罗的海沿岸地区，特别是在大型聚集区以及维斯瓦三角洲和舒瓦维地区消极风险的方法。

②全球土地项目、全球变化和陆地生态系统（GCTE）：该项目的研究涉及气候变化对水生态系统碳循环的影响（大波兰湖区和波兰东北部）和森林生态系统（大波兰）。与欧洲和美国研究中心合作，对气候变暖对欧洲（从拉普兰德到喀尔巴阡山脉）松树林变化的影响进行了广泛的研究。在波兰山区，对气温升高引起的垂直带谱进行了研究，继续对气候变化对波兰植物生产和林业的影响进行研究。

③国际全球大气化学计划（IGAC）：作为该项目的一部分，对大气中的温室气体浓度、大气中二氧化碳和甲烷中碳同位素组成（同位素 12C、13C 和 14C 腐蚀性碳），包括由于二氧化碳和甲烷人为排放到大气中的变化进行监测，还监测了沿海地区和城市群中气溶胶的浓度和化学成分。对城市大气边界层（声波和遥感方法）以及大气臭氧含量和 UV-B 辐射的变异性进行了研究。其中一些研究涉及各部门对气候的影响以及温室气体排放因素和影响因素的确定。同时，还开展了改进减缓气候变化方法的工作。

④过去的全球变化（PAGES）：过去环境变异性的研究侧重于历史上的气候变化机制，特别是在上一个冰川时期和全新世时期。关于冰川期，特别注

意黄土沉积物中记录的变化、冰川的去冰川过程和永久冻土的衰退。继续研究戈希羌日湖（Gościąż Lake）的沉积物，并根据从波美拉尼亚的水库收集的沉积物样本中的生物痕迹，重建过去的气候条件。

⑤上层海洋低层大气研究：作为 2003 年结束的 IGBP 全球海洋通量联合研究计划的继续，在北大西洋地区开展了气溶胶光学特性研究。波兰极地研究是了解全球变暖对海洋生态系统影响的重要贡献。

⑥未来地球海岸（原沿海地区陆地-海洋相互作用–LOICZ）：鉴于全球变暖的影响导致海平面上升，风暴频率和强度增加，以及沿海地区的洪水频繁发生，对沿海地区给予了特别关注。继续研究沿海地区（海岸线变化和沉积物传输）和海洋沉积物的动态、波罗的海南部海岸的长期演化、流域的建模、盐和二氧化碳在海洋接触区交换以及沿海水域的化学污染。

（2）世界气候计划

波兰科学家和专家积极参与世界气象组织的工作。正在世界气候计划—海洋气候学中的水的框架内进行研究。自 2005 年以来，气象和水资源管理研究所（IMGW+PIB）开展了一项从波兰回溯历史观测数据的项目。波兰气候变化研究是根据长期气候数据进行的。波兰在该项目和世界气象组织建立的全球气候观测系统继续开展活动。

（3）气候变化监测项目

① 欧洲全球海洋观测系统（EuroGOOS）：波兰科学院海洋研究所、海事研究所、气象学和水资源管理研究所为 EuroGOOS 的成员。它们参与欧洲可操作性的海洋学的形成，同时对全球海洋观测系统（GOOS）贡献颇大。EuroGOOS 工作的关键是建立和发展波罗的海内的稳定的监控系统和海洋学测量。

② 全球通量观测网络（FLUXNET）：波兰的 7 个研究站隶属于 FLUXNET 网络，观察大气和自然生态系统（森林、沼泽和农业）之间公开和潜在热量和温室气体（CO_2、CH_4 甲烷）的交换情况。该网络特别关注在外部刺激（农

业活动、因龙卷风导致的毁林）的影响下，温室气体流动特征的变化（时间和空间变异性以及流量的绝对值）。

③ 气溶胶机器人网络（AERONET）：AERONET 是一个用于测量悬浮颗粒（气溶胶）的数量和类型的网络，以及空气中的水蒸气量。该网络由来自世界各地的 600 多个太阳能光度计组成。其中 4 个位于波兰。波兰科学院海洋研究所在波罗的海、挪威和格陵兰的巡航期间，进行了气溶胶光学测量。

④ 波罗的海地区地球系统科学（Baltic Earth）：波兰科学机构（波兰科学院海洋研究所和罗兹大学参加波罗的海地球子项目（原 BALTEX））讨论陆地和海洋之间的生物地球化学相互作用以及不同时间和空间尺度的海平面变化动态（出于气象、水文和地质原因）。

⑤ 波罗的海更美好未来的科学（BONUS）：所有波罗的海国家都参加了该计划。该项目包括评估在污染源及其受体即波罗的海之间保留生物原元素（氮和磷）、开发海洋表面的雷达探测方法，如冰、油污渍、海浪和海洋生态系统和生物多样性变化观测。

⑥ 国际北极地面研究和监测网络（INTERACT）：INTERACT 是一个 79 个研究站组成的网络，位于北极和北半球的高山地区，包括波兰极地站（斯瓦尔巴德、波兰科学院海洋研究所）和塔特拉山脉的研究站（波兰科学院地理和空间组织研究所）。该网络是协调研究、监测和后勤、分享经验和为环境研究人员建立基础设施网络的平台。作为该项目的一部分，观察和研究活动专注于环境研究，以识别、理解、预测和应对各种环境条件的影响。

（二）波兰应对气候变化国际援助情况及利益考量

波兰作为中东欧最为成功的转轨经济国家，向发展中国家和转轨国家提供力所能及的发展援助。波兰向发展中国家和转轨国家提供发展援助，以支持这些国家的可持续发展（Multiannual, 2018）。2012～2016 年波兰提供的官方发展援助（ODA）从 13.69 亿兹罗提增加到 26.1 亿兹罗提（相当于 4.21～

6.62 亿美元）。

　　2012～2016 年，波兰约 77% 的官方发展援助是通过多边渠道提供的，主要通过对欧盟预算的捐款，通过欧洲机构投资于根据欧盟相关立法通过方案拟订进程选定的活动，还向在联合国开展业务的实体提供多边援助。波兰大约 23% 的援助是通过公共财政部门机构、波兰外交使团和非政府组织提供的双边援助提供的。双边援助是根据外交部根据世界个别国家或地区的需求评估确定的优先事项发放的。2013～2015 年的发展合作以 2012～2015 年多年度发展合作计划为基础，而 2016 年的资金基于 2016～2020 年多年度发展合作计划。

表 2-6　2013～2016 年波兰气候援助

年份	总气候援助		范围	兹罗提	欧元
	兹罗提	欧元			
2013	1 099 022.7	261 990.07	多边	15 719.02	3 747.17
			双边	1 083 303.68	258 242.9
2014	15 380 394.29	3 675 036.28	多边	9 139 127.84	2 183 729.87
			双边	6 241 266.45	1 491 306.41
2015	23 739 162.79	5 673 931.69	多边	12 653 895.95	3 024 426.00
			双边	11 085 266.84	2 649 505.69
2016	23 465 950.21	5 379 014.37	多边	14 217 145.08	3 258 944.43
			双边	9 248 805.13	2 120 069.94
总计	63 684 529.99	14 727 982.34	多边	36 025 887.89	8 470 847.47
			双边	27 658 642.10	6 519 124.94

资料来源：波兰环境保护研究所-国立研究所根据 EIONET 报告整理。

　　2012～2015 年，双边援助的主要受益者是白俄罗斯、乌克兰、阿富汗、格鲁吉亚、摩尔多瓦、埃塞俄比亚、安哥拉、叙利亚、哈萨克斯坦、肯尼亚、巴勒斯坦、柬埔寨。2016 年双边援助首先针对埃塞俄比亚、叙利亚、乌克兰、坦桑尼亚、白俄罗斯、肯尼亚、安哥拉、摩尔多瓦、格鲁吉亚和伊拉克。波兰发展援助的重点：发展中国家的环境行动、包括防止自然灾害影响和应对气候变化行动。

在报告所涉的时期内波兰对气候变化活动的援助稳步增加。气候变化贡献（捐助）、环境保护和能源被列入气候行动范畴。2013 年提供双边援助的国家包括亚美尼亚、阿塞拜疆、埃塞俄比亚、几内亚、摩尔多瓦、朝鲜、巴勒斯坦和乌克兰。2014 年援助的受益者是摩尔多瓦、白俄罗斯、秘鲁、乌干达、肯尼亚、亚美尼亚、乌克兰和格鲁吉亚。超过 620 万兹罗提（140 万欧元）用于以下项目：通过交流知识和提供研究所用的专门设备，为发展中国家提供科学和技术设施。波兰还为旨在建设抵御自然灾害能力、推广创新能源效率技术、开发可再生能源的项目提供了援助。

2015 年，双边气候援助的价值比 2014 年增加了约 56%。气候项目资助包括有针对性的技术转让的国家名单：东部伙伴关系国家和选定的非洲、亚洲和中东国家，即格鲁吉亚、乌克兰、摩尔多瓦、亚美尼亚、塔吉克斯坦、吉尔吉斯斯坦、肯尼亚、埃塞俄比亚、乌干达、坦桑尼亚、老挝和缅甸。适应气候变化的资金占 56%，气候变化占 37%，其余用于横向行动。到 2016 年，捐赠的气候援助总额超过 2300 万兹罗提（560 万欧元），2015 年的情况

表 2-7　2013~2016 年绿色技术加速器项目的数量

年份	项目数量	针对发展中国家的项目数量
2013	16	4（中国、摩尔多瓦、乌克兰、塞尔维亚）
2014	12	4（智利、哈萨克斯坦、摩尔多瓦、乌克兰）
2015	14	6（智利、哈萨克斯坦、尼日利亚、摩洛哥、乌克兰、南非）
2016	12	5（波黑、哈萨克斯坦、哥斯达黎加、塞内加尔、乌克兰）
总计	54	19

资料来源：IOŚ–PIB　（based on data provided by the Ministry of Environment）

包括埃塞俄比亚、白俄罗斯、格鲁吉亚、印度尼西亚、伊拉克、肯尼亚、摩尔多瓦、尼日利亚、坦桑尼亚、约旦河西岸和加沙地带。双边渠道提供的气候援助约 20%涉及适应项目，20%与减少排放有关，其余部分用于执行横向项目。

（三）波兰应对气候变化国际科技合作的特征

在应对全球气候变化上，波兰将本国经济社会发展需要纳入减排目标实现的考量中来，同时，通过国际合作、加强有关领域科学研究等方式来推动波兰应对气候变化目标的实现。

第一，积极参与全球气候治理，在气候谈判中维护自身利益。波兰是全球气候治理的积极参与者，多次主办联合国气候变化会议。波兰作为卡托维兹气候变化会议的主办国，为《巴黎协定》规则手册即"卡托维兹一揽子计划"（Katowice Package）的通过发挥了建设性作用。波兰在气候变化的国际谈判中明确表达自身关切，维护自身的利益。

第二，推动气候变化的科学研究，关注气候变化对环境、社会和经济的影响。尽管波兰出于国内经济的考量，在碳减排问题上并不积极，但是波兰在国内并非放松对气候变化的科学研究，波兰动员主要的科研机构参与相关的研究项目，关注气候变化对环境、经济和社会的影响。

第三，鼓励气候变化科研的国际合作，共同应对气候变化的挑战。波兰鼓励波兰科研机构参与气候变化的双边或多边的国际合作项目，波兰的科研机构积极参与欧盟框架内的科研项目，参加应对气候变化的全球科研网络。

第四，支持发展中国家和转轨国家应对气候变化。波兰经过 30 年的经济转轨已经跻身高收入国家行列，虽然在欧盟内部竭力争取对己有利的减排财政安排，但是波兰并未放弃其国际责任，向发展中国家提供发展援助。波兰向发展中国家和苏联转轨国家提供了力所能及的气候援助，气候变化发展援助的重点是支持发展中国家的环境行动、包括防止自然灾害影响和应对气候变化的行动。

三、意大利

意大利是全世界气候变热最快的地区，意大利的经济和农业将受到深远影响。同时，意大利是一个高度依赖能源进口的国家，在可再生能源的利用和使用技术方面处于世界领先地位。其节能减排计划是在欧洲气候能源计划总体框架的基础上进行的，包括出台鼓励改善建筑能源效率政策，实施建筑光伏计划、热太阳能利用等；在应对气候变化方面，适时修改税收政策，加强废弃物的立法管理，推行新型城市交通变化，发展碳捕获和存储技术等。

（一）意大利应对气候变化的国际科技合作战略

1. 加强顶层设计，制定出台《国家可持续发展战略 2017～2030》

2017 年，意大利总理府批准了环境部牵头完成的《国家可持续发展战略 2017～2030》，提交经济计划部委员会批准，送议会审议通过后实施。该战略既是之前的《意大利可持续发展环境行动战略 2002～2010》的延续和修订，同时也是根据联合国《2030 可持续发展议程》的要求，在更广泛的层面为可持续发展描绘的新蓝图，这是意大利在其经济、社会和环境发展规划中为落实《2030 可持续发展议程》所采取的举措。

《国家可持续发展战略 2017～2030》从《2030 可持续发展议程》的"5P"理念出发，分别在"以人为中心（PEOPLE）""全球环境安全（PLANET）""经济持续繁荣（PROSPERITY）""社会公正和谐（PEACE）""提升伙伴关系（PARTNERSHIP）"五个方面提出了 13 个重点领域的 52 项国家战略目标。《战略》确定了从"常识，政策、规划和项目监督与评价，制度、参与和合作，交流、敏感性、教育，公共管理效率和公共财政资源管理"五个方面着手，落实《2030 可持续发展议程》，提出今后五年的首要目标是改善人的经济-社会福利条件。《战略》还提出了制定实施监督实施细则或办法的基本原则，包括致力于尊重人与环境，聚焦和平与合作，建议各国在"融合、普遍性、包容、转化"四个指导原则下在国家层面推动可持续发展。

2. 积极推动与中国在气候变化有关领域国际科技合作

中意在可持续发展领域的合作持续时间长、合作领域广、投入资金量大、参与机构多，成果丰硕，堪称发达国家与发展中国家应对气候变化与可持续发展合作的典范。2000 年，意大利环境、领土与海洋部与中国国家环保总局（生态环境部前身）联合启动中意环保合作项目，致力于通过政府、企业、科研机构等各方面合作帮助改善中国环境、推动中国的可持续发展。随后几年又与中国科技部、国家发改委、水利部、国家林业局、北京市政府、天津市政府、上海市政府等 10 余个国家部委和地方政府签订合作协议，合作项目多达 200 多个，双方累计投入资金超过 2 亿欧元。具体合作领域包括：①能源效率、清洁能源以及可再生能源；②协助中国履行国际环境公约；③环境监测；④城市可持续发展与生态建筑；⑤垃圾资源化利用；⑥可持续交通；⑦水资源综合管理；⑧生态保护和风沙治理；⑨可持续农业；⑩环境保护能力建设。

在城市规划和生态建筑方面，合作实施了怀柔生态城镇规划、崇明岛生态建设与环境规划研究、北京市小城镇规划等项目，对中国生态环境规划及可持续发展做出了示范。援助建设了环境国际公约履约大楼、清华大学生态节能楼，充分体现了生态、绿色和节能的设计理念，并采取意大利的先进技术设备与建筑材料，使建筑节能最大化，为中国节能、低碳、绿色建筑的设计建造提供示范。

在能源与能效方面，将能源管理的最佳实践方案引进中国，推动了风能、太阳能、生物质能、地热、小型水力等可再生能源在中国的发展。示范项目如：济南、苏州和太原 3 个示范城市的可持续环境能源规划研究；内蒙古"太阳能村"试点为零星分散的 3 个村庄，191 个家庭提供电力；青海两个太阳能发电站为近千人提供基本生活用电。

在气候变化框架公约和清洁发展机制领域，实施了多个研究和示范项目，如在兰州进行了气候变化研究项目，对温室气体排放进行了试点调查。沿海气候变化适应项目制定了中国第一个《海岸带生态系统适应气候变化的行动方案》，为温州市乃至其他沿海城市海岸带生态系统提高适应气候变化的能力提供方案。

在提高应对气候变化能力建设方面，2003 年正式启动中意环境管理与可持续发展培训班，截至 2018 年底共有 10000 余名中国政府、科研院所和企业代表参加了在中国和意大利举办的近 300 期环境管理与可持续发展培训，对推动中意环境保护、应对气候变化、可持续发展交流和人才培养做出了重要贡献。

3. 注重与越南开展应对气候变化合作的实践

意大利环境、领土与海洋部与越南自然资源与环境部建立了良好的合作关系，多年来开展了多个合作项目。意大利资助越南开展"加强越南中南部地区洪水预报预警能力项目"先后两期，协助越南完成"完善与升级服务于红河—波河流域水资源管理工作的观测、监测和实时预测系统"项目，协助越南制定有关评估气候变化及自然灾害对社区的影响及其应付措施的政策，协助越方加强能力并培训越方把地理信息系统（GIS）技术应用于战略环境评估工作与一些其他领域。

（二）意大利应对气候变化的国际科技合作特征

意大利积极应对全球气候变化，加强气候变化领域的国际科技合作，发布了《国家可持续发展战略 2017～2030》，并成立意大利可持续发展联盟。同时，意大利政府有力推动实施可持续金融发展，重点对节能、绿色低碳等领域融资，推动绿色金融发展。意大利政府主张加强国际合作以共同应对全球气候变化，特别重视与发展中国家的合作。堪称发达国家与发展中国家应对气候变化与可持续发展合作的典范，主要集中在城市规划与生态建筑、能源与能效、清洁能源发展机制等。此外，意大利还积极推动与越南等发展中国家开展应对气候变化的国际合作。

四、瑞典

瑞典高度重视应对全球气候变化，加强气候变化领域创新投入和推动有关技术创新发展，已成为全球低碳发展的领导者。2019 年 1 月，瑞典环境和能源部颁布了《瑞典国家能源与气候综合草案（Sweden's Draft Integrated National Energy and Climate Plan）》（以下简称《草案》），明确提出了其应对全球气候变化的科技创新政策，包括国家计划目标、政策与措施及现有政策的实施情况等，本报告将对该《草案》内容进行分析和总结，并提出几点思考。

（一）瑞典应对气候变化的国际科技合作战略

1. 瑞典应对气候变化的主要目标

为推动气候变化领域的科技创新发展，瑞典政府提出：一是通过新技术和服务来产生科学技术知识和能力，推动瑞典现有能源系统向着可持续性能源系统转型，实现生态可持续、生态竞争力和能源安全的有机统一；二是瑞典企业开发商业化技术和服务，推动瑞典和其他市场能源系统的可持续发展与转型；三是积极开展和推动能源领域的国际合作。此外，瑞典政府将继续提高公共资助额度，并要求私人资助规模至少达到公共资助规模的一半以上。

2. 瑞典应对气候变化的科技创新领域

在应对气候变化上，瑞典重点加强对如下几个领域的科技创新：第一，二氧化碳高效生物燃料和能源转型，其中重点关注高效率和环保的生物燃料及以废物为基础的热能发电厂发展；第二，林业和生物能源，其中瑞典在森林碳汇和生物能源有效利用方面具有明显优势；第三，产业发展中资源优化、能源效率和"碳中和"，如通过氢突破技术来实现无化石钢铁生产研发是该领域正在进行的重点项目；第四，可再生电力系统转型和智能电网，其中风能和太阳能是重点关注领域；第五，运输部门研究，涵盖从生物汽车燃料到新燃料使用的整个产业链研究；第六，能源相关领域研究，如建筑和住宅节能、文化历史建筑节能等。

3. 瑞典应对气候变化的国际科技合作措施

（1）相关领域实施了国家级研发与创新项目应对全球气候变化

瑞典政府实施"2017～2020 年国家能源研究与创新项目"，并围绕交通运输系统、生物能源、能源系统构建、发电和电力系统、工业、可持续社会、广义能源系统研究、商业开发和商业化，以及国际合作等主题开展相关研究和创新。同时，2017 年瑞典政府启动了"应对气候变化的十年国家级研发项目"。该项目致力于实现整个社会对化石燃料的零依赖，将瑞典打造成为巴黎气候公约的全球领导者。该项目要求加强气候变化不同领域的研究，支持交叉学科和跨领域的研发与创新。2018 年该项目经费支出达约 7500 万克朗，2019～2026 年每年预计支出 1.3 亿克朗，从而推动瑞典在能源和气候变化领域的科技创新发展。

（2）加强与其他欧盟成员国间科技创新合作

瑞典努力将本国能源和气候相关行动计划目标与欧盟战略能源技术计划（Strategic Energy Technology Plan，简称 SET 计划）目标结合在一起，通过参与海洋能源（Ocean Energy）、面向消费者的智能解决方案（Smart Solutions for Consumers）、智能城市和社会（Smart Cities and Communities）、工业能效（Energy Efficiency in Industry）、可再生燃料和生物能源（Renewable Fuels and Bioenergy）、电池组和电动汽车电池（Batteries and E-Mobility Batteries）、碳捕获利用和储存（Carbon Capture Utilization and Storage）等临时性工作组来参与到欧盟 SET 计划相关工作中，实现本国研发项目与欧盟 SET 计划领域下共同目标。瑞典还将参加欧洲研究区网络（ERA-NET）项目中生物能源、海洋能源、太阳能、智能城市和社会、可持续城镇发展、智能电网、风能、运输和气候变化适应性等领域的研究。

此外,瑞典与其他北欧国家在能源和气候变化问题上有着长期的合作,通过北欧部长理事会参与了北极气候和适应有关的北欧卓越中心建设和气候变化相关领域的研究。2019 年 1 月 26 日,北欧五国(芬兰、瑞典、挪威、丹麦和冰岛)共同签署了一份应对气候变化的联合声明,将合理提高北欧国家应对气候变化能力,争取比世界其他国家更快实现"碳中和"。

(3)加强成果产业化应用的国际合作

瑞典政府鼓励和支持有关企业研发成果的市场化应用。例如,在太阳能领域,瑞典的 Exeger 公司推动节能高效的太阳能电池技术商业化应用,将在瑞士 ABB 的帮助下在瑞典建立新一代染料敏感太阳能电池工厂并推出一款产品,实现便携式电子产品电池寿命的无限期延长。在海洋能源领域,瑞典的 Corpower Ocean, Minesto 和 Waves4Power 等企业努力实现海洋能源技术成果的商业化推广,如 Waves4Power 是瑞典清洁能源领域创新领导者,于 2017 年与挪威佐敦(Jotun)等公司合作推出了新型波浪能装置,供电能力可达 25 万千瓦时,能够满足 10~15 个普通家庭一年用电需求。

(二)瑞典应对气候变化国际科技合作的特征

瑞典作为北欧五国之一,将气候变化国际合作作为一项重要战略,积极推动气候变化国际科技合作。瑞典积极加强在二氧化碳高效生物燃料和能源转型、"碳中和"、可再生电力系统转型等技术研发,同时注重与欧盟国家在智能城市和社会、电池组和电动汽车电池、碳捕获利用和储存等领域国际科技合作,特别是关注与其他北欧四国在应对气候变化领域国际合作,如共同签署了应对气候变化的联合声明,共同提高北欧国家应对气候变化能力,争取实现"碳中和"。此外,瑞典还积极加强与挪威等国在气候变化科技成果应用领域的合作,如,与挪威佐敦(Jotun)等公司合作推出了新型波浪能装置。

五、英国

2008 年《气候变化法案》使英国成为世界上第一个针对减少温室气体排放拥有法律约束力的长期构架的国家。其最初的目标是，到 2015 年相对于 1990 年英国实现整体排放减少 80%。英国政府也在之后延续和增加了应对气候变化的行动，主要分为减少碳排放和促进能源供应系统中清洁替代品的发展。英国于 2015 年提交了国家自主贡献计划，到 2030 年碳排放要相对于 2005 年下降 30%。在 2019 年，该目标进行了修正，到 2050 年英国实现净零排放（100%）。该法案同时也要求英国政府制定具有法律约束力的"碳预算"及相应的减排承诺。同年，英国气候变化委员会（CCC）发布的政府减排政策的进度报告，英国的减排目标和政策之间的差距越来越大，英国政府应对气候变化的国内政策将会得到加强，由于新冠疫情的影响，英国政府原定于 2020 年 9 月发布的第六个碳预算（2033～2038），这也是英国宣布净零目标首个"碳预算"，将推迟到 12 月份发布。此外，在 2015 年的巴黎，英国加入了由 20 个国家组成的集团，这些国家承诺将在清洁技术研发方面的支出增加一倍。从 2021/22 到 2025/26，它已将国际气候融资增加了 50%，达到 116 亿英镑。由于英国脱欧和新冠疫情的影响以及英国应对气候的国际气候政策出现了较大的不确定性，英国政府将于 2021 年 COP26 格拉斯哥大会上发表自己最新的应对气候变化的国际合作政策。

（一）英国应对气候变化的国际科技合作战略

1. 英国应对气候变化的主要政策

英国政府于 2020 年 9 月重新调整其碳预算以支持英国政府的"净零"计划。主要包括支持海上风电，提高能效和资源，支持低碳产业和碳捕捉项目，以及支持小规模和社区低碳经济发展。此外，英国政府也通过绿色气候基金投入 14.4 亿英镑援助发展中国家应对气候变化，同时英国也开展了英国加速气候转型伙伴计划（UK PACT），投入 6000 万英镑对伙伴国家开展合作，加快落实应对气候变化的措施。

一是采取碳定价。英国为了惩罚化石能源的燃烧排放，要求国内的能源密集型行业，如：电力、钢铁、化工等，必须加入欧盟排放贸易计划（EU ETS）获得温室气体排放许可证并且可以以市场价格进行交易。该行动可以增加相关企业的排放成本，倒逼企业提高能源效率或增加对清洁能源的支持。但是目前部分学者认为 ETS 价格太低，应该增加市场交易价格才能达到相应的减排目标。但是，英国将于退欧过渡期（2020 年 12 月 31 日）结束后退出该计划，在那之前它将一直是正式参与者。预计政府将推出至少与欧盟排放交易体系的国内替代品。此外英国国内还推出了碳价格支持（CPS）计划，以补充欧洲的碳价格。它要求英国发电机支付最低碳的价格，被称为碳价格下限（CPF），到 2021 年，政府已将碳价格下限限制为每吨 18 英镑。同时，在交通运输领域，英国已经开始征收燃油税，并计划在 2035 年之前终止新的汽油、柴油汽车和厢式货车的销售。

二是支持低碳技术。在推动可再生能源方面，英国政府大部分支持集中在电力部门。英国政府采用差价合同（CfD）计划替代了在大规模发电市场化的可再生义务，该计划可保证每单位低碳发电的固定价格，支持低碳发电的规模化，以此来降低新能源发电的成本；政府还承诺每年提供 5.57 亿英镑的资金，用于在 2020 年实现进一步的合同上线。英国政府《清洁增长战略》（CGS）提出的支持碳捕捉利用与储存技术（CCUS）和可持续生物能源是电力行业发展脱碳的重要技术支持，并且设定了 2020～2030 之间逐步淘汰燃气电网外商业建筑中安装高碳化石燃料供暖的计划。英国政府在 2020 年预算中，投入 8 亿英镑支持 CCUS 技术；英国气候委员会制定了在 2026 年前设置首个 CCUS 设施，并且 2035 年前建立大规模 CCUS 使用的计划。在海上运输领域，英国政府在 2019 年发布清洁海事计划，该计划要求从 2025 年起订购的所有英国水域新船应采用零排放技术设计。对于核电，英国政府在 2019 年不再支持 CfD 计划下的新的核电项目，而是发布"监管资产基础"（RAB）。该模式支持核能开发商从核电站的最终用户那里获得收入，即通过能源账单获得客户的收入。

2. 英国应对气候变化的国际科技合作概况

作为世界上第一个把应对气候变化写入其法律中的国家，长期以来英国都在双边和多边的框架下，持续推进气候变化国际合作。与其他发达国家一样，英国承诺在 2016 年至 2020 年期间提供至少 58 亿英镑的国际气候融资（ICF），帮助发展中国家减缓和适应气候变化的影响，减少森林砍伐并追求清洁的经济增长。自 2011 年以来，ICF 已为 1700 万人提供了清洁能源，并帮助 4700 万人适应了气候变化的影响。英国在 2019 年联合国气候大会上承诺，将通过建立 10 亿英镑的艾尔顿基金帮助应对气候变化，用于帮助发展中国家电力系统的清洁化，加强大规模的电池技术，革新清洁能源的存储技术，改进冷却技术等，帮助英国与世界合作，共同应对气候变化所带来的危机。英国也利用自己强大的国际影响力，特别是英联邦国家。在英联邦体系中，英国与印度、加拿大积极开展双边或多边的国际合作，产生更多效益。此外，英国加强 CCUS 国际合作。与挪威、美国、加拿大和澳大利亚等国家发展更紧密的合作，包括在创新和二氧化碳运输、存储解决方案方面的联合工作，并通过碳封存领导论坛和北海盆地工作组进行多边合作。

3. 中英气候变化国际科技合作

在 2014 年中英两国建立了"中英创新合作伙伴关系"，标志着中国与英国科技创新合作进入"黄金时代"。这也为中英双方为应对气候变化的科技合作打下了良好的基础。英国政府先后出资 1350 万英镑，在中国开展碳捕获和封存（CCS）合作示范项目，氢能和燃料电池方面的合作研发，以及清洁化石燃料技术方面的科技合作。中国企业也在 2015 年与英国企业合资建设欣克利角 C 核电站，并且独自承接斯旺西潮汐发电项目，与英国共同开展潮汐能研究开发。此外，中英两国在 2019 年签署的《中英清洁能源伙伴关系谅解备忘录》为两国应对气候变化合作带来新机遇，中国与英国应对气候变化科技合作会更加的紧密。

4. 中英应对气候变化合作平台

中国与英国高校、企业、政府已经全面展开应对气候变化合作机制，且英国驻中国领事馆也积极地参与本地政府应对气候变化的合作。

（1）中英合作的具体措施

中英低碳环保产业园（2014～）。建立中国国家级低碳环保产业集聚区，促进传统产业向低碳、绿色、智能产业发展的示范产业园区转型。

"面向服务伙伴的气候科学"计划（CSSP China）。CSSP China 由英国牛顿基金会资助，英国气象局哈德利（Hadley）中心、中国气象局国家气候中心、中国科学院大气物理研究所三方合作，主要通过开发和改进中国气候的基础数据集、开发基础模型和气候预测系统，改进气候模拟并了解未来变化，从而开发应用服务来支持适应气候变化的发展和维持社会福利。

中英（广东）CCUS 中心，是由中国能源建设集团广东省电力设计研究院有限公司、深圳领先财纳投资顾问有限公司、英国 CCS 研究中心和苏格兰 CCS 研究中心（二者均位于爱丁堡大学）四家机构发起成立，是一个支持 CCUS 以及其他近零排放技术的工业发展、学术合作与工艺流程设计中心，以降低温室气体与其他污染物排放的开放性平台。2018 年设立华润海丰电厂 CCUS 示范项目，将协助筛选出最适合电厂的碳捕集技术，为化石能源低碳转型提供支持。

中英国际低碳学院。上海交通大学中英国际低碳学院是由上海交通大学成立，英国爱丁堡大学、伦敦大学学院参与合作，上海市大力支持下创办的低碳技术和碳资源管理领域国际化办学试验区，主要合作研究新能源及储能技术、低碳燃烧、碳储存，以及碳捕捉与收集。

英国能源研究合作联盟"能源研究加速器"（ERA）与清华大学达成能源

创新合作伙伴关系（2020～），主要合作研究风能与压缩空气储能技术，低碳交通技术，致力于解决可再生能源间歇性问题与革新现有的交通系统，同时也加深了中英双方清洁能源的合作。

复旦-丁铎尔全球环境变化研究中心。主要研究如何减少各个经济部门的温室气体排放、人类活动如何影响全球变化、人类和地区如何适应气候变化、全球气候变化下的食品安全、能源经济、社会影响，以及节能减排和全球环境变化下的政策、法规和大众传媒等重大课题。

中英两国绿色债券合作。中英双方共同推动两国跨境绿色债券的发行规模，推动绿色债券认证机制的建立，以减少绿色低碳项目总资本成本，促进双方企业把新的研发资金快速投入到新的低碳、清洁能源技术中。

英国石油公司—开放式合作的研发模式（2001～）。英国石油公司与中国科学院、清华大学、中山大学开展研发合作，分别就清洁能源技术、中国城市可持续交通项目、液化天然气及相关技术进行合作研发。

启迪中英海洋科技研究院（TORC）（2019～）。该研究院将联合中英企业开展合作研究、支持英国企业进入中国市场，并为中国海上风电开发商提供服务。中国企业也将在与英国海上风电行业的交流中学习经验与技术，并深入了解如何应用这些经验和技术来适应国内快速兴起的海上风电市场。另外，研究院还将为山东省某 300MW 海上风电场所使用的创新技术提供支持。

（二）英国应对气候变化国际援助的实施情况及利益考量

1. 英国应对气候变化国际援助实施情况

英国设立国际气候基金（ICF），承诺在 2011～2016 年投入 29 亿欧元帮助发展中国家应对气候变化，促进技术转移。在后《巴黎协定》时代，英国加大了对发展中国家用于气候变化的援助与支持，英国在 2019 年宣布成立 10 亿英镑的清洁能源研究基金并且承诺对 ICF 的资金投入翻倍，同时英国国际发展部将提供另外 1.75 亿英镑的援助资金，用于支持发展中国家的清洁技术发展。此外，英国将不再使用英国海外援助资金（ODA）支持发展中国家的化石能源项目，同时将加强对发展中国家应对气候变化的援助。此外，气候投资基金（CIF）（2008～），是由世界银行管理的一系列信托基金，通过五个多边开发银行实施，由一组 14 个捐助者提供资金，主要用于发展清洁技术，以及促进世界能源结构向低碳过渡。英国是 CIF 的最大捐助国，捐款额超过20 亿美元。

2. 英国开展应对气候变化国际援助的战略意义

一是国家安全。世界环境安全与英国的切身利益紧密相关，全球变暖、全球能源、资源危机直接影响英国的经济安全。因此，英国积极投身于国际环保事业、参与缔结国际环境条约、参加国际环境合作、呼吁世界各国共同应对环境威胁，其根本目的就是要保护自身的生存环境和国家安全。

二是英国全球战略。英国在脱欧后需要构建一个更为国际化的、外向型的英国国家形象。加大对发展中国家应对气候变化的援助，加强多边主义关系，将对改善英国的地缘政治地位有着不可替代的作用。此外，加大援助还可帮助英国支撑起全球大国的国际地位，树立英国的绿色形象，对英国掌握全球气候变化议题的主导权具有重要意义。

三是经济意义。英国是世界上最早发展低碳技术和服务的国家。英国在2019 年发布了绿色金融战略，英国可以借助对发展中国家应对气候变化的援助，凭借英国成熟的低碳技术以及金融服务体系，帮助英国绿色金融引领世界，帮助本国企业扩大海外市场，增加英国在绿色金融中的话语权。

（三）英国应对气候变化国际科技合作的特征

英国政府十分重视气候变化国际合作，一是加强在碳捕捉利用与储存技术等领域与欧美发达国家的国际合作，同时积极与中国在清洁能源技术、低碳技术等领域合作，实现双边在气候变化领域互利共赢。二是通过气候变化的国际援助来服务国家利益，推动相关行业企业扩大海外市场，增强英国在绿色技术、绿色金融、气候治理等领域的国际话语权。一方面，通过设立国际气候基金等来为发展中国家气候能力建设提供融资支持；另一方面，在国际组织框架下积极参与气候变化国际援助，是世界银行气候投资基金 CIF 的最大捐助者，帮助发展中国家解决环境等领域资金和技术难题。特别地，英国非常重视私营部门在科技援外中的作用，认为私营部门的参与能提高援外项目的效益和可持续性，例如：英国石油公司已经在把科技援助作为其企业的治理理念，结合政府援外的重要目的帮助本国企业开发海外市场，可以进一步地扩大私营企业的海外市场，促进其企业的科技创新。

第三节　拉美国家应对气候变化的国际科技合作

一、阿根廷

阿根廷是拉美地区综合国力较强的国家，也是世界粮食和肉类的重要生产国和出口国。在 2005 年以前，阿根廷在应对气候变化问题上就采取了一定的措施。2002 年，创建了环境与可持续发展秘书处，隶属于健康和环境部，负责制定并协调与气候变化有关的政策与行动。在能源效率、可再生能源发展等领域，阿根廷政府也制定了一系列法令，以促进气候变化的减缓性行动。阿根廷政府在应对气候变化的问题上，主要以寻求国际合作为主要途径。2016 年 9 月，在杭州主办的 G20 峰会中，阿根廷在落实 2030 年议程设定的目标以及相关合作中起到引领和示范作用。此外，阿根廷参加了在北京举行的"一带一路"高峰论坛，通过国家之间以及地区之间的国际合作计划对接进一步落实 2030 年议程。在世界气候峰会 COP23 的框架内，阿根廷首都布宜诺斯艾利斯携手全球 25 个城市，提出了在 2050 年前实现碳中和的承诺。包括布宜诺斯艾利斯在内的 25 个城市共同承诺将大幅度减少污染排放，并按照《巴黎协定》的规定实施减碳行动。2018 年底，阿根廷首都布宜诺斯艾利斯举行了二十国集团（G20）领导人峰会，旨在对影响人类和平与发展的全球性重大问题进行协调、安排和管理，以维护全球共同利益。G20 在推动各国谈判达成《巴黎气候协定》、促进联合国《2030 年可持续发展议程》等方面均发挥了重要作用。阿根廷作为此次 G20 峰会的主席国，将可持续发展作为峰会优先议题，这将对气候变化、资源安全等全球治理进程与阿根廷发展具有重要意义。

（一）可持续造林方面进行合作

阿根廷和哥斯达黎加将寻求在保护和养护环境以及可持续发展方面进行合作。合作目标旨在促进政府在林业的可持续管理（退化地区的植树造林，树木物种遗传学的研究，先进的苗圃做法，城乡绿化，森林恢复，以生态系统服务为重点的森林管理，预防森林退化）方面进行合作。

（二）能源领域的国际合作

在拉美能源一体化战略框架下，阿根廷从 20 世纪 90 年代开始了清洁能源领域的国际合作战略。阿根廷与智利和巴西之间均建成了跨国天然气管线项目，有力提升了区域的天然气交易规模。值得一提的是，阿根廷政府力推的南美天然气管道工程，该项目计划修建一条从委内瑞拉南部经巴西到阿根廷的输气管，全长约 7 000 千米，每日输送量可达 1 亿立方米，并规划在远期连接起南美所有国家。2006 年 1 月，阿根廷和委内瑞拉、巴西三国总统签署合作协议，确定项目内容并启动相关研究工作。该项目中途由于巴西石油公司退出委内瑞拉苏克雷油气田开发而搁浅。之后阿根廷又与哥伦比亚、玻利维亚和委内瑞拉之间新建了天然气管线（张锐，2018）。

阿根廷和印度于 2010 年签署了一项关于和平利用核能合作的协议，以促进核能领域的合作[①]。阿根廷的光伏电站推动了古巴、智利、巴西、墨西哥等国数个百兆瓦级项目并网，累计装机已超 1 吉瓦[②]。2016 年，美国与阿根廷联合开展应对气候变化工作，主要包括削减航空温室气体排放、开展光伏与风能发电双边合作等（声明，2019）。

近年来，阿根廷已经开始从政策层面加大对可再生能源的扶持力度，并将太阳能列为能源多元化的重要选择。在《中国与拉美和加勒比国家合作规划（2015～2019）》中将清洁能源作为未来合作重点，提出加强双方在电力、水资源、生物能、太阳能、地热和风能等方面的开发。2015 年 11 月，中国和阿根廷签订了投资总额近 60 亿美元的核电项目，阿根廷积极促进中拉论坛推出"关于应对气候变化的联合倡议"，并在减缓、适应、资金和技术四个方面提出合作意见（谌园庭，2015）。

阿根廷从中国国家开发银行贷款 47 亿美元，用于修建两座水电站。2014 年 7 月阿根廷经济部与中方银团正式签署圣克鲁斯河奈斯托尔基什内尔总统水电站和豪尔赫赛佩尼克省长水电站融资协议，奈斯托尔基什内尔总统水电站和豪尔赫赛佩尼克省长水电站由国家开发银行牵头、中国工商银行和中国银行参加的中国银团为项目提供融资，中国出口信用保险公司为融资提供商业保险。签约双方在阿根廷首都布宜诺斯艾利斯的总统府签署了有关文件。奈斯托尔基什内尔总统水电站和豪尔赫赛佩尼克省长水电站位于阿根廷南部圣克鲁斯省中南部圣克鲁斯河上，项目所在地距离首都布宜诺斯艾利斯约 2 000 千米。两座水电站装机容量分别为 1 140 兆瓦和 600 兆瓦，计划工期 66 个月，建成后将使阿根廷电力装机总容量提升约 6.5%，进一步改善该国能源结构。

该项目内容包括电站的设计、施工、融资及 15 年运行维护，由中阿两国

[①] http://www.nengyuanjie.net/article/23817.html

[②] http://www.nengyuanjie.net/article/29622.html

企业组成的联营体负责实施。阿根廷电力业界的著名企业 ELING 将与中国葛洲坝集团股份有限公司（CGGC）一起承担项目的建设任务，双方将组成紧密联营体，充分利用双方在设计、施工、技术方面的优势资源，确保项目如期高质量完工。联营体中的第三方——阿根廷 Hidrocuyo 公司负责项目建成后的运营维护[①②]。

（三）扶持可再生能源发展

在拉美区域中，可再生能源的开发是改善能源安全挑战的优先战略。2013年在可再生能源领域拉丁美洲和加勒比地区投资 140 亿美元，主要投资者为巴西，墨西哥，智利和乌拉圭。2017 年阿根廷加入了这项工作，并推广太阳能的实现（Mariño, 2018）。

阿根廷与中国在风电项目和光伏项目上一直保持深入合作。2020 年 1 月29 日，中国电建承建的阿根廷罗马布兰卡二期 50 兆瓦风电项目 16 台风机全部并网发电[③]。2019 年 11 月 26 日，阿根廷 Garcia Del Rio 风电场顺利通过阿根廷电网 COD 验收，这是在阿根廷并网的第一个由中国企业投资、采用中国技术的风电项目，阿方称之为"中阿新能源合作的里程碑"[④]。2019 年 10 月1 日，由中国承建的高查瑞 300 兆瓦光伏项目机械完工仪式在阿根廷北部胡胡伊省举行，这是阿根廷以及南美海拔最高的光伏电站，项目建成后每年将为阿根廷带来超过 5 000 万美元的财政收入，将有效促进当地经济和社会发展[⑤⑥]。

---

① http://finance.sina.com.cn/world/20140721/071919767549.shtml
② http://www.boraid.cn/company_news/news_read.php?id=288763
③ http://www.nengyuanjie.net/article/34038.html
④ http://www.nengyuanjie.net/article/32141.html
⑤ http://www.nengyuanjie.net/article/30680.html
⑥ http://www.nengyuanjie.net/article/30633.html

（四）EUROCLIMA +框架内与欧盟进行合作

欧洲联盟（EU）和拉丁美洲（LA）国家通过 EUROCLIMA +合作加强对气候变化的集体行动，同时，他们寻求增强可持续发展的动力。为实现《联合国气候变化框架公约》的目标，阿根廷在 EUROCLIMA +框架内，与欧盟进行合作，目前已经有 10 个项目的合作正在进行。比如法国开发署（AFD）与阿根廷科尔多瓦市合作，支持制定可持续城市交通计划（SUMP）的项目和试点项目。该项目的目的是更新和实施现有的出行计划，包括对城市中心地区的一项特殊研究，以提出具有结构性改善的过境模型，使其能够转变为低排放区域；设计并初步实施南美洲南部干旱信息系统，通过合作制定国家干旱防范和应对政策，为风险管理治理做出贡献，提高机构产生和传播有关南美洲南部干旱的有关信息和适用信息的能力；欧盟与巴西、阿根廷合作进行地方气候风险管理，在巴西圣保罗和阿根廷科尔多瓦的脆弱人群中建立气候适应力，减少与洪水和干旱相关的气候灾害的风险等。

（五）阿根廷应对气候变化国际合作的特征与启示

阿根廷在应对气候变化上一直持有积极的态度，但受本国科技创新和经济发展的影响，阿根廷愿意通过国际合作的形式来提升本国应对气候变化的能力。这主要表现在如下几个方面：一是区域内的国际合作。例如，阿根廷与哥斯达黎加将寻求在保护和养护环境以及可持续发展方面进行合作。二是加强与拉美以外地区的国家合作。例如，阿根廷加强与中国在可再生能源领域的国际合作。三是开展多边国际合作。例如，阿根廷在 EUROCLIMA+框架下寻求与欧盟，以及巴西等拉美其他国家在相关领域的国际合作。通过对阿根廷应对气候变化国际合作的分析，发现国际合作已经成为拉美国家进行气候变化治理的重要方式，他们不仅寻求国际援助，更注重区域内或多边框架下的气候变化国际合作。

二、哥伦比亚

哥伦比亚积极参与全球应对气候变化行动，推动气候变化领域国际合作。哥伦比亚《气候变化法》和国家自主贡献减排报告中提出的目标是，到 2030 年，哥伦比亚共和国温室气体排放量削减 20% 以上，在得到足够国际援助的条件下，温室气体减排不低于 30%。哥伦比亚将气候变化问题纳入若干国家政策，例如：国家水资源综合管理政策，国家生物多样性及其生态系统服务综合管理计划，以及国家土壤环境综合管理政策等。根据"适应气候变化国家计划"（National Plan for Adaptation to Climate Change），哥伦比亚将在 2030 年前：①100% 制定和实施气候变化计划；②在国家层面上，制定适应气候变化指标体系，以有效监测和评估适应措施；③在重点流域的水资源管理中重点关注气候的影响；④将气候变化因素纳入六个优先经济部门的规划和适应行动。2011 年 6 月，哥伦比亚立法部门通过了《2010～2014 国家发展计划》（第 1450 号法令），提出要采取全方位、跨部门的应对气候变化措施。在该法律框架下，哥伦比亚分别针对减缓与适应气候变化的要求，制定了相应的国家战略（Mariño, 2018）。

（一）哥伦比亚应对气候变化国际科技合作战略

为实现应对气候变化目标，根据哥伦比亚国家经济和社会政策委员会（National Council for Economic and Social Policy，CONPES）建议，哥伦比亚政府提出"出售减缓气候变化的环境服务"的 CONPES 3242 文件和"哥伦比亚气候变化政策和行动的制度战略"的 CONPES 3700 文件。同时，哥伦比亚在保护气候和环境的全球行动中发挥着重要作用。在《2030 年议程》和联合国气候进程的背景下，它是各国重要的合作伙伴。在国际合作方面，哥伦比亚一直表现出色。哥伦比亚制定了科学的气候变化战略、采用有效的体制结构，并拥有一支准备充分且忠诚的团队。这使该国能够有效协调各种国际合作，资金以透明的方式使用，并明确规定了可交付成果和使用期限。哥伦比亚的国际合作资金用于四方面气候战略活动：包括定义 LCDS 的分析过程、不同经济部门的能力建设、缓解和适应气候变化的行动和 MRV（监控、报告和验证）。

1. 积极推动双、多边气候变化国际科技合作

哥伦比亚通过多种渠道获取支持，主要包括双边计划（美国 LEDS，德国 GIZ/BMU，欧盟-联合国开发计划署，英国繁荣基金）；基金管理机构（MAPS，CCAP，PMR）；非营利组织 CCAP/WRI 和多边机构如美洲开发银行、世界银行[①]。

美国国际开发署（USAID）"Resources to Advance LEDS Implementation（RALI）"与哥伦比亚环境与可持续发展部以及水文，气象和环境研究所合作，加强了哥伦比亚的 MRV 系统[②]。

2015 年，哥伦比亚与挪威、德国和英国签署了联合意向声明。挪威将继续支持哥伦比亚，以使该国实现《巴黎协定》的目标，并在 2020 年至 2030 年间减少温室气体排放。从 2020 年到 2025 年，环境部门在森林砍伐方面的合作将达 2.5 亿美元。实施"亚马逊愿景计划（Amazon Vision Project）"，通过与挪威，英国和德国政府的合作，推动可持续发展[③]。

2018 年，哥伦比亚与世界粮食计划署合作，通过哥伦比亚-厄瓜多尔边境地区脆弱的非洲人和土著社区的粮食安全和营养行动，加强对气候变化的

---

① http://ccap.org/assets/Colombias-National-Climate-Change-Process_CCAP-June-2012.pdf

②https://www.climatelinks.org/sites/default/files/2019_USAID_RALI_GHG%20MRV%20Harmonization%20Guide.pdf

③http://www.minambiente.gov.co/index.php/noticias-minambiente/3751-gobierno-de-noruega-extiende-cooperacion-ambiental-a-colombia

适应能力[①]。

哥伦比亚与梅塔和马其顿政府合作，实施领土规划和促进发展的措施，由德国联邦经济合作与发展部（BMZ）资助，并由德国发展合作署（GIZ）实施，目的是推动环境、社会和经济因素进而实现可持续发展[④]。

实施全球环境基金的"可持续亚马逊和平（Sustainable Amazon for Peace）"项目，目的是通过可持续生产减少森林砍伐，推动社会发展与环境保护的协调发展[④]。

2018 年，第六届国际环境博览会（FIMA）上，欧盟宣布将继续支持哥伦比亚的绿色增长，明确界定了农业活动的边界，强化了对湿地、沼泽和具有重要战略价值的地区的保护，推动经济、社会和环境发展之间的协调和平衡。在德国的支持下，在冲突后地区，特别是在梅塔和卡奎塔省加强自然资源管理，推动自然资源的保护和节约利用。

2. 加强重点领域的国际科技合作

在拉美国家中，哥伦比亚的碳排放量相对较低，但该国在应对气候变化上态度积极。为了实现气候和能源目标，哥伦比亚制定了相关的政策措施。

（1）农村发展

在农业发展上，哥伦比亚提出要发展适应高温、干旱或洪水侵袭的农业、林业和渔业生产系统，以提高竞争力、收入，保证粮食安全；加强气候变化预测，建立预测系统和预警系统，保障农业发展；提升农业技术水平；帮助有效地使用土壤；增加保护区植被覆盖，加快退化区域修复；发展农林复合生态系统；提高牲畜集约化饲养水平；加快森林恢复；加大农业技术转移，提升农业产业竞争力，降低气候变化导致的脆弱性；在非法采矿，非法作物或占用森林保护区的地区，提供生产性替代品和土地使用权，促进森林碳储

---

①http://www.minambiente.gov.co/index.php/noticias-minambiente/3711-cooperacion-internacional-da-luz-verde-a-tres-proyectos-ambientales

量的维持或增加。禁止农林业开发；在大型农场，促进可持续森林管理，可持续利用自然资源，保护森林和水资源，加快恢复退化地区。农村发展上，提出在农村地区推广使用电炉和替代能源；提升农村道路水平，发展农村旅游业，提高农村生态系统承载力；加快农村基础设施的改善和土地改良，提升水资源利用效率，评估气候变化条件下水资源供应风险，提升应对气候灾害的能力。

（2）城市发展

哥伦比亚是一个高度城市化的国家。根据世界银行预测，到 2050 年，居住在城市中心的人口将达到 5260 万，相当于预计总人口的 86%，将有 69 个人口 10 万以上的城市和 7 个人口超过 100 万的城市。气候变化对哥伦比亚城市的交通运输、固体和液体废物处理、水资源会造成影响，威胁城市居民生活。因此，围绕城市交通运输、城市建设和城市公用事业，哥伦比亚采取了应对气候变化的措施。

哥伦比亚加快建设适应洪水或海平面上升的城市基础设施（例如：水渠和下水道系统、城市交通系统等）。鼓励有效利用水资源，降低城市水供应的气候风险。发展低碳公共交通，对低排放车辆的奖励措施，以及采用非机动化方式。减少城市固体和液体废物的产生，鼓励再利用、回收和使用废物，加强废能的回收利用。提高居住区和非居住区能源利用效率。提高建筑的可持续性、低碳水平和抗灾能力。严格控制城市扩张。建造和维护绿色城市公共空间。科学量化哥伦比亚海洋和海岸带二氧化碳吸收量，科学制定应对气候变化措施。

（3）能源利用

哥伦比亚拥有丰富的矿产资源，是拉丁美洲的主要煤炭生产国，也是世界第五大煤炭出口国。由于大量使用水力发电，该国能源二氧化碳排放较低。2000～2011 年，哥伦比亚能源活动产生的二氧化碳排放强度降低了 27%。但是，根据经合组织估计，随着机动车的持续增加以及水力资源的限制性使用，这一趋势可能会逆转。由于哥伦比亚经济高度依赖化石燃料，2013 石油产品和煤占出口总量的 65%，因此哥伦比亚提出要降低化石能源依赖的需求，要转变为清洁能源的出口国。

为实现能源利用的清洁化，哥伦比开展了低碳和气候适应能源发展战略行动：①将扩大国家电力供应、适应气候事件的具体目标以及低碳发展措施纳入政府政策、文书和条例。②评估生物燃料的使用情况，确保在整个生命周期中保持低碳足迹，并减少对水资源、粮食安全和生物多样性的潜在影响。③制定有效机制，包括经济手段，鼓励不同部门实施低碳发展。④推动可再生资源与不可再生资源互补使用，确保可靠的电力供应。⑤加强油气逃逸排放管理。

（4）基础设施建设

气候变化对基础设施的影响主要集中在交通基础设施和大型水调节工程。因此，哥伦比亚政府提出在交通基础设施设计中要考虑到气候变化，力求降低基础设施对气象灾害的暴露程度和敏感性，提高适应能力。重点关注洪水、滑坡和海平面引发的基础设施风险。评估现有交通基础设施的脆弱性，并采取措施降低其气候风险，制定气候灾害基础设施重建和修复指南。制定避免-改变-提升（evitar-cambiar- mejorar）机制，包括：①通过需求管理避免不必要的出行。②通过更有效的模式改变，倡导货物和乘客的多式联运，降低单位货物或乘客的排放量，降低系统的脆弱性。③提高车辆能源利用效率，加强运管，避免空载运行。同时，提出要鼓励公共部门、私营部门参与交通基础设施建设、运营和维护。探索交通部门应对气候成本部门内部消化机制，制定碳税收-排放速率征收机制。

（5）生态系统保护

生态退化和破碎化代表生态系统服务功能丧失，良好的生态系统是提高气候适应力的关键，其退化与温室气体排放的增加有关。恢复和保护生态系统及其服务功能对于提高气候适应能力、降低温室气体排放至关重要。因此，哥伦比亚提出：要加强陆地、海洋-海岸带生态系统的保护和恢复，制定生态系统适应措施，重点关注水调节和防洪服务相关生态系统服务功能的保护与恢复。将气候变化影响情景设计纳入陆地、海洋-海岸带生态系统脆弱性地区的管理、保护和恢复中。在国土及其他部门中纳入生态系统保护行动，强化生态系统保护在减少温室气体排放、提高国土及其他部门适应能力方面的作用。加强森林管理，防止滥伐和森林退化。鼓励发展自然资源节约的城市系统。加强环境部门的行动能力，落实生态系统和环境保护目标（Zarate-Barrera, 2015）。

3. 哥伦比亚应对气候变化国际科技合作的国家政策

第一，减缓气候变化的策略。2012 年 2 月，哥伦比亚制定了《哥伦比亚低碳发展战略》。根据《2010-2014 国家发展计划》的总体要求，对温室气体减排的相关问题进行了规定，对温室气体减排进行有效测量与识别，要求矿业、农业、交通运输、工业、废弃物和建设等领域制定实施低碳发展计划。同时，各部门要加强应对气候变化的能力建设，根据低碳发展的要求及时更新。

第二，适应气候变化的策略。2012 年 8 月，哥伦比亚制定了《适应气候变化的国家计划》。该计划提出，针对气候变化，要加强风险与忧患意识，对气候变化脆弱性与潜在风险的相关情况高度重视、深入研究；各部门和行业的规划中应包含气候风险管理的内容；采取多种措施减少气候变化对社会经济、生态系统的影响（陈海嵩，2013）。

此外，2014～2018 年，哥伦比亚发布国家发展计划"一切为了新国家"，提出增加提升战略基础设施水平，落实绿色增长战略、国家气候变化政策，加强跨区域及跨部门合作。

（二）哥伦比亚应对气候变化国际援助实施情况及利益考量

1. 哥伦比亚气候变化国际援助的实施情况

哥伦比亚与大约三十个国家签订了框架协定，分布在拉丁美洲、加勒比海地区、亚洲及非洲；并与 50 个国家维持了南南合作关系；哥伦比亚每年都执行许多科学与技术合作的联合承诺；还与 17 个国家拥有同等数量的多年双边合作项目。

哥伦比亚在促进发展援助（尤其是南南合作）的创新管理上也扮演着积极的角色。2007 以来，哥伦比亚联合巴西、墨西哥和智利，通过伊比利亚美洲大会秘书处（SEGIB）开展南南合作，其首要目标是加强和推进伊比利亚美洲各国之间的合作，以提高合作质量、扩大行动影响，并促进相互之间的经验交流。

气候变化领域援助是哥伦比亚对外援助的重要领域之一，2012 年，哥伦比亚开展了一系列的紧急救援活动，如：由于自然灾害，哥伦比亚在洪都拉斯和菲律宾都开展了相关的紧急救援活动；同时，为解决食物问题和干旱危机，哥伦比亚联合太平洋海运协会（PMA）在索马里开展了援助活动。

从地区分配上看，哥伦比亚所执行的大部分援助项目主要集中于中美洲和加勒比海地区，占援助项目总数的 60%～70%，随后是秘鲁。拉丁美洲和加勒比海的国家，尤其是位于加勒比海流域的和临近哥伦比亚的国家，都拥有与哥伦比亚的外交联系和南南合作战略上的优先权。

2. 哥伦比亚气候变化国际援助的战略意义

哥伦比亚在国际发展援助领域开始扮演越来越重要的角色，它甚至可以被视为拉美地区的领导。哥伦比亚着力参与国际发展援助，积极推进南南合作进程的主要动因可以归纳为以下三个方面。

（1）政府的重新定位

首先，哥伦比亚积极参与对外援助与哥伦比亚政府的重新定位有关。在过去的一段时期里，哥伦比亚给国际社会和公共舆论留下了不良的印象，尤其是在人权方面。为了扭转哥伦比亚过去在国际上不够完美的形象，哥伦比亚政府自 2003 年以来开始积极参与规划、协调并执行发展援助项目。

（2）适应国际形势的变化

哥伦比亚积极参与发展援助的另一重要原因是为了适应其国际地位与国际关系的变化。

（3）维护其战略利益

哥伦比亚积极开展援助的另一重要原因涉及其战略利益，包括巩固其作为新兴国家的地位、被接纳为经合组织（OECD）的永久成员国和北大西洋公约组织（NATO）的相关成员国等。

（三）哥伦比亚应对气候变化国际科技合作的特征与启示

哥伦比亚在应对气候变化上较为落后，主要通过制定政府政策来推进，所制定的相关政策文件具有一定的强制性效力，各级政府必须执行并受到监督，同时对电力、交通、林业等领域相关法律的修改具有指导意义，在效力和实施强度上比较进步。但是，哥伦比亚的经济长期以来受到国内需求短少、政府预算减少，以及社会、政治秩序不稳定等因素的影响，前景不乐观。哥伦比亚正严重依赖国际社会支持，目前，哥伦比亚为实现承诺的减排目标任重道远，仍需加大投入执行。

在对外援助领域，哥伦比亚显现出来的一个主要优势是采取的系统方法。哥伦比亚开展对外援助活动的另一特点是动员了广泛的参与群体，哥伦比亚国际合作活动的主要参与者是政府，但是合作的大门也为有能力做贡献的其他参与者敞开，如地方当局、大学、民间机构和私人部门。

哥伦比亚对外援助也存在着许多不足：首先，政府部门掣肘明显，效率低下。其次，哥伦比亚发展援助执行机构在使用公共基金方面缺乏灵活性，国民预算管理限制了官方资源承诺范围，影响了融资计划，并常常造成多年项目成本的增加。第三，哥伦比亚民间社会组织如何有效参与规划和监测发展援助政策也存在诸多争议。最后，缺乏对发展援助项目的监督和评价体系。

三、墨西哥

墨西哥是世界上最易遭受全球气候变化负面影响的国家之一。根据政府间气候变化专门委员会（IPCC）调查，墨西哥的生态系统、水资源、农业和基础设施都在承受来自气候变化越来越大的压力。另一方面，国际能源署（IEA）数据显示，墨西哥也是全球碳排放大国，其温室气体排放总量居世界第 12 位。2013 年，除去碳汇的固碳部分，墨西哥共排放 6.65 亿吨二氧化碳当量的温室气体，其排放主要来自交通运输、电力生产，以及工业领域等。墨西哥是全球气候治理的积极参与者，气候变化议题在当前墨西哥对外政策中占据重要地位，是墨西哥参与全球治理、表达中等国家声音的一个重要渠道。

1995 年墨西哥国立自治大学教授加西亚（Gay Garcia）成立了一个"特设工作组"，负责协调各部门之间关于气候变化问题的对话，准备墨西哥政府的政策立场，领导墨西哥 1997 年《京都议定书》谈判。1996 年墨西哥主办了联合国政府间气候变化专门委员会（IPCC）第 12 次全体会议。2004 年成立的国家气候变化署审批国家清洁发展项目，气候变化为墨西哥带来的经济机会逐步显现。2007 年，墨西哥制定了《气候变化国家战略》。2012 年 4 月率先颁布了《气候变化法基本法》（LGCC），使墨西哥成为第一个制定气候变化综合性立法的发展中国家，并明确提出到 2020 年将二氧化碳排放量降低到 2000 年排放量的 30%，到 2050 年降低到 50%。2013 年，墨西哥制定了新的《气候变化国家战略》。2015 年 3 月，墨西哥率先向《公约》提交了 2020 年后国家自主贡献报告（Intended Nationally Determined Contributions, INDC），其排放量将在 2026 年达到峰值，比中国 2030 年的峰值提前 4 年；并承诺至 2030 年温室气体排放减少 22%，黑炭排放减少 51%。墨西哥是全球第一个主动承诺减排责任的发展中国家。2016 年 11 月，墨西哥提交了《墨西哥 21 世

纪中期气候变化战略》，成为第一个发布 2020 年后国家气候行动计划的发展
中国家，该战略提出了未来 10 年、20 年和 40 年社会和人口、生态系统、能
源、排放、生产系统、私营部门和流动性方面的愿景，并提出了气候变化减
缓和适应战略，确定了长期气候政策的关键综合交叉问题。2017 年 10 月开
始，墨西哥政府在全国 100 多个企业开展了碳排放模拟交易（CarbonSim）工
作，覆盖了全国温室气体排放总量的三分之二以上。2018 年，墨西哥参议院
和众议院批准了《气候变化法》修正案，授权墨西哥环境和自然资源部
（SEMARNAT）开展全国碳市场建设，启动碳排放权交易体系试点工作
（2018～2021）。

（一）墨西哥应对气候变化的国际科技合作战略

墨西哥致力于促进国际发展合作，以实现其全球和国家目标。墨西哥国
际发展合作署（AMEXCID）负责协调墨西哥的国际发展合作行动，墨西哥
从事国际合作的多种方式，主要通过南南合作和三方合作项目来实现，推动
拉丁美洲地区发展。此外，墨西哥重视发展合作机制，并通过该机制加强多
方合作关系，积极建立民间社会、私营部门、学术界、地方政府和国际组织
合作机制。针对《2030 年议程》，在南南合作和国际合作领域，墨西哥提出
了系统性的解决方案，有助于国际合作项目的有效落地①②。2019 年，墨西哥
参加了 LAC-DAC 发展合作对话和 DAC 高级会议，墨西哥是"Global
Partnership Initiative on Effective Triangular Co-operation"核心小组的创始成
员，并为其分享了良好的做法。

在发展合作渠道上，墨西哥的对外合作分为双边合作和三方合作。墨西

---

① https://www.gob.mx/amexcid

② https://www.gob.mx/cms/uploads/attachment/file/447837/EJERCICIO_DE_MONITOREO_
2019-eng.pdf

哥在 2017 年提供的合作经费估计为 3.176 亿美元。墨西哥的优先伙伴国家是拉丁美洲和加勒比海国家,特别是中美洲国家。双边发展合作的重点部门是公共行政,农业,环境保护,统计,教育,科学技术和卫生部门。墨西哥的双边发展合作主要是通过本主题专家的公务员提供的技术和科学合作。区域合作的主要机制是中美洲一体化与发展项目,涵盖公共卫生,环境可持续性,风险管理,粮食安全,贸易便利化,运输,能源和电信方面的倡议。墨西哥还在加勒比海和北三角地区发起了其他区域倡议,例如在移民方面。墨西哥还通过"尤卡塔基金"为该地区的基础设施发展提供了资金。

墨西哥与发展援助委员会(DAC)成员(例如德国,日本和西班牙),智利和几个国际组织(例如,美洲农业合作研究所、联合国儿童基金会、联合国开发计划署和世界贸易组织)支持主要在拉丁美洲和加勒比地区的其他发展中国家。墨西哥还与民间社会,私营部门和基金会等其他伙伴建立了合作机制。

1. 双边科技合作

墨西哥的双边合作方式主要包括科技合作、文化合作、经济合作和金融合作。

科技合作(Technical and Scientific Cooperation):南南合作的传统是墨西哥对外合作的重要方式。如果参照 OECD/DAC(Development Assistance Committee,发展援助委员会)对 ODA(Official Development Assistance,官方开发援助)的定义,墨西哥的技术合作并非单一对发展中国家提供援助的方式。本着"互利共赢"的原则,墨西哥的国际技术合作总理事会和科学与技术合作总理事会等相关机构通过这种"科技合作"与其他发展中国家进行交流合作以降低对发达国家的技术依赖,降低本国的研发成本。为此,墨西哥外交部组织了"双边混合委员会"(Bilateral mixed-commissions),并指派特使与其他发展中国家的相关官员在"双边混合委员会"的框架下商讨共享科技成果的协议[1,2]。

与科技合作同等重要的是文化合作（Cultural Cooperation）。文化合作由外交部的另外一个部门管理，主要职责是管理墨西哥对外提供的奖学金和外国提供给墨西哥的奖学金。文化合作也不属于正统的发展援助范畴，墨西哥并非专门为落后的发展中国家提供奖学金，而是希望通过文化合作促进墨西哥文化的传播[1,2]。

墨西哥发展援助的第三种方式是经济合作（Economic Cooperation），是为了创造一个对墨西哥更好的发展环境而达成的多边的、地区性的协议，以促进墨西哥与发展中国家的贸易、投资合作。

第四种方式是金融合作（Financial Cooperation）。金融合作长期属于墨西哥财政部的管理范围，不属于外交部领导。在墨西哥，财政部的地位一贯是高于外交部的，例如，北美自由贸易区的谈判就是由财政部而不是外交部主导的[1,2]。

2. 三方科技合作

根据 OECD 的分析报告，墨西哥是国际发展援助三方合作最活跃的国家之一。墨西哥三方合作的主要合作伙伴为日本、法国、德国，这主要与墨西哥的受援历史有关：法国和日本分别于 1973 年和 1975 年开始向墨西哥提供援助。墨西哥与日本的三方合作领域较广，包括渔业、健康、人道主义援助、工业、水资源供应与卫生领域；法国主要集中在政府与公民社会领域；德国则集中在水资源供应与卫生领域。其受援国主要集中在中美洲和加勒比海地区，这与墨西哥的对外政策相关。此外，墨西哥也与拉丁美洲地区的国家开展了三方合作，如同巴西和古巴针对健康领域共同开展的医疗专家和技术人

---

① https://effectivecooperation.org/2019/04/a-unique-approach-to-monitoring-the-effectiveness-of-development-cooperation-lessons-from-mexico/

② https://effectivecooperation.org/2019/04/a-unique-approach-to-monitoring-the-effectiveness-of-development-cooperation-lessons-from-mexico/

员的培训项目，但其主要受援国也是中美洲和加勒比海地区国家。

3. 多边科技合作

墨西哥与欧盟合作，进行以下工作：通过联合国开发计划署的低排放能力构建项目，制定低排放发展战略；通过世界银行的市场准备合作伙伴计划提供碳市场工具；通过拉丁美洲投资基金（LAIF）进行森林管理、农业和水管理；进行气候变化方面的高级别对话，讨论在国际协商、国内政策和技术合作方面的进展①。此外，欧盟、墨西哥通过了合作伙伴关系工具（2014～2020）进行低碳商业行动计划，促进欧盟、墨西哥和巴西企业之间的合作；提供技术援助，以制定具有营利性的联合业务提案。

墨西哥积极参与碳市场相关的国际合作，参加了多个碳市场、多边合作发展碳定价方面的倡议和行动，包括太平洋联盟（Pacific Alliance）、碳定价领导联盟（Carbon Pricing Leadership Coalition）、新西兰碳市场宣言（Carbon Market Declaration of New Zealand）、美洲碳价宣言（Declaration of Carbon Pricing in the Americas）等②。这些承诺的落实需要各参与方形成一致的公开制度，并通过区域合作和交流进一步完善碳定价体系联盟。墨西哥积极与多个国家、地方开展气候变化和碳市场双边合作。墨西哥环境和自然资源部已经表达了未来将墨西哥碳市场和美国加州碳市场相链接的意愿，这将为区域碳市场合作提供新机遇。

墨西哥努力加强战略合作和国际领导力，加强气候变化行动全球合作。在气候变化国际谈判中保持积极主动，积极从多边合作中争取利益，保持墨西哥在气候变化和适应领域的国际领先地位。在争取国际气候资金支持方面，坚持允许受援国根据自身需求确定具体的缓解和适应行动的原则。始终将墨

① https://www.conacyt.gob.mx/images/pdfs_conacyt/libros/03._Conocimiento_que_Transforma._Cooperacion_Internacional.pdf

② http://ideacarbon.org/news_free/46829

西哥的国际气候变化立场与国家行动联系起来。

（二）墨西哥气候变化国际援助的实施情况及利益考量

1. 墨西哥气候变化的国际援助实施情况

墨西哥发展援助的主要地区集中在中美洲和加勒比海地区。中美洲地区是整个美洲地区最贫穷的地区，所以墨西哥一直致力于对该地区的援助，以创造一个对墨西哥更好的发展环境。这是与墨西哥的对外战略紧密联系的，主要表现在以下几个方面：第一，在南南合作框架下，墨西哥加入了加勒比海地区区域合作框架，旨在提高加勒比地区内部合作和交流，以提高整体区域的一体化程度；第二，1951 年拉美经济委员会（Economic Commission for the Latin America）在墨西哥首都墨西哥城建立了区域总部，负责区域为中美洲地区，这标志着墨西哥成为了中美洲地区区域合作的领导者之一；第三，1960年墨西哥参与签署了拉美自由贸易区协议，涵盖的主要发展援助部门为农业、能源、基础建设、教育等领域。

农业发展援助是墨西哥对中美洲和加勒比海地区的传统援助领域。由墨西哥政府资助，墨西哥水资源科技研究所（the Mexican Technology Institute for Water, IMTA）和中美洲和巴拿马国家水资源区域委员会（the Regional Committee for Water Resource of Central America and Panama） 共同管理的水资源管理和保护项目是其中的代表，主要针对河流、湖泊等水资源保护和可持续发展。

墨西哥是中美洲能源一体化计划（Program of Integration Energetic Mesoamerica）的成员国，该计划旨在加强中美洲在能源领域经验交流、资源共享和可持续发展。计划包含原油精炼厂、热电联产、电力系统整合、替代能源引进等。

墨西哥也在中美洲和加勒比海地区开展基础建设发展援助。在同中美洲经济一体化银行的合作下，墨西哥向危地马拉科尔特斯港——边境道路改造

和建设项目提供了超过 500 万美元的援助,向洪都拉斯奇南德加——瓜邵尔
边境道路该站和提高项目提供了 1130 万美元的援助。

通过与大学(如危地马拉的圣卡洛斯大学)和研究机构(如哥斯达黎加
科技研究所)加强沟通,墨西哥与美洲国家在科学和技术领域开展了大量的
交流项目,包括工程技术、农业科技、健康卫生等,这些项目旨在加强相关
领域的联合发展和专业能力建设以造福整个中美洲地区。此外墨西哥的技术
和科学合作总理事会曾对来自中美洲国家的官员,专家和学生开设专门的课
程和研讨项目,现在墨西哥卫生部、农业部、环境部也组织了类似课程。

墨西哥是萨尔瓦多、危地马拉和洪都拉斯新的综合发展计划的主要倡导
者,通过在这三个国家的发展项目上投资 9 000 万美元,以提高他们的生活
水平和福祉,将墨西哥南部和中美洲北部转变为一个和平与繁荣的地区:1)
在特定的农村地区推动可持续农业;2)提升青年进入城市劳动力市场的能力。

截至 2019 年,墨西哥的发展合作遍及拉丁美洲,项目总数达到 128 项,
涵盖水、农业、环境、气候变化、贸易等不同部门。

2. 墨西哥气候变化国际援助的战略意义

战后至今,墨西哥一直不是国际发展援助的重要参与者,对外援助起步
较晚,直到 2011 年,墨西哥政府才通过立法确定成立墨西哥国际发展合作署
(Mexican Agency of International Cooperation for Development)。联合国计划
开发署和世界银行等国际组织按照人均 GDP 或人均 GNI 将墨西哥归为发展
中国家收入较高的一类,希望墨西哥能在国际发展援助体系内扮演更为重要
的角色。从墨西哥自身角度,作为国际社会中的一员,其在国际政治经济舞
台上开始发挥越来越重要的作用,在发展援助领域也应该有所作为,墨西哥
希望通过国际发展援助达到其提高地区影响力的目的。

(三)墨西哥应对气候变化国际科技合作的特征与启示

墨西哥注重通过立法来推动本国应对气候变化。在拉丁美洲国家中,墨

西哥在应对气候变化方面处于领先地位，制定了专门针对气候变化的法律，是应对气候变化法律主导方式的代表性国家。法律的制定标志着墨西哥应对气候变化的政策成为一项长期的优先战略，摆脱了选举政治的不利影响。而且，墨西哥还提出了监督、报告和评估的一整套机制，要求根据气候变化减缓和适应的国家政策确定排放的基准情景、排放预测和目标，也为通过鼓励自愿碳排放交易，为提供技术、投资的必要保证逐步确立市场机制奠定了基础。但根据《拉丁美洲和加勒比地区能源政策和国家自主贡献：评估该地区当前的能源发展政策，作为对遵守气候变化承诺的贡献—必要辩论的基础》（Energy Policy and NDCs in Latin America and the Caribbean: Evaluation of current energy development policies of the region, as a contribution to compliance with the commitments on climate change - Bases for a necessary debate）报告可知[1]，当前现行国家政策（EPA 方案）很难实现 2030 年温室气体减排目标。墨西哥只有加大可再生能源发电和减少对石油和衍生物的依赖，才能实现减排目标。在国际科技合作上，墨西哥政府应提升私营部门和民间机构在发展援助和合作领域的作用。目前，墨西哥的相关法律规定私营部门和民间机构的权利仅限于对墨西哥国际发展合作署实施的发展援助活动提出建议。

四、智利

作为拉美最发达国家之一的智利，是受气候变化脆弱性影响较大的国家，在应对气候变化方面态度积极。智利是《联合国气候变化框架公约》和《京都议定书》的第一批签署国。智利为应对气候变化，在参与气候变化谈判的同时，还制定相应的气候变化法律、政策以及行动计划等。为应对全球气候

---

[1] http://ideacarbon.org/news_free/46829

变化，智利政府承诺将在 2030 年之前降低温室气体的排放强度。智利环境部部长卡洛琳娜·施密特（Carolina Schmidt）在波兰举行的第二十四届联合国气候变化大会（COP24）上指出，在全球其他国家试图将碳排放目标降低时，智利已经将减排落到实处并率先完成 2030 年减排计划 30%的目标。为实现2030 年减排目标，智利主要通过减少非可再生能源的应用以及加大可再生能源，特别是太阳能的使用来实现碳排放量的增速大幅下降。智利能源领域提出能源可持续、着眼长远、注重能效的原则和战略。智利南方水资源丰富，水电是能源发展的重点。今后几年智利将根据自身特点发展非传统可再生能源，并推动其可持续发展。采用化石燃料发电仍是今后智利能源不可或缺的重要组成部分，此类电力发展的重点是提高环保标准，使其成为清洁、安全和经济的能源。智利《促进非传统可再生能源法》（20.257 号）中规定，到2024 年非传统可再生能源将达到10%。并且智利本届政府将在年内修改法规，补充促进非传统可再生能源发展的措施，推动样板工程，争取今后 10 年内将这一比例翻一番。同期，争取今后 10 年内水电占比达到 45%甚至 48%。为提高能源有效性，智利将制定能源有效性认证体系，鼓励企业发展有效能源；制定电器和材料用电标准，通过科技手段提升居民和公共照明用电使用效能；设立部际委员会，协调推动能源有效使用。

（一）智利应对气候变化的国际科技合作战略

气候变化不仅是一个环境问题，也是对经济和社会的挑战。作为拉美最发达国家之一的智利是受气候变化脆弱性影响较大的国家，智利在应对气候变化方面态度积极，重视气候变化国际科技合作。智利重视发挥双边机制作用，围绕气候变化等全球问题深化政府间科技合作，支持双边自主合作；同时加强与联合国等国际组织的多边合作，在应对气候变化相关政策及行动上顺应时代潮流，加速发展。作为《联合国气候变化框架公约》和《京都议定书》的第一批签署国，智利在积极参与气候变化谈判的同时，还制定相应的

气候变化法律、政策以及行动计划等，促进了国际合作项目的实施。为落实
《2030 年可持续发展议程》，应对全球气候变化，智利政府将进一步加强的
清洁能源转型计划，加强国际科技合作，并承诺将在 2030 年之前降低温室气
体的排放强度，实现可持续发展目标。

在气候变化国际合作方面，智利主要基于双边及多边的合作机制展开。
智利为南美洲国家联盟的成员国，在南美洲与阿根廷和巴西并列为"ABC 强
国"。智利的对外交往十分活跃，智利优先巩固和发展同拉美邻国和南共市国
家的合作，积极推动拉美一体化，重视与美、欧的传统合作关系，积极拓展
同亚太国家的合作①。

智利政府与拉美国家的合作重视地区、国家间的政治磋商与协调以及经
贸技术合作，积极推动地区一体化。20 世纪 90 年代至 21 世纪初，拉美地
区进入了能源一体化的新时期，尤其是 2000 年以来，加强各国间的能源合
作、建立区域能源一体化体系已成为拉美国家的共识，能源合作也因此成为
带动拉美地区一体化发展的重要动力。智利与周边国家能源合作将有利于加
强能源安全，促进能源供应主体多元化，增强电力市场竞争力，更好利用电
力基础设施，降低污染，减少温室气体排放。

美国是智利在环境与能源领域重要的合作伙伴之一。2003 年，智利政
府与美国政府在圣地亚哥签署了一项环保合作协议，双方共同约定，将就推
进非传统、可再生能源包括海洋能源等开展合作，以加强双方在环境事务
方面的相互合作与交流。根据协议，双方将成立环境合作混合委员会，由
混委会制定合作计划和确定合作重点。两国还将寻求建立一些其它机制，
以进一步加强双边在环境保护方面的相互合作与经验交流，确保推进智利可
持续发展②。

---

① https://www.sohu.com/a/168264656_157267
② http://news.sina.com.cn/w/2003-06-18/1050230691s.shtml

在 2010 年，智利成为第一个加入经合组织的南美国家，同时加强与经合组织成员国之间有关应对气候变化的相关合作，并成立环境部（气候变化办公室）。之后智利政府又提出《2012～2030 年能源发展战略》，该发展规划主要目标是解决影响智利经济发展的瓶颈—能源问题，提供清洁、安全和经济的能源，实现节能减排、减缓气候变化（魏琦等，2015）。为有效实施制定的政策与行动计划，智利政府成立了相应的机构——应对气候变化部际委员会来督促应对气候变化研究工作（陈海嵩等，2013）。

智利是最早同中国建交的南美国家，也是中国在拉美的第三大贸易伙伴，智中两国在地区事务和多边合作领域的合作也越来越广泛，是共建"一带一路"的重要伙伴。智利推动清洁能源发展，与全球能源互联网理念高度契合。2017 年智利能源部与中国发起的全球能源互联网发展合作组织签署了双方联合声明，对于实现全球能源互联网在智利和南美洲更好更快发展，具有重要意义①。

智利提出中长期内要加强与周边国家能源合作以利于能源安全，促进能源供应主体多元化，增强电力市场竞争力，更好利用电力基础设施，降低污染，减少温室气体排放。智利与周边国家开展能源合作存在许多机会和可能性。中期内智利希望与周边国家实现在互惠的基础上实现电力设施互联互通，因此，需要共同制定电力交流的规则和机制，明显责权，促进国际输电业务与交流。

（二）智利应对气候变化国际援助的实施情况及利益考量

1. 智利应对气候变化国际援助实施情况

为实现 2030 年减排目标，应对全球气候变化，履行《巴黎协定》，2017 年 7 月，智利制定并推出了"气候变化行动"（PANCC），以改善环境、保护

---

① https://www.sohu.com/a/168264656_157267

生态圈，总统巴切莱特表示："一个更好的智利已做好准备迎接气候变化的影响。"作为履行巴黎气候协定行动计划的一部分，智利宣布了国家自主贡献（INDC，Intended Nationally Determined Contributions）方案，其中包括未来30年所面临的273亿美元～486亿美元投资机遇。与此同时，在气候变化国家援助方面，智利扮演着重要角色。

智利对外援助的主要对象为拉美和加勒比国家。据智利外交部国际合作署统计，2012年智利通过"发展中国家技术合作项目（CTPD）"对外提供援助金额共计29.14亿比索，其中14.18亿比索用于智利政府奖学金项目，14.96亿比索用于开展双边、三边和区域合作项目。2013年智利与巴西、墨西哥和乌拉圭等国家在可再生能源领域对拉丁美洲和加勒比地区投资140亿美元，致力于推广清洁能源及可再生能源，以达到改善能源结构的目的。

2019年智利融资了8 600万欧元用于资助生态运输基础设施和可再生能源项目。智利大约在10年前签订了绿色债务，旨在为可再生能源和生态项目过渡提供资金支持。智利不仅是拉美地区第一个在绿色能源市场上起步的国家，同时也是最先进的社会变革运动的倡导者之一，智利计划在国外市场发行总价值上限为15亿美元的绿色主权债券，这一行动将成为新兴国家地区的一个榜样，带动其他地区发展①。

2. 智利气候变化国际援助的战略意义

（1）有助于改善生态环境

气候变化对外援助有效地增加了受援国应对气候变化的能力，帮助受援国改善了生态环境。对于一些受制于有限经济发展水平，无法有效保护脆弱的生态环境的拉美及加勒比国家来说，智利实施清洁能源及绿色债券等项目，对改善生态环境，实现有效碳减排起到了良好的带动作用。

（2）加强受援国的发展能力

---

① https://baijiahao.baidu.com/s?id=1635410918459850732&wfr=spider&for=pc

气候变化对外援助对受援国发展能力的提升是多方面的，主要体现在三方面：其一，智利实施的适应气候变化能力建设对外援助项目直接提高了受援国适应气候变化能力。其二，有助于受援国提升在气候变化政策制定与执行、项目运营与低碳发展方面的水平。其三，促进了受援国农业与经济社会发展。

（3）增强应对气候变化的主导权

气候变化对外援助与气候外交紧密相连。通过在气候变化领域实施卓有成效的对外援助项目可以促进受援国对智利在气候谈判时立场、原则的理解，加强了各方在应对气候变化领域的政策沟通，减少了分歧，加强了团结，增强应对气候变化的主导权。

（三）智利应对气候变化国际科技合作的特征与启示

智利应对气候变化国家科技合作具有多元化、多边合作的特点。这是因为一方面应对气候变化是一项系统性工程，与政治、经济及社会问题的联系日益密切。实施应对气候变化合作的国家要解决的问题也不单纯局限于某些基础设施建设。另一方面，应对气候变化的合作国家往往因自然地理环境和经济社会发展水平的差异，导致他们具有不同的合作需求。智利应对气候变化合作的多元性，首先表现在多元的合作内容，如将气候变化融入经济发展、气候变化适应、改善能源结构、减少温室气体排放、提高全球碳交易市场的参与度，以及减灾援助等。其次，智利应对气候变化国家科技合作注重多边合作，包括与单个发达国家、国际或地区组织之间开展多边合作等，根据合作国家的国情接受或提供相应的国际援助。

第四节　太平洋岛国和最不发达国家应对气候 变化的国际科技合作

一、小岛屿国：以太平洋岛国为例

太平洋岛国泛指南太平洋海域除澳大利亚和新西兰之外的其他 14 个大洋洲岛屿国家。太平洋岛国处于环太平洋地震多发带且属发展相对落后国家。太平洋岛国是受气候变化影响最大的区域之一，存在着严重的环境敏感性与脆弱性。应对全球气候变化国际合作关系到太平洋岛国的生死存亡和可持续发展，更是关系到全球气候治理的实效。长期以来，太平洋岛国积极参与全球创新治理，主动融入应对气候变化国际合作，加强气候变化领域技术创新合作，力争在全球气候治理中的国际话语权，并参与提出全区气候治理的主张与要求，持续推动区域气候治理政策措施的落地，成为全球气候治理的关键力量（吕桂霞等，2017）。

《联合国气候变化框架公约》将包括太平洋岛国在内的发展中国家应对气候变化技术转移作为长期和优先事项，确定了发展中国家应对气候变化技术需求的重点领域和技术等。太平洋岛国均为发展中国家，经济发展水平低，应对气候变化的新技术短缺。太平洋岛国在资金、技术等方面存在着强烈的需求，希望通过国际援助来解决有关问题，并提升气候治理能力。目前，太平洋岛国在气候变化有关的减缓领域和适应领域上存在较大的技术合作缺口，需要国际社会援助来提升气候变化有关技术水平（余姣，2018）。国际合作是太平洋岛国应对气候变化的主要途径。太平洋岛国积极开展中国-太平洋国经济发展合作论坛、日本与太平洋岛国首脑峰会、韩国-太平洋岛国外长会议等双边机制，呼吁美国等西方发达国家加大对它们的气候变化援助，从而提高太平洋岛国自身适应气候变化能力。

在国际援助上，美国加强对太平洋岛国的环境援助，提升岛国沿海社区
在短期内应对气候变化带来的生态恶化和长期内应对海平面上升的能力、修
复基础设施、加强社区预防和应对灾害能力、将气候变化纳入土地使用规划
和建筑使量标准等。自太平洋岛国论坛召开以来，设立了太平洋美国气候基
金、沿海社区改造项目和清洁能源职业培训与教育中心等机制性项目，帮助
太平洋岛国提升了气候治理能力。同时，美国积极与德国、新西兰等合作，
共同向所罗门群岛、基里巴斯等国提供气候变化援助。2015 年，美国宣布启
动《加强太平洋岛国应对气候变化机制项目》，与太平洋共同体秘书处、太平
洋区域环境技术秘书处等合作，支持太平洋岛国气候变化能力建设（秦海波，
2015）。

欧盟近年来也加大了对太平洋岛国的援助规模。2008～2013 年欧盟向太
平洋岛国提供了 7.5 亿欧元发展援助基金，其中欧盟通过双、多边渠道共提
供 9 000 万欧元帮助太平洋岛国应对气候变化。此外，日本也积极加强与太
平洋岛国在气候变化领域国际合作。日本与太平洋岛国合作主要通过日本与
太平洋岛国论坛首脑会议（PALM），如 2015 年第七届 PALM 会议上，日本
宣布对太平洋岛国提供 550 亿日元的援助，包括资金、技术支持和人员培训
等方式来帮助岛国应对气候变化和自然灾害。

澳大利亚是太平洋岛国气候变化国际援助的第一大援助国。澳大利亚《太
平洋岛国适应战略援助项目》2008～2011 年出资 1 200 万澳元援助太平洋岛
国，提升其气候治理能力建设。澳大利亚政府还通过联合国绿色气候基金，
向太平洋岛国等发展中国家提供了 2 亿澳元资助，解决气候变化有关问题。
此外，澳大利亚政府推出《气候和海洋支持项目》《太平洋地区灾害适应项目》
等，帮助太平洋岛国制定在农业、卫生、水资源等领域的计划，提高斐济、
所罗门群岛、瓦努阿图等岛国气候变化灾害管理能力。此外，新西兰也积极
加强对太平洋岛国的气候变化援助，2015 年 9 月，新西兰总理表示对太平洋
岛国提供 10 亿新元援助，包括协助应对气候变化。

中国十分重视与太平洋岛国在气候变化领域的国际合作，积极推动在新能源和清洁能源等领域国际科技合作（康晓，2017）。2015年，中国宣布出资200亿元建立"中国气候变化南南合作基金"，为太平洋岛国在内的发展中国家提供气候变化援助。近年来，中国在太平洋岛国上实施了一系列项目，包括斐济小水电项目、汤加示范生态农场技术合作项目、汤加沼气技术项目等，并向部分岛国提供了节能空调、太阳能路灯、小型太阳能发电设备等绿色节能物资，帮助太平洋岛国提升气候变化能力。

此外，太平洋岛国注重加强与太平洋岛国内部国际合作。2020年10月31日，太平洋岛国地区三大区域组织之一的美拉尼西亚先锋集团秘书处发表了《美拉尼西亚先锋集团领导人关于环境与气候变化的声明》，另外两个区域组织，即波利尼西亚领导人集团和密克罗尼西亚领导人峰会于2015年发表了关于气候变化的声明和公报，即《波利尼西亚领导人关于气候变化的声明》《密克罗尼西亚总统峰会公报》，呼吁重视气候变化，加强彼此间合作，采用各种方式来应对气候变化不利影响，保护海洋生物多样性等。

二、最不发达国家：以非洲国家、老挝和柬埔寨为例

为加强和提高非洲适应气候变化的能力，世界银行制定《非洲应对气候变化计划》（ACBP）。该计划在COP21上提出，旨在于2020年前筹集160亿美元的气候变化资金支持，以满足非洲应对气候变化的财政需求。据估计，非洲每年需50～100亿美元来适应2℃增幅的全球变暖情况。世界银行和联合国环境规划署（UNEP）预计，到21世纪中叶，非洲气候适应管理的费用将持续上涨到200～500亿美元，甚至在气温增幅达4℃时费用将接近1 000亿美元。在减少温室气体排放的同时，该项计划能够增强非洲应对气候变化的能力，具体措施如下：增强非洲大陆农田、内陆水体和海洋等的适应力；增强能源的适应力，包括扩大低碳能源规模的机会；为不同领域间实现气候

变化适应力发展提供必要的数据、信息和决策工具，包括加强水文气象系统（普里查德，2017）。

加强水文气象项目的建设有助于帮助适应气候变化，拯救生命和改善民生。目前，水力发电供给非洲撒哈拉以南地区 24% 的用电需求，这一比例还有可能提高到 40%，50 吉瓦的水电资源即将得以开发。世界银行称，将继续以技术、财政、政策对话以及资源调动等方式支持水电资源的开发。这些支持将以巨大的水电装机和水资源规划为基础，以确保全年发电量，并为下游水电站提供更多的发展机会。现在非洲已提出应对挑战并提高抵御气候变化能力的方案，该方案将投资 20 亿美元，到 2026 年建成总装机达 1 吉瓦的水电站。同样，也会促进西非两个较大流域下游的河道整治进展。

根据联合国开发计划署的一份声明，赞比亚正在采取措施解决气候变化的影响，改善粮食安全并实现《巴黎协定》下的目标开发。计划署在一份声明中说，赞比亚 2017 年从绿色气候中获得了 3 200 万美元，并获得了为一项为期七年、耗资 1.37 亿美元的项目提供资金，帮助约 100 万农民减轻气候变化的影响。联合国开发计划署致力于与赞比亚政府和人民合作，支持减少碳排放的创新理念，更好地为社区应对气候变化带来正面影响。

老挝、柬埔寨作为东盟中最不发达国家积极寻求外界支持，加强在资金、技术和能力建设等方面气候变化国际科技合作，例如，它们的减缓目标可分为无条件减缓目标和附条件减缓目标，附条件减缓目标需要在获得外界的资金、技术和能力建设等方面资助的情况下方可实现。在无条件减缓目标上，柬埔寨承诺 2030 年比常规发展情景（BAU）减少排放 27%；增加森林覆盖率，使其在 2030 年达到国土面积的 60%；老挝承诺 2020 年使其森林覆盖率达到 70%，减排在此基础上实施。到 2025 年，可再生能源占其总能源消耗量的 30%。在适应气候变化目标上，适应目前和未来的气候变化是柬埔寨的优先选择，他们拟采取以下行动：提升和改善社区的适应能力；加强早期预警系统和信息发布系统；发展抗气候农业等。老挝增加主要经济部门和自然资源对气候变化及其不利影响的适应能力；通过与利益相关方和国际伙伴的合作实现国家发展目标。

東埔寨作为最不发达国家之一，被认为是世界上受气候变化影响最脆弱的国家之一。多年以来，在联合国减少灾害风险办公室大力支持下，東埔寨政府采取系列重大措施提高抗灾能力，减少灾害风险。東埔寨加强抗灾能力建设，努力保护其经济和社会收益免受气候灾害的影响。近年来，東埔寨正在升级其灾害风险管理系统，积极制定 2019～2023 年国家减灾战略行动计划。国家减灾战略行动计划发起于金边举行的一个多部门研讨会，该会议汇集了来自各部委、联合国、非政府组织和民间社会的代表。过去十多年，東埔寨贫困率从 2007 年的 48%下降到 2014 年的 14%。

東埔寨常年经历雨季和旱季，这两种情况都威胁到了 80%東埔寨人的生计，他们主要依靠自给自足的作物生产。根据美国国际开发署的一份报告，由于東埔寨可能经历温度上升、更长时间的干旱和更频繁的热带风暴，许多成果正受到该国易受气候变化影响的威胁。2016 年，该国经历了洪森首相宣布的 100 年来最严重的旱灾，2018 年大规模洪水影响了 10 万多个家庭。为加强東埔寨在防灾减灾中国际科技合作，减少因气候变化产生自然灾害对其当地居民生活的影响，東埔寨政府于 2019 年 4 月 5 日在金边组织了一次国家研讨会，并得到了开发计划署和联合国减少灾害风险办公室的技术支持。

小　结

本章重点以伞形集团、欧洲、拉美国家和小岛屿国家为例，选择美国、德国等典型国家，就上述国家在气候变化领域国际科技合作现状进行了总结和分析。

伞形集团、欧洲国家主要以美国、德国、英国等发达国家为主，长期以来伞形集团十分重视在气候变化领域的国际科技合作，加强顶层设计，如德国政府制定和实施了《德国气候变化应对战略》；意大利加强气候变化领域的国际科技合作，发布了《国家可持续发展战略 2017～2030》。围绕各国应对气候变化技术需求，推动关键技术领域的国际科技合作。例如，美国与日本积极推动在清洁能源领域国际科技合作；瑞典政府努力将国家能源和气候相关行动计划目标与欧盟战略能源技术计划目标结合起来，在海洋能源、智能城市、工业能效、可再生燃料和生物能源等重点领域开展国际合作。特别需要指出的，澳大利亚、瑞典等伞形集团还十分注重区域层面及在国际组织框架下的国际科技合作，澳大利亚从国家、区域组织、非政府组织、国际组织四个层次，通过其国际发展署等机构，以双边、多边等形式向广大发展中国家和地区提供了大量的气候变化援助。瑞典积极加强与北欧其他国家在气候变化领域长期稳定的合作。此外，气候变化领域科技援助仍是发达国家提升气候治理话语权的主要方式。如日本环境援助包括日元贷款、无偿资金援助、技术援助、人员培训、专家派遣、项目合作等，亚洲的印度、越南、印尼等一直是重点对象国。日本的气候援助具有鲜明的实用主义特点，具有经济、政治、安全等方面的综合功能属性，突出体现在：以追求国家权力、实现国家利益作为战略目标，旨在构建亚洲气候规则，主导亚洲经贸秩序。美国政府也把气候变化问题融入对外技术援助活动，利用本国在观测技术和气候研究等方面的优势提高那些在气候变化面前高度脆弱的发展中国家的适应能力。值得注意的是，尽管特朗普政府宣布退出《巴黎协定》，但美国州政府、科学界等却仍对气候变化国际科技合作保持乐观合作态度，其他伞形集团和欧盟成员国对气候变化科技合作仍然持积极合作的态度。可以肯定的是，气候变化国际科技合作不会因美国政府单方面意愿而停止，发达国家会继续发展在清洁能源、可再生能源领域等国际科技合作，通过对发展中国家科技援助，进一步提升在全球气候治理舞台的话语权。

拉美联盟、太平洋岛国主要以发展中国家、新兴经济体为主，由于受国内经济和科技创新发展水平的限制，在应对气候变化上这些国家减排诉求、合作需求均呈现出较大的差异性，例如，拉美国家在应对气候变化上的政治立场不一，在气候变化认识上存在着较大差异。特别是受各国经济和科技发展水平差异的限制，拉美国家在应对气候变化国际科技合作上也存在着较大不同，其中巴西、墨西哥、阿根廷、智利等国采取了务实、积极应对的做法。但这些国家对气候变化国际科技合作均表现出强烈的合作愿望，希望通过国际科技合作提升自身气候治理能力。太平洋岛国作为气候脆弱性国家，经济和科技发展受限，希望通过澳大利亚、美国、欧盟、日本、中国等国际援助来提升本国应对气候变化能力；柬埔寨、老挝等不发达国家经济发展主要依靠劳动力和自然资源，但自然资源的过度开发利用，势必会造成环境的污染。这些国家在气候领域科技援助上存在着大量需求，包括资金资助、基础设施建设和技术培训。

参考文献

边晓娟、张跃军："澳大利亚碳排放交易经验及其对中国的启示"，《气候变化》，2014 年。

陈方丽、戴佩慧："国际碳交易计划研究及对中国的借鉴"，《中国林业经济》，2015 年。

陈海嵩："拉丁美洲国家应对气候变化法律与政策分析"，《阅江学刊》， 2013 年。

谌园庭："全球气候治理中的中拉合作——基于南南合作的视角"，《拉丁美洲研究》，2015 年。

符冠云、白泉、杨宏伟："美国应对气候变化措施、问题及启示"，《中国经贸导刊》，2012 年。

何霄嘉、许伟宁："德国应对气候变化管理机构框架初探"，《全球科技经济瞭望》，2017 年。

康晓："多维视角下中国对南太平洋岛国气候援助"，《太平洋学报》，2017 年。

李伟、何建坤："澳大利亚气候变化政策的解读与评价"，《当代亚太》，2008 年。

吕桂霞、张登华："太平洋岛国地区气候变化现状及各方的应对"，《学海》，2017 年。

"美阿联合发布应对气候变化声明"，《节能与环保》，2016 年。

普里查德："非洲应对气候变化计划及其措施"，《水利水电快报》，2017 年。

秦海波："美国、德国、日本气候援助比较研究及其对中国南南气候合作的借鉴"，《中国软科学》，2015 年。

日本环境省："気候変動の 影響への 適応計画"，阁议决定，2015 年。

日本经济产业省："エネルギー 革新戦略"，2016 年。

日本外务省："政府开发援助（ODA）白皮书"，2004～2014 年。

魏琦、刘亚卓："信用型碳排放权交易体系构建策略研究——以智利为例"，《生产力研究》，2015 年。

余姣："太平洋岛国参与全球气候治理问题探析"，《战略决策研究》，2018 年。

张锐："拉美能源一体化的发展困境：以电力一体化为例"，《拉丁美洲研究》，2018 年。

赵行姝："美国对全球气候资金的贡献及其影响因素——基于对外气候援助的案例研究"，《美国研究》，2018 年。

Bundesgierung. *Klimaschutzprogramm 2030 der Bundesregierung zur Umsetzung des Klimaschutzplans 2050.* 2019.

Bundesministerium für Bildung und Forschung. 2015. *Forschung für Nachhaltige Entwicklung–FONA³.*

Bundesministerium für Verkehr und digitale Infrastruktur. *KLIWAS-Auswirkungen des Klimawandels auf Wasserstraßen und Schifffahrt in Deutschland. Abschlussbericht des BMVI Fachliche Schlussfolgerungen aus den Ergebnissen des Forschungsprogramms KLIWAS.* März 2015.

Bundesministerium für Wirtschaft und Energie（BMWi）. *Nationale Wasserstoffstrategie.* Juni 2020.

Mariño, M., E. Jorge and R. Moreno, *et al.* 2018. Posibilidades De Captura Y Almacenamiento Geológico De CO_2（CCS）En Colombia–Caso Tauramena（Casanare）. *Boletin de Geología*, Vol 40, No. 1, pp. 109～122.

Ministry of Foreign Affair, Republic of Poland, Multiannual Development Cooperation Programme for 2016～2020, Modified in 2018.

Reducing UK emissions Progress Report to Parliament，Committee on Climate Change June 2020，www.theccc.org.uk/publications.

The White House, Executive Office of the President. 2017. Executive Order 13783: Promoting Energy Independence and Economic Growth. The White House, Washington, DC. March 28.

U.S. Environmental Protection Agency（EPA）. 2017. Regulatory Impact Analysis for the Review of the Clean Power Plan: Proposal U.S. https://www.epa.gov/sites/production/files/

2017-10/documents/ria_proposed-cpp-repeal_2017-10.pdf

United States Climate Alliance（USCA）. 2018. 2018 Annual Report, Fighting for Our Future：Growing Our Economies And Protecting Our Communities Through Climate Leadership.

United States Climate Alliance. 2019. Annual Report 2018.

Zarate-Barrera, T. G. , Maldonado, J. H. 2015. Valuing Blue Carbon: Carbon Sequestration Benefits Provided by the Marine Protected Areas in Colombia. *PLOS ONE*, Vol. 10, No.5, pp. e0126627.

第三章 应对气候变化的多边科技合作

科技创新应对全球气候变化需加强多边合作。目前，APEC 经济体、欧盟、金砖国家、UNEP 等国际合作机制和国际组织在应对全球气候变化上发挥着积极的作用，努力推动应对气候变化的多边科技合作。本章将选择 APEC、欧盟、金砖国家、UNEP、拉美联盟等为研究对象，就其应对气候变化的多边科技合作行动、政策、目标等主要内容进行总结梳理与分析。

第一节 APEC 经济体应对气候变化的国际科技合作

亚洲太平洋经济合作组织，简称"亚太经合组织"（Asia-Pacific Economic Cooperation, APEC），是由位于亚洲、环太平洋国家和地区组成的区域性经济合作组织，是亚太地区最具影响的经济合作官方论坛和最高级别的政府间经济合作机制（莫晓芳，2004）。应对气候变化一直是 APEC 领导人们的重要关切。本章研究了 APEC 应对气候变化的意义、背景和政策，分析了 APEC 应对气候变化的举措和行动，并探讨了 APEC 应对气候变化未来的合作趋势。

一、APEC 应对气候变化概况

（一）APEC 应对气候变化的意义

APEC 目前拥有包括中国在内的 21 个成员。APEC 地区占据世界 38% 的人口，是拉动世界经济增长的重要引擎，但是与经济快速增长相伴的是与日俱增的能源消耗与环境恶化（APEC in Charts，2018）。联合国的报告预测到 2030 年亚太能源需求将占世界能源总需求的一半以上，其中 80% 为化石能源。

根据全球碳计划组织 GCP 发布的《2018 年全球碳预算报告》显示（Carbon budget，2018），2017 年，亚洲和北美洲排放了最多的二氧化碳，而 APEC 经济体 70% 以上分布在亚洲和北美洲。其中，北美洲：美国、加拿大、墨西哥；亚洲：中国、韩国、泰国、菲律宾、马来西亚、文莱、日本、印度尼西亚、越南、新加坡、中国香港、中国台北。2017 年人均二氧化碳排放量前三位均为 APEC 成员，分别为美国、俄罗斯、中国。

可见，APEC 经济体在探索经济可持续发展道路、推动经济社会健康发展的同时，亟需解决日益严峻的能源和环境问题。APEC 应对气候变化的政策与行动对于亚太地区乃至全球经济的可持续发展都具有非常重要的意义。

虽然世界各国对气候变化的危害已达成广泛共识，但是在减缓途径、速度、范围以及承诺的约束性等方面还有一系列关键问题亟待解决，各国之间分歧较大。一些主要排放大国和区域合作组织开始积极谋求在多边气候变化谈判之外，利用不同层次的区域协调机制促进气候变化合作（刘晨阳，2010）。APEC 应对气候变化合作也正是在这一国际背景下展开的。

（二）APEC 应对气候变化的科技合作政策

APEC 主要讨论与全球和区域经济有关的议题，应对气候变化一直是 APEC 领导人的重要关切。APEC 应对气候变化合作始于 1997 年，这一年的

《APEC 领导人宣言》中强调了全球合力应对温室气体排放的重要性，并充分肯定了《联合国气候变化大会框架公约》的成效（APEC，1997）。2005 年的《APEC 领导人宣言》中再次提到了气候变化问题并欢迎联合国气候变化大会的召开（APEC，2005）。2006 年，APEC 领导人敦促各经济体通过发展清洁能源和提高能效等切实有效的行动来应对气候变化（APEC，2006）。

2007 年在 APEC 应对气候变化的历史进程中是具有里程碑意义的一年，这一年的领导人非正式会议在澳大利亚悉尼举行，会议当天通过了《关于气候变化能源安全与清洁发展的悉尼宣言》（APEC，2007）。悉尼宣言提出了 APEC 框架下的气候变化合作倡议和行动计划，包括两个意向性目标：到 2030 年，将亚太地区能源强度在 2005 年基础上降低至少 25%，到 2020 年，亚太地区各种森林面积至少增加 2000 万公顷，这表明了 APEC 成员积极应对气候变化问题的决心。此后，气候变化一直是 APEC 领导人关注的重要议题，2008 年，《APEC 领导人宣言》中重申了应对气候变化的重要性（APEC，2008），呼吁 APEC 经济体在《联合国气候变化框架公约》框架下开展国际合作，并敦促各经济体加强在气候变化减缓和适应领域的能力建设。2009 年和 2010 年的《APEC 领导人宣言》中重申了悉尼宣言及其涉及减排和森林修复等方面的行动计划（APEC，2009；APEC，2010）。

2014 年，APEC 第 11 届能源部长会议在北京成功召开，会上宣布成立 APEC 可持续能源中心（APSEC）并通过了旨在加强亚太地区能源交流与合作，促进能源可持续发展的《北京宣言》（APEC，2014）。2016 年的《APEC 领导人宣言》中强调了气候变化对食品生产和食品安全的影响（APEC，2016），2017 年的《APEC 领导人宣言》中强调了 APEC 在气候变化方面发挥的重要作用，并欢迎 APEC 经济体实施《食品安全和气候变化行动计划 2018～2020》（APEC，2017）。

二、APEC 应对气候变化的行动

（一）APEC 应对气候变化的科研及国际合作举措

APEC 经济体意识到应对气候变化不只需要减少能源消耗，还要通过提高技术水平、使用节能技术及发展循环经济、推广适应可持续发展要求的生产和消费方式等方法，要在经济发展水平差异极大的亚太地区实现这些改变，就必须走国际合作的道路。

为落实 APEC 领导人们关于应对气候变化的重要指示，APEC 高官会项目下的能源工作组（EWG）、科技创新政策伙伴关系机制（PPSTI）、农业技术工作组（ATCWG）、海洋与渔业工作组（OFWG）、粮食安全政策机制（PPFS）、卫生工作组（HWG）、紧急应变工作组（EPWG）等均涉及应对气候变化相关的议题讨论，并为高官会、部长级会议和领导人会议提供相关政策建议。

为推动 APEC 经济体在应对气候变化领域的务实合作，APEC 分别于 2005 年和 2014 年成立了 APEC 气候中心（APCC）和 APEC 可持续能源中心（APSEC）。APEC 气候中心旨在通过加强国际科技合作帮助 APEC 经济体有效应对气候变化，包括：①向 APEC 经济体提供气候数据产品和气候预测服务；②向 APEC 经济体提供援助，帮助其制定和实施气候信息应用方面的计划，特别是受气候变化影响敏感领域，如灾害管理，农业和水管理；开展各种培训计划，例如"发展中经济体推广计划（Outreach Program for Developing Countries Information）"和"青年科学家支持计划（Young Scientist Support Project （YSSP））"，以协助提升 APEC 发展中经济体的能力建设；③2006 年 6 月至今，APCC 已举办了 168 场专业研讨会和 7 场大型研讨会，在推动应对气候变化国际合作方面做出突出贡献。

APEC 可持续能源中心通过建立信息共享平台和高效协调机制，加强

APEC 经济体在能源领域的战略合作，促进亚太地区经济良性发展和环境保护。其具体的工作包括：①对能源低碳转型与可持续发展的重大问题开展研究；②推动"APEC 可持续城市合作网络"和"亚太地区清洁能源技术"两大支柱项目的实施；③举办"APEC 可持续城市研讨会"和"亚太能源可持续发展高端论坛"等活动。

（二）APEC 应对气候变化的合作项目

APEC 基金项目是 APEC 工作的重要组成部分，用于加强 APEC 经济体的能力建设和互联互通，促进亚太区域创新增长。APEC 基金项目按资金来源分为两类：一是 APEC 成员捐助的资金；二是项目的主办方及其合作伙伴自筹的资金（张彬等，2004）。为了更好地开展应对气候变化的合作，APEC 专门设置能效基金、健康及应急准备基金等，用于资助 APEC 经济体开展气候变化等相关领域的合作与交流项目。

据 APEC 基金项目数据库统计，2012 年至 2018 年，APEC 经济体共发起 280 个应对气候变化相关领域的合作项目，其中获 APEC 资金资助的项目共计 193 个，涉及金额约 2 485 万美元，主办方自筹项目共计 87 个。图 3-1 显示，这些项目中涉及能源、水资源、建筑节能减排、工业节能减排、商业民用节能减排、资源环境、废弃物利用、交通等减缓领域的共 203 个，涉及农业、林业、卫生健康、防灾减灾等适应领域的共 77 个。可见，APEC 经济体主要关注点在应对气候变化减缓领域，特别是能源方面的合作。

图 3-2 显示，2012 年至 2018 年，中国、美国和日本开展了最多的 APEC 地区应对气候变化的合作项目，而中国香港和文莱没有开展任何相关领域的项目合作。

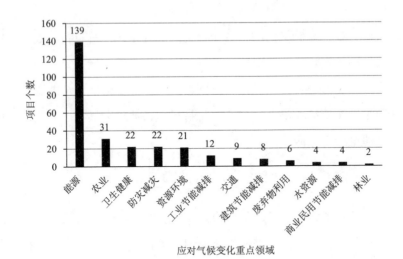

图 3-1　APEC 应对气候变化合作项目按重点领域统计（2012～2018）

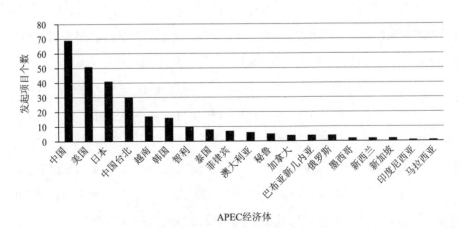

图 3-2　APEC 应对气候变化合作项目按发起经济体统计（2012～2018）

（三）APEC 气候研讨会

自 2005 年至今，APEC 已连续举办 14 次 APEC 气候研讨会（APCS）。表 3-1 为 2010 年以来历届 APCS 的会议地点和主题，可以看出，会议主题为气候预测及其应用，并切合当年 APEC 东道经济体提出的优先领域。APCS

关注 APEC 经济体的气候适应能力建设，并为相关领域的科学家、研究人员、气象部门、政府部门和其他利益相关者提供相互交流的平台。

2018 APCS 气候研讨会于 2018 年 8 月 21 日～23 日在巴布亚新几内亚首都莫尔兹比港成功召开，主题为"通过加强气候信息和服务，克服未来不确定的挑战"，研讨会侧重于气候科学在 APEC 区域水、粮食安全以及决策方面的应用。

表 3–1　APCS 历届会议地点和主题（2010～2018）

年份	地点	主题
2018	巴布亚新几内亚	通过加强气候信息和服务，克服未来不确定的挑战
2017	越南	利用气候信息实现可持续的粮食安全
2016	秘鲁	利用气候信息和行动实现可持续的粮食安全
2015	菲律宾	利用天气和气候信息进行有效的灾害风险管理
2014	中国	极端气候和水文灾害管理：科学预报和应急预警
2013	印度尼西亚	加强干旱预测合作，应对灾害预防和管理
2012	俄罗斯	利用气候信息进行决策：深入研究农业部门
2011	美国	利用气候信息进行决策
2010	韩国	构建 APEC 网络，应对极端气候

尽管美国于 2017 年退出《巴黎协定》对 APEC 经济体共同阻止全球气候变暖是一个挫折，但是短期内不会改变 APEC 应对气候变化的整体政策走向和行动计划。我们相信在应对气候变化方面，APEC 将继续发挥积极作用。

第二节　拉美联盟应对气候变化国际科技合作

2009 年丹麦的哥本哈根气候峰会上，由于拉美国家之间政治倾向不同，导致拉美国家在气候变化问题的认识上存在差异。巴西采取了务实、积极应对的做法，巴西政府认为，发达国家与发展中国家应该共同、但有区别地承担应对气候变化的责任及其挑战。巴西政府明确提出其减排目标。墨西哥采取了积极灵活的态度，墨西哥主张面对气候变化，所有国家都应该团结一致，从现在起各自采取行动，作为低排放国，墨西哥政府提出了分三步实现减排目标的计划。而以委内瑞拉、玻利维亚等为代表的激进左翼制度派则认为气候问题的实质是政治制度问题，资本主义百年发展造成的气候变暖以及由此产生的相关问题应由发达国家来承担，并对大会的最后协议投了反对票。哥本哈根气候峰会最后没有达成具有约束力的一致协议（吴国平等，2010）。

拉美是受气候变化影响较为严重的地区，气候变化给拉美带来的影响包括：在亚马逊东部地区，温度升高及土壤水分降低会使热带雨林逐渐消失，变成草原；在热带拉丁美洲地区，物种灭绝将降低生物多样性；农作物产量下降，畜牧业生产能力降低，对粮食安全带来较大影响；降水形态发生变化，对该地区的消费、农业与能源生产构成威胁等（孙洪波等，2012）。频发的自然灾害加深了拉美地区国家对气候变化的忧虑，使拉美国家认识到"抱团"应对气候变化的重要性。因此，在《巴黎协定》的框架下，大部分拉美国家已经开始行动，应对气候变化。

一、拉美联盟气候和能源减排目标

由于拉美国家的经济结构不尽相同，各国面临政治、经济利益的差异，因此从各自需求出发在应对气候变化方面的目标策略不同。现细分两个国家（巴西、墨西哥）和四个区域（中美洲、安第斯山区域、南锥体和加勒比地区），详细阐述这些国家和区域目标策略。

在国家自主贡献（INDCs）报告中这些拉美国家和地区明确提出如下减排承诺：

巴西提出，无条件下 2025 年温室气体排放比 2005 年减少 37%，2030 年减少 43%；能源领域在 2030 年生物燃料占比增加达到大约 18%，增加乙醇消费量，推广可再生能源发电，使其与水电总能量组合到 2030 年达到 28%～33%。

墨西哥提出，无条件下与照常运行（Business as Usual, BAU）情景相比到 2030 年减少 25% 的温室气体排放和污染物排放，这意味着将减少 22% 的温室气体和 51% 的黑炭排放（BAU 情景下：2020 年：906 MtCO2e（792 GHG 和 114 CN）；2025：1013MtCO2e（888 GHG 和 125CN）；2030：1110 MtCO2e（973 GHG 和 137 CN））。限制条件下与 BAU 情景相比到 2030 年减少高达 40% 的温室气体排放和污染物排放，这意味着温室气体减排可以增加到 36%，减少黑炭达到 70%（BAU 情景下：2020：906 MtCO2e（792 GHG 和 114CN）；2025：1013 MtCO2e（888 GHG 和 125 CN）；2030：1110 MtCO2e（973 GHG 和 137CN）。

安第斯山区域包括玻利维亚、哥伦比亚、厄瓜多尔、秘鲁和委内瑞拉。玻利维亚没有提出减排目标。哥伦比亚提出在无条件下与 BAU 情景相比到 2030 年温室气体排放量减少 20%；限制条件下与 BAU 情景相比温室气体排放量到 2030 年减少 30%。厄瓜多尔提出在无条件下与 BAU 情景相比从 20.4% 增加到 25%；在限制条件下与 BAU 情景相比从 37.5% 增加到 45.8%。秘鲁提出在无条件下与 BAU 情景相比到 2030 年温室气体排放量减少 20%；限制条件下与 BAU 情景相比温室气体排放量到 2030 年减少 30%。委内瑞拉提出在无条件下与 BAU 情景相比到 2030 年温室气体排放量减少 20%。

南锥体地区包括阿根廷、智利、巴拉圭和乌拉圭。阿根廷提出在无条件下到 2030 年温室气体排放为 483 MtCO2e，BAU 情景下是 592 MtCO2e；在限制条件下到 2030 年温室气体排放将达到 369 MtCO2e。智利提出在无条件下到 2030 年每单位国内生产总值二氧化碳排放量比 2007 年减少 30%；在限制条件下到 2030 年每单位国内生产总值二氧化碳排放量比 2007 年减少 45%。

巴拉圭提出在无条件下到 2030 年减少 10%排放（BAU 基准年 2011：140 MtCO2e；2020 年：232 MtCO2e；2030：416 MtCO2e）；在限制条件下到 2030 年减少 10%排放，并除去具体年份指标。乌拉圭提出在无条件下到 2030 年温室气体排放比 1990 年降低 25%；限制条件下到 2030 年温室气体排放比 1990 年降低 40%。

中美洲地区包括伯利兹、哥斯达黎加、萨尔瓦多、危地马拉、洪都拉斯、尼加拉瓜和巴拿马。洪都拉斯、萨尔瓦多、尼加拉瓜和巴拿马没有提出减排目标。伯利兹《国家可持续能源战略》中提出无条件下到 2030 年减少 2.4% MtCO2e 温室气体。哥斯达黎加提出无条件下到 2030 年绝对最大值排放量为 9 374 000 TCO2e，建议到 2030 年人均排放量为 1.73 吨，到 2050 年人均排放量为 1.19 吨，到 2100 年人均排放量为–0.27 吨。危地马拉提出在无条件下到 2030 年每人年度温室气体排放总量比 2005 年减少 11.2%。

加勒比海地区包括巴巴多斯、古巴、格林纳达、圭亚那、海地、牙买加，多米尼加共和国，苏里南和特立尼达和多巴哥。古巴、格林纳达、苏里南没有提出减排目标。巴巴多斯提出在无条件下到 2030 年，与 BAU 情景相比，减少温室气体排放为 44%，即与 2008 年相比减少了 23%。格林纳达承诺到 2025 年温室气体排放量比 2010 年减少 30%，到 2030 年比 2010 年减少 40%。海地提出无条件下到 2030 年温室气体排放比基准情景减少 5%的排放量；限制条件下到 2030 年温室气体排放比 BAU 情景减少 26%的排放量。牙买加提出无条件下 2025 年和 2030 年比 BAU 情景年排放低 7.8%；限制条件下 2025 年和 2030 年比 BAU 情景年排放低 10%。多米尼加共和国提出在限制条件下到 2030 年的排放量比 2010 年减少 25%。特立尼达和多巴哥提出到 2030 年底公共交通部门温室气体排放与 BAU 情景相比减少 15%（参考年份 2013 年）；在限制条件下在某些情况下可以实现 2030 年温室气体总量比 BAU 情景下减少 30%。

为实现应对气候变化目标，拉美国家制定了相应的应对气候变化的法律、政策和行动计划，在不同领域开展应对气候变化行动。

二、拉美联盟应对气候变化的法律与政策分析

为有效应对气候变化，拉美国家在参与气候变化国际谈判的同时，制定了相应的应对气候变化的法律和政策。综观拉美各国应对气候变化的措施，可以将其分为两种不同的推进方式：一种是以气候变化法律为主、政策为辅的"法律主导"方式，另一种是以气候变化政策为主，少有甚至没有相关立法的"政策主导"方式（陈海嵩等，2013）。

（一）拉美国家应对气候变化的法律主导方式

在拉美国家中，墨西哥和巴西在应对气候变化方面一直处于领先地位，两国分别制定了专门针对气候变化的法律，是应对气候变化以法律为主导方式的代表性国家。墨西哥应对气候变化的法律体系是：2012 年颁布的《气候变化基本法》是墨西哥应对气候变化的核心法律。《气候变化基本法》设立了温室气体减排与可再生能源发展的国家目标，宣示以 2000 年的排放额为标准量，中期目标到 2020 年减少 30%，长期目标到 2050 年减少 50%，并且到 2024 年，可再生能源提供的发电量将达到墨西哥总发电量的 35%。墨西哥在 2012 年 4 月通过了《环境保护法》《森林可持续发展法》的修订案，主要目的在于促进减少毁林和森林退化以及其他林业活动造成的碳排放（REDD+机制）在墨西哥的执行，对相关保障措施进行了详细规定。这是世界范围内第一部针对 REDD+机制的法律。2013 年，墨西哥制定了新的《气候变化国家战略》。2015 年 3 月，墨西哥率先向《公约》提交了 2020 年后国家自主贡献报告（Intended Nationally Determined Contributions, INDC）。2016 年 11 月，墨西哥提交了《墨西哥 21 世纪中期气候变化战略》，成为第一个发布 2020 年后国家气候行动计划的发展中国家。2018 年，墨西哥参议院和众议院批准了《气候变化法》修正案，授权墨西哥环境和自然资源部（SEMARNAT）开展全国

碳市场建设，启动碳排放权交易体系的试点工作（2018～2021）。上述修订案和《气候变化基本法》共同构成了墨西哥应对气候变化的法律体系。

巴西应对气候变化的法律体系：巴西在气候变化问题上态度积极，是气候变化国际谈判中的重要主体—基础四国的代表性国家。2009 年 12 月，巴西颁布了《气候变化国家政策法案》（第 12187 号法案）。该法案主要对巴西气候变化国家政策的相关内容进行规定，包括 5 个方面：①规定了温室气体减排目标，即到 2020 年，温室气体排放量减少 36.1%～38.9%；主要减排领域为森林砍伐、农牧业、能源业和钢铁业。②气候变化国家政策的基本原则，包括风险预防与预警原则、可持续发展原则、社会参与原则、共同但有区别的责任原则。③气候变化国家政策的基本目标，包括实现应对气候变化与经济社会发展相互协调；有效减少碳排放；加强碳吸收与碳封存；执行适应气候变化的措施；保护、保持、恢复自然环境，加强对生态环境的保护；鼓励建立碳交易市场。④制度措施，包括气候变化国家基金、预防并控制森林砍伐的行动计划、相关财政税收措施、特别预算、气候变化研究与监测等。⑤设立机构，包括气候变化部际间委员会、全球气候变化工作委员会、巴西气候变化论坛、全球气候变化巴西研究网络等。2010 年 12 月颁布了《气候变化国家政策法案》的执行性法令，对相关条款进行了细化，明确提出到 2020年，温室气体排放总量不超过 2 亿吨，这是发展中国家首次对温室气体排放总量进行严格控制的规定。此外，根据应对气候变化的相关要求，巴西制定或修订了一系列相关法律，主要包括《森林法》《绿色补贴法案》和《固体废弃物的国家政策》等，由此构成了巴西应对气候变化的法律体系。

另外，近几年其他国家在应对气候变化的国家法律和政策方面也取得了进展。洪都拉斯制定了《气候变化法律》（法号 297-2013），以及《国家气候变化战略》和《国家政策综合风险管理》（行政法令 PCM-051-2013）。2016年，智利成为第一个在拉美国家实现立法采用回收和延伸生产者责任的法律。尼加拉瓜制定了《国家环境和气候变化战略 2010～2015》。巴拿马的国家气候变化战略（ENCCP）正在讨论，该国已经设定了《国家灾难风险管理计划2011～2015 年》金融框架。多米尼加共和国已经制定了《国家气候变化计划》《适应气候变化国家行动计划 2008》和《气候变化—兼容经济发展计划》（Alicia, 2018）。

（二）应对气候变化的政策主导方式

与墨西哥和巴西相比，其他拉美国家在应对气候变化上较为落后，主要通过制定政府政策或相关国家行动计划来进行，属于应对气候变化的政策主导方式。

秦鲁在应对气候变化上的态度较为积极，1992 年签署《联合国气候变化框架公约》后，1993 年成立了气候变化委员会，2002 年秘鲁批准了《京都议定书》，2003 年制定了《气候变化的国家战略》，该战略虽不是正式立法，但政府承担强制性义务。该战略的主要目标是减轻气候变化的负面影响，并为各级政府应对气候变化的行动提供一个基本框架。为执行《气候变化的国家战略》，秘鲁制定了一系列相关国家政策。例如，2010 年制定了《适应和减缓气候变化的行动计划》，该行动计划主要包括七个方面的主题：温室气体排放、减缓、适应、研究和开发技术的报告机制、融资与管理，公众教育等。同年制定了《应对气候变化的保护热带雨林的国家计划》，为实现秘鲁政府制定的到 2020 年原始森林砍伐量为零的目标，该计划明确了保存原始森林的国家政策。2018 年 4 月，为确保其对当前和未来几代人的竞争和可持续增长的坚定承诺，制定了《气候变化框法》。这一规定确保了秘鲁更好地准备应对气候事件，并为清洁和可持续工业的发展创造条件。

智利是受气候变化脆弱性影响较大的国家，在应对气候变化问题上，持积极态度。2008 年，智利颁布了《气候变化国家行动计划（2008～2012 年）》，是智利政府应对气候变化的基本政策文件。该行动计划明确提出应对气候变化应成为所有公共决策必须考虑的重要战略性组成部分，包括应对气候变化是智利公共决策的核心议题；适应气候变化是智利未来发展的基础；减缓气候变化是提高经济增长质量、减少温室气体排放及降低适应成本的有效途径；财政与商业部门的创新是提高气候变化项目效率的主要方式；对气候变化承诺及其对国际贸易的影响进行长期性评估；加强对气候变化的研究、观测、公民培训及教育。为有效实施该行动计划，智利在 2009 年组建了应对气候变化部际委员会，充分吸纳各方面的资源与意见。

哥伦比亚在拉美国家中的碳排放量相对较低，但该国在应对气候变化上持积极态度。2011 年，哥伦比亚立法部门通过了《2010～2014 国家发展计划》（第 1450 号法令），提出要采取全方位、跨部门的协作应对气候变化措施。在该法律框架下，哥伦比亚分别针对减缓与适应气候变化的要求，制定了相应的国家政策。为减缓气候变化，2012 年，哥伦比亚制定了《哥伦比亚低碳发展战略》，要求矿业、农业、交通运输、工业、废弃物和建设等领域制定实施低碳发展计划。为适应气候变化，2012 年，哥伦比亚制定了《适应气候变化的国家计划》，该计划提出，针对气候变化要加强风险与忧患意识，要采取多种措施减少气候变化对社会经济、生态系统的影响[1]。

萨尔瓦多在 1992 年签署了《联合国气候变化框架公约》，1998 年签署了《京都议定书》，但其国内在应对气候变化的措施方面较为落后，目前，在萨尔瓦多的国家政策中，主要在环境保护、教育、能源、农业和林业等领域涉及气候变化。①环境保护领域。萨尔瓦多 2012 年公布新的《国家环境政策》，其基本目标是缓解环境恶化与气候变化的脆弱性。②教育领域。教育部门制定了《2012～2022 年气候变化和风险管理教育计划》，目标是通过教育提高对气候变化和环境问题的关注。③能源领域。根据萨尔瓦多《2010～2024 年国家能源政策》，能源政策要考虑应对气候变化的需要。④农业、林业领域。

---

[1] http://www.minambiente.gov.co/index.php/plan-nacional-de-adaptacion-al-cambio-climatico-pnacc/plan-nacional-de-adaptacion-al-cambio-climatico-pnacc#documentos

萨尔瓦多《2011-2030 年国家森林政策建议》指出，林业部门要积极行动，争取恢复 15%的毁林地区。在上述政策推动下，2012 年初，萨尔瓦多发布了《国家环境政策》，基本目标是"缓解环境恶化与气候变化的脆弱性"。2012 年，萨尔瓦多农业与畜牧业部制定了《农业、畜牧业、水产养殖和林业部门缓解与适应气候变化国家战略》。2013 年制定了《国家气候变化战略》以及近期的《国家气候变化计划》，并强制执行于《国家环境法》中。

牙买加作为一个热带岛国，受气候变化的影响较大，因此积极参与气候变化国际谈判和相关区域性行动，但牙买加一直没有制定专门性的气候变化法律或政策。近年来，在日益增加的国内外压力下，牙买加开始采取措施应对气候变化。2012 年 4 月，牙买加气候变化咨询委员会成立，并于 2013 年正式运作，气候变化相关政策也正在制定当中。目前，牙买加相关国家政策中涉及气候变化的主要是《牙买加国家发展计划》。该计划总体目标中提出"使牙买加拥有一个健康的自然环境"及其下属的第 14 个国家阶段发展目标"降低灾害风险以适应气候变化"，并提出了 4 条国家发展战略：提高应对一切灾害的能力；完善适应气候变化的措施；为降低气候变化的速度做出贡献；提高应急反应能力。另外，第 10 个国家阶段发展目标"能源安全和利用效率"也为可再生能源的发展提供了框架性政策，提出国家发展战略包括能源供应多元化，提高能源保护和利用效率等。

此外，伯利兹制定了《国家气候变化政策》和《国家适应气候变化的投资计划 2013～2018》。哥斯达黎加制定了《国家气候变化战略》。哥斯达黎加的《国民经济和社会发展计划 2015～2018》，危地马拉的《战略机构计划 2013～2016》，洪都拉斯的《政府战略计划 2014～2018》，尼加拉瓜的《2012～2016 年国家人类发展计划》，巴拿马的《政府战略计划 2015～2019》和多米尼加共和国的《2030 年国家发展战略》中也融入了气候变化的内容。

因此，从立法与制定政策的情况看，目前拉美国家在应对气候变化上取得了较大进展，尤其在气候变化综合性立法上取得了突破；气候变化的国家政策正顺应时代潮流加快发展。同时，由于受到多方面因素的制约，应对气候变化法律与政策在制定与实施过程中存在一定阻力，个别拉美国家在应对气候变化问题上仍徘徊不前，存在较大的政策空白。

三、拉美联盟应对气候变化国际合作的政策、经验及启示

（一）拉美联盟参与气候变化的国际科技合作规划

一直以来，拉美国家在双边及多边合作框架下，持续开展气候变化国际科技合作。拉美大部分国家在应对气候变化方面都持积极的态度，并采取了一系列政策与措施，制定了节能减排的中长期目标、减缓和适应气候变化的法律、政策和行动计划，积极寻求与参与应对气候变化的国际合作与支持。同时，它们多次就气候变化问题举办了国际会议，在联合国气候变化大会上发表气候变化对策支持倡议，并呼吁与要求对拉美国家在应对气候变化方面给予支持，扩大国际合作。此外，拉美地区各国家、自治团体及民间企业成立合作框架，积极展开国际合作。

（二）拉美联盟参与气候变化的国际合作政策

拉美国家气候变化国际合作是基于双边及多边合作框架持续推进的，以联合国为传统舞台，并在新的合作平台上展开广泛而具体的合作。

1. 拉美国家与中国在气候领域开展广泛合作

中拉双方在"77 国集团+中国""基础四国"、中拉论坛和各个分论坛、"一带一路"等框架内进行多边和双边合作，制定相关产业的合作机制，签署相关的声明、联合公报、合作备忘录或协议，建立了中拉清洁能源与气候变化联合实验室（南方基地），以促进中国和拉美国家在清洁能源、气候变化、可持续发展及电动汽车等方面的交流与合作。

拉美国家中除墨西哥外，都是 77 国集团的成员，十分关注气候谈判的进

程。1992 年，77 国集团与中国密切合作促成了《联合国气候变化框架公约》的签署，标志着"77 国集团+中国"集团合作机制正式形成，目标在于维护发展中国家利益，促进南北对话。由巴西、南非、印度和中国组成的"基础四国"，是代表着以巴西、南非、印度和中国为主的发展中国家利益和诉求的气候集团。"基础四国"在国际气候谈判中起到了重要的作用，代表和维护着发展中国家的利益，在促进国际合作上也做出了贡献。2010 年坎昆气候大会前，"基础四国"召开了第五次气候变化部长级会议，支持在坎昆气候大会上达成建立新的气候基金的决议，兑现对发展中国家提供资金的短期承诺。2011 年 12 月 3 日，"基础四国"在德班会议期间共同发布了《公平获取可持续发展》技术报告，为如何分配剩余的大气空间以及如何分配发展时间及资源提供了可操作性的建议。在"基础四国"的努力下，《京都议定书》得到了确定和延续，发达国家应对于第二承诺期作出明确指标承诺，同时启动绿色气候基金。"基础四国"达成共识对德班会议取得成功具有重要意义。

中拉论坛是拉美与中国开展应对气候变化国家合作的平台，2015 年北京中拉论坛部长级会议的召开开启了中拉合作关系史上的盛事，会议通过了《中国-拉共体论坛首届部长级会议北京宣言》《中国与拉美和加勒比国家合作规划（2015～2019）》《中国-拉共体论坛机制设置和运行规则》等三个成果文件，并明确提出，中拉"在南南合作框架下开展气候变化领域合作，包括向有关国家推广低碳、物美价廉、节能、可再生技术。"2018 年 1 月，在智利首都圣地亚哥召开的第二届中拉论坛部长级会议上，通过了《圣地亚哥声明》，制定了《中国与拉共体成员国优先领域合作共同行动计划（2019～2021）》，并声明在农业、环境领域建立合作项目，强调在保护自然资源与环境的前提下，推动拉美和加勒比地区农牧业生产全面发展。2019 年，第五届中拉基础设施合作论坛、第三期中拉融资合作专项培训班、中拉青年发展论坛、第五届中拉智库论坛、第十三届中拉企业家高峰会成功举办，都促进了中拉在应对气候变化方面国际合作交流。

加强政策沟通是"一带一路"建设的重要保障。在"一带一路"倡议提出以前，中国就已经与许多拉美国家建立了多种多样的政策沟通机制。除双边对话机制外，中国还与拉共体建立了多边对话机制。截至 2019 年 4 月 30 日，中国已与 19 个拉美国家签署了共建"一带一路"合作文件，并在能源领域开展了广泛应对气候变化合作（江学时，2019）。

2. 拉美地区和欧盟国家开展合作

欧盟大力推行"气候外交"政策是欧盟和拉美"抱团"应对气候变化的原因。2010 年举行的欧盟－安第斯集团峰会成为双方应对气候变化合作的优先领域。欧洲理事会主席范龙佩在会后举行的新闻发布会上说，双方当天会谈的重点议题只有两个，首要的就是如何应对气候变化。在 5 月 17 日至 19 日接连举行的欧盟与拉美及加勒比国家的一系列峰会上，应对气候变化均是会谈的主要内容。相关决定被写入 18 日发表的《马德里宣言》，该政治文件明确要求双方在"战略伙伴关系"框架下携手应对气候变化等全球性挑战[①]。2018 年，第六届国际环境博览会（FIMA）上，欧盟宣布将继续支持哥伦比亚的绿色增长，明确界定了农业活动的边界，强化了对湿地、沼泽和具有重要战略价值的地区的保护，推动经济、社会和环境发展之间的协调和平衡。在德国的支持下，在冲突后地区，特别是在梅塔和卡奎塔省加强自然资源管理，推动自然资源的保护和节约利用[②]。2019 年 4 月，欧盟与粮农组织签署了一项新协议，欧盟将再提供 900 万欧元来支持联合国机构在非洲、加勒比海和太平洋地区工作，以实现农业政策和做法的可持续变化，以保护和可持续利用生物多样性和自然资源。此外，墨西哥与欧盟通过联合国开发计划署的低排放能力构建项目、世界银行的市场准备合作伙伴计划、拉丁美洲投资

---

① http://www.cas.cn/xw/kjsm/gjdt/201005/t20100521_2852405.shtml

② http://www.minambiente.gov.co/index.php/noticias-minambiente/3974-culmina-feria-internacional-de-medio-ambiente-con-importantes-anuncios-para-el-sector

基金（LAIF）、低碳商业等方面开展合作。

3. 拉美与美国开展合作

2015 年 6 月巴西总统罗塞夫访问美国，美国总统奥巴马与巴西总统罗塞夫于 6 月 30 日宣布，两国将在应对气候变化、开发可再生能源等领域展开合作，并为两国贸易和人员往来提供便利。美国和巴西在双边会谈后发布的联合公报称，两国领导人坚定支持建立"更加多元和更加成熟的伙伴关系"，包括在应对气候变化方面的合作[①]。此外，通过环境非政府组织方式，IntercambioClimático 网站这一独特的在线交流计划的建立旨在该地区与美国合作伙伴以非政府组织方式一起在拉丁美洲从事气候变化问题工作进行协作与交流（Bruno, 2015）。

4. 拉美与其他地区合作

对应对气候变化一直持积极态度的哥伦比亚与墨西哥就气候变化议题，以双边或多边形式开展了广泛的国际合作。2015 年，哥伦比亚与挪威、德国和英国签署了联合意向声明。挪威将继续支持哥伦比亚，使该国实现《巴黎协定》的目标，并在 2020 年至 2030 年间减少排放。从 2020 年到 2025 年，环境部门在森林砍伐影响方面的合作资金将达 2.5 亿美元。哥伦比亚实施了"亚马逊愿景计划（Amazon Vision Project）"，通过与挪威，英国和德国政府的合作，推动可持续发展。哥伦比亚与梅塔和马其顿政府合作，实施领土规划和促进发展的措施，由德国联邦经济合作与发展部（BMZ）资助，并由德国发展合作署（GIZ）实施，目的是推动环境、社会和经济因素的情况下实现可持续发展（Adrián, 2017）。

5. 拉美地区内部合作

自 2010 年以来，拉丁美洲和加勒比经济委员会（ECLAC）和粮食及农

---

① http://world.people.com.cn/n/2015/0703/c1002-27246738.html

业组织拉丁美洲和加勒比区域办事处（FAO / RLC）举办了一系列年度农业和
气候变化区域研讨会，探讨应对气候变化的复杂性及其给农业带来的复杂影
响，并达成共识：强调将农业纳入国家政策议程的重要性；需要进行政策对
话，以及更好的信息和通信系统；需评估农业面临的气候变化风险和脆弱性，
提出适当的研究和创新议程；应发挥国际合作与融资的关键作用（Audefroy，
2016）。

墨西哥在 2017 年提供的合作资金估计为 3.176 亿美元[①]。墨西哥的优先
伙伴国家是拉丁美洲和加勒比海国家，特别是中美洲国家。双边发展合作的
重点部门是公共行政，农业，环境保护，统计，教育，科学技术和卫生。墨
西哥是参加国际发展援助三方合作最活跃的国家之一。墨西哥三方合作的主
要合作伙伴为日本、法国、德国。墨西哥与日本的三方合作领域较广，包括
渔业、健康、人道主义援助、工业、水资源供应与卫生领域；与法国主要集
中在政府与公民社会领域；与德国的合作则集中在水资源供应与卫生领域。
同时，墨西哥也与拉丁美洲地区国家开展了三方合作，如同巴西和古巴针对
健康领域共同开展的医疗专家和技术人员的培训项目，但其主要受援国也是
中美洲和加勒比海地区国家。同时，墨西哥积极与多个国家、地方开展气候
变化和碳市场双边合作，包括太平洋联盟（Pacific Alliance）、碳定价领导联
盟（Carbon Pricing Leadership Coalition）、新西兰碳市场宣言（Carbon Market
Declaration of New Zealand）、美洲碳价宣言（Declaration of Carbon Pricing in
the Americas）等[②]。

---

① https://www.gob.mx/cms/uploads/attachment/file/447837/EJERCICIO_DE_MONITOREO_
2019-eng.pdf

② http://ideacarbon.org/news_free/46829/

（三）拉美联盟参与气候变化的国际科技合作战略

为持续推进应对气候变化的各项工作，实现其减少温室气体排放的中长期目标，拉美国家用应对气候变化的法律主导和政策主导等不同方式开展应对气候变化。

2012 年，墨西哥年颁布了《气候变化基本法》，设立了温室气体减排与可再生能源发展的国家目标，2013 年，墨西哥制定了新的《气候变化国家战略》，2016 年 11 月，墨西哥提交了《墨西哥 21 世纪中期气候变化战略》，成为第一个发布 2020 年后国家气候行动计划的发展中国家。

巴西在气候变化问题上态度积极，是气候变化国际谈判中的重要主体——"基础四国"的代表性国家。2009 年 12 月，巴西颁布了《气候变化国家政策法案》，该法案主要对巴西气候变化国家政策的减排目标、气候变化国家政策的基本原则、基本目标、相关内容及制度措施等方面进行规定，并于 2010 年 12 月颁布了《气候变化国家政策法案》的执行性法令，对相关条款进行了细化。

秘鲁 2003 年制定了《气候变化的国家战略》，主要目标是减轻气候变化的负面影响，并为各级政府应对气候变化的行动提供一个基本框架，并于 2010 年制度了《适应和减缓气候变化的行动计划》，该行动计划主要包括温室气体排放、减缓、适应、研究和开发技术的报告机制、融资与管理，公众教育等六个方面的主题，同年制定了《应对气候变化的保护热带雨林的国家计划》，以实现秘鲁政府制定的到 2020 年原始森林砍伐量为零的目标，2018 年制定了《气候变化框法》，并为清洁和可持续工业的发展创造条件。

智利 2008 年颁布了《气候变化国家行动计划（2008～2012）》，明确提出应对气候变化应成为所有公共决策必须考虑的重要战略性组成部分，应对气候变化是智利公共决策的核心议题；适应气候变化是智利未来发展的基础；减缓气候变化是提高经济增长质量、减少温室气体排放及降低适应成本的有效途径；财政与商业部门的创新是提高气候变化项目效率的主要方式；对气候变化承诺及其对国际贸易的影响进行长期性评估；加强对气候变化的研究、观测、公民培训及教育。为有效实施该行动计划，智利在 2009 年组建了应对气候变化的部际委员会，充分吸纳各方面的资源与意见。

哥伦比亚 2011 年通过了《2010～2014 国家发展计划》（第 1450 号法令），提出要采取全方位、跨部门的应对气候变化措施。在该法律框架下，哥伦比亚分别针对减缓与适应气候变化的要求制定了相应的国家政策。为减缓气候变化，2012 年，哥伦比亚制定了《哥伦比亚低碳发展战略》，要求矿业、农业、交通运输、工业、废弃物和建设等领域制定实施低碳发展计划。为适应气候变化，2012 年，哥伦比亚制定了《适应气候变化的国家计划》，该计划提出，针对气候变化要加强风险与忧患意识，要采取多种措施减少气候变化对社会经济、生态系统的影响（Mariño, 2018）。

另外，近几年其他国家在制定应对气候变化的国家法律和政策方面也取得了进展。洪都拉斯制定了《气候变化法律》（法号 297–2013），以及《国家气候变化战略》。尼加拉瓜制定了《国家环境和气候变化战略 2010～2015》。多米尼加共和国制定了《国家气候变化计划》《适应气候变化国家行动计划 2008》和《气候变化—兼容经济发展计划》（Alicia, 2018）。

（四）拉美联盟气候变化的实施情况及利益考量

1. 拉美联盟气候变化实施情况

1992 年，联合国大会通过了《联合国气候变化框架公约》，该公约目标是将大气中温室气体的浓度维持在稳定水平从而防止全球变暖，2015 年《巴黎协定》达成共同但有区别责任原则下的减排义务。2016 年，《2030 年可持续发展议程》构成了一个共同努力的平台，它为各国发展和国际社会在重振可持续发展的全球伙伴关系框架内共同实现 17 项可持续发展目标和 169 项具体目标指明了方向。在此大背景下，拉美国家根据各自国情，凭借自身优势，开展广泛合作，从多角度、多层次、全方位开展应对气候变化行动，以谋求在国际环境领域的地位，实现其国家利益和发展目标。

墨西哥发展援助的主要地区集中在中美洲和加勒比海地区。在南南合作框架下，墨西哥加入了加勒比海地区区域合作框架，旨在提高加勒比地区内部合作和交流，提高整体区域的一体化程度；通过拉美经济委员会（Economic Commission for the Latin America）开展中美洲地区的内部合作和交流，使墨西哥成为了中美洲地区区域合作的领导者之一；参与并签署了拉美自由贸易区协议，涵盖的主要发展援助部门为农业、能源、基础建设、教育等。同时，墨西哥也通过中美洲能源一体化计划（Program of Integration Energetic Mesoamerica），加强了中美洲在能源领域经验交流、资源共享和可持续发展的程度，持续援助了中美洲和加勒比海地区农业发展。墨西哥同中美洲经济一体化银行合作开展基础建设发展援助，墨西哥向危地马拉科尔特斯港——边境道路改造和建设项目提供了超过 500 万美元的援助，向洪都拉斯奇南德加——瓜邵尔边境道路站和提高项目提供了 1 130 万美元的援助。截至 2019 年，墨西哥的发展合作遍及拉丁美洲，项目总数达到 128 项，涵盖水、农业、环境、气候变化、贸易等不同部门。

哥伦比亚与大约三十个国家签订了框架协定，包括拉丁美洲、加勒比海地区、亚洲及非洲；并与 50 个国家维持了南南合作关系；哥伦比亚每年都执行许多科学与技术合作的联合承诺，还与 17 个国家拥有同等数量的双边多年合作项目。从地区分配上看，哥伦比亚所执行的大部分援助项目主要集中于中美洲和加勒比海地区，占援助项目总数的 60%～70%，随后是秘鲁。拉丁美洲和加勒比海的国家，尤其是位于加勒比海流域和临近哥伦比亚的国家，都拥有与哥伦比亚的外交联系和南南合作战略上的优先权。哥伦比亚桑托斯总统宣布投资 1.1 亿美元，帮助该国加勒比地区应对气候变化。哥伦比亚的几家私人银行发行了绿色债券，每笔超过 1 亿美元，以帮助资助低碳活动。

此外，阿根廷将 2017 年命名为"可再生能源年"，二月，拉里奥哈省发

行了该国的第一笔绿色债券，计划使用 2 亿美元使 Arauco SAPEM 风电场的
产能提高一倍。 2019 年智利计划在国外市场发行总价值上限为 15 亿美元的
绿色主权债券，将成为拉美首个绿色主权债券。目前，根据"气候债券倡议"，
2019 年，拉美和加勒比国家发行了近 50 亿美元的"绿色"债券，使该地区
的总体历史总额达到 136 亿美元，现在，这些债券正帮助拉美国家投资于绿
色建筑和电动公共汽车等领域①。

2. 拉美联盟气候变化国际合作实施的战略意义

21 世纪以来，拉美从多角度开展气候变化行动，构建气候外交战略，将
自身优势与气候变化援助进行了较好的契合。拉美应对气候变化的合作具有
鲜明的实用主义特点，具有经济、政治、安全等方面的综合功能属性，突出
体现在：以追求国家权力、实现国家利益作为战略目标，旨在构建拉美气候
规则，谋求拉美地区气候变化利益最大化。

（1）保护国家安全

拉美是受气候变化影响较大的地区之一，环境安全问题日益凸显，改变
着拉美的安全理念与安全环境。在拉美区域中，可再生能源是改善能源安全
挑战的优先者。拉美有重要的水电潜力，发展可再生能源是拉美地区确保其
资源、能源稳定供应，保护本国资源储备、可持续发展和生态安全的重要途
径。保护环境安全是拉美综合安全保障的重要组成部分，与拉美国家的切身
利益紧密相关。因此，拉美大部分国家积极投身于国际环保事业、参与缔结
国际环境条约、参加国际环境合作、解决环境争端、呼吁世界各国共同应对
环境威胁，其根本目的就是要保护自身的生存环境和国家安全。

（2）获取经济利益

拉美大部分为发展中国家，自然资源丰富但是经济发展水平较低，主要
以农业为主，工业以初级加工为主。外部资金作为拉美国家国内储蓄不足的

---

① http://www.sohu.com/a/365258337_100048837

重要补充，始终是影响这一地区经济发展的重要变量之一；拉美国家经济形势的变化与它们拥有的外部资金密切相关。70 年代，伴随大量廉价石油美元的涌入，拉美国家走上了举债发展的道路，经济取得了高速增长，1980 年代，拉美爆发了严重的债务危机，外资流向发生逆转，由外资纯流入地区变成净流出地区，其经济经历了"失去增长的 10 年"；进入 1990 年代之后，拉美的外资流量和流向出现了新的引人瞩目的变化，它给拉美经济带来喜忧参半的结果（吴国平，1994）。因此，以应对气候变化为主题，推进环保国际合作，借助注入外资与引进先进技术，使拉美国家获取了巨大的经济利益。

（3）增强应对气候变化的主导权

尽管拉美国家的气候治理观不尽相同。但代表拉美"美丽的中等国家"的利益追求，坚持共同但有区别的责任和各自能力的原则，主张所有国家都要为应对气候变化做出具有法律约束力的贡献；发达国家应向包括 AILAC 在内的发展中国家提供资金、技术和能力等方面的支持和援助；走可持续发展之路，应对气候变化要兼顾经济、社会和环境的发展力等方面的共识获得拉美大部分国家认可，拉美国家在应对气候变化方面多层次、多路径争取国际环境领域的主导权和话语权，多次举办气候变化相关大会，促使相关气候条款的达成等方面做出了显著的贡献，使拉美在应对气候变化领域中国际地位不断提升。气候变化领域的广泛合作将有助于拉美地区在应对气候变化方面设定的减排目标，使一些拉美国家在国际发展援助体系内不断扮演更为重要的角色，增强其在气候变化方面的话语权与主导权，提高地区影响力。

（五）拉美联盟应对气候变化国际科技合作的经验总结

拉美地区国家发展不平衡，气候治理观念存在差别，导致拉美在应对气候变化国际合作方面存在较大差异，墨西哥等发展较快的国家其科技实力与科研成果在应对气候变化中起到了关键作用，能给予拉美地区的其他国家予以援助。有些国家如哥伦比亚等国严重依赖国际社会支持，实现承诺的减排目标任重道远，但拉美地区在气候变化领域的做法对中国推进以科技应对气候变化仍具有重要借鉴意义。

1. 以科技创新为引领，扶持可再生能源领域发展

高度重视通过科技创新成果推进应对气候变化工作，不仅在现有的能源领域大量应用新技术和新成果，还根据区域特点与各国能源优势，积极布局与扶持可再生能源发展，结合减排目标，对未来的能源发展设定比较清晰的规划，确定太阳能、水电能源、能源管理系统等需要重点投入和发展的领域。

2. 以产业政策为保障，加强推进能源节约利用

以政府为主导投入资金以推进新技术和新能源在全社会的应用，提倡能源的节约和高效利用。对于电动汽车、可再生能源应用等科技成果，出台配套支援措施与补贴措施，实现技术成果与社会需求的对接。借助碳交易/拍卖碳排放信用等多种市场手段，实现国家减少温室气体排放目标。

3. 积极开展国际合作

提高国际合作的效率，加强机构建设和人力资源管理，优化机构设置，提高计划性和透明性。拉美有些国家的相关政策、产业经验值得借鉴，发挥不同领域优势，将领先的理念、优秀的解决方案向海外推广，打造自身在应对气候变化事业方面的领先形象。同时，提升私营部门的参与度，发挥私营部门和民间机构在发展援助与合作领域的作用。

4. 建立应对气候变化的统筹推进机制

应对气候变化的推动需加强跨部门和行动者之间的交叉协调，构建国家气候变化系统作为协调机制，加强公共部门、私人部门和社会部门之间的协调，鼓励学术界、私营部门和社会部门的广泛参与，为应对气候变化决策提供信息。加强公众参与力度。通过跨部门、跨领域协商完善应对气候变化制度框架。在制定气候变化政策时，综合考虑性别，种族等差异。加强通过联邦机构、公共机构和私营部门之间的协调与合作，实施跨部门行动。保证将气候变化适应和减缓标准纳入全社会。

综上，将气候外交提升到追求国家利益、实现国家目标的战略高度，综合利用资源、技术、资金优势，开展多角度、多层次、全方位的气候外交政策对类似发展中应对气候变化具有借鉴意义。

第三节　欧盟应对气候变化的国际科技合作

欧盟在气候变化问题上一直持积极态度。自 20 世纪 80 年代最早提议将气候变化议题纳入国际议程以来，欧盟在这一议题上一直扮演着积极角色。在 1997 年《京都议定书》的谈判过程中，欧盟当时的 15 个成员国集体承诺，在《京都议定书》第一承诺期内（2008～2012 年），将其二氧化碳排放量在 1990 年的基础上集体减排 8%，这一减排目标幅度超过缔约国承诺的平均减排 5%的目标，比美国、日本等其他发达国家所承诺的幅度都要高。自 2001 年美国退出《京都议定书》以来，欧盟在全球气候变化问题上依然是积极倡导者和重要实践者。欧盟 15 国已超额完成了承诺的减排目标，在未计入碳汇减排及国际信用的情况下，总体减排就已达到 11.8%。

2000 年欧盟启动了"第一个欧洲气候变化计划（ECCP I）"，欧盟委员会、工业团体和环保领域的非政府组织等利益相关方根据"成本效益"原则，确立和发展了 30 多项政策措施以应对气候变化，其中最重要的举措是建立欧盟内部温室气体排放交易体系（EU Emissions Trading System，EU-ETS），该体系被认为是欧盟应对气候变化的政策核心和支柱。2005 年"第二个欧洲气候变化计划（ECCP II）"启动，把政策重点放到了研发碳捕获和封存技术上。

2008 年，欧盟议会批准了"气候行动和可再生能源一揽子计划"，这项计划被认为是全球通过气候和能源一体化政策实现减缓气候变化目标的重要基础，也是欧盟参与国际气候变化谈判的主要依据。2009～2015 年召开的 7

次《联合国气候变化公约》缔约方会议上，欧盟在围绕《京都议定书》到期后如何建立新的国际协议这一核心议题的谈判中努力扮演领导者角色。巴黎气候大会前，欧盟及其 28 个成员国达成一致，推出了《2030 年气候与能源战略政策框架》，提出了温室气体减排和能源发展的总体性战略目标，为《巴黎协定》的达成做出了贡献。2011 年，欧盟还通过了《2050 年转向具有竞争力的低碳经济路线图》，提出了长期减排目标和各相关行业的减排计划。

2017 年，美国单方面宣布退出《巴黎协定》，给全球应对气候变化带来很大不确定性。欧盟作为最大的发达经济体，表示将继续坚定履行协定相关承诺，为其他发达国家履约和实现全球减排目标树立了榜样。

2019 年 12 月，欧盟更新并提升了应对气候变化目标，推出《欧洲绿色新政》，计划到 2050 年欧盟温室气体达到净零排放并且实现经济增长与资源消耗脱钩。《新政》描绘了欧洲绿色发展战略的总体框架，并提出了新政实施的关键政策和措施的初步路线图。

一、欧盟气候和能源的目标与策略

（一）2020 年目标与策略

欧盟《2020 气候和能源一揽子计划》提出的目标是：到 2020 年，欧盟温室气体排放量比 1990 年削减 20%以上，可再生能源占能源消耗总量的 20%以上，提高能效 20%以上。欧盟所有国家在运输行业中可再生能源使用的比重达到 10%以上。

为了实现这些目标，该计划提出了 5 个优先事项：①通过加快对节能建筑和产品以及运输的投资，提高欧洲的能源效率。包括能耗标签计划、公共建筑修缮行动、制定能源密集型产品的生态设计标准等；②通过建设必要的输电线路、运输管道、液化天然气终端和其他基础设施等，建立欧洲统一的能源市场，为难以获得公共资金的项目提供财政支持；③保护消费者权益并实现能源行业的高安全标准，包括允许消费者轻松切换能源供应商，监控能源使用情况，以及迅速解决与能源有关的投诉等；④实施战略能源技术计划，加快发展和部署低碳技术如太阳能、智能电网和碳捕获与封存技术（CCS）等；⑤通过建设能源共同体将邻国融入欧盟内部能源市场等举措，寻求建立与欧盟外部能源供应商和能源过境国的良好关系。

（二）2030 年目标与策略

欧盟《2030 年气候和能源政策框架》提出了 2030 年主要目标：温室气体排放量比 1990 年削减 40%以上，可再生能源占能源消耗总量的 27%，能效提高 27%以上。

为了实现总体减排目标，需要继续加强和改革欧盟排放交易体系（EU-ETS），实现温室气体比 2005 年减排 43%的目标；非欧盟排放交易体系部分需要实现比 2005 年减排 30%的目标，为了完成这一目标，需要将指标分配给欧盟各成员国。2011～2030 年期间，欧盟计划增加气候领域的公共预算，平均每年增加额外投资约 380 亿欧元，其中住宅和第三产业约占一半的投资。预计节省的能源消耗将在很大程度上弥补这些投资。

《2030 年气候和能源政策框架》将有助于推动实现低碳经济和建立新的能源体系，为所有消费者提供能负担得起的能源，增加欧盟能源供应的安全性，减少对能源进口的依赖，促进经济增长和创造新的就业机会。

（三）2050 年目标与策略

《2050 年转向具有竞争力的低碳经济路线图》提出了更宏大的减排目标：2050 年温室气体排放量比 1990 年削减 80%，其中 2040 年的阶段性目标是减排 60%。

为实现 2050 年减排目标，各行业的减排计划如下（图 3-3）。

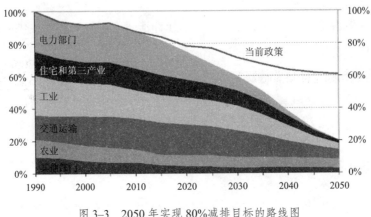

图 3-3　2050 年实现 80% 减排目标的路线图

资料来源：欧洲环境署。

电力行业：该行业具有最大的减排潜力，到 2050 年可实现二氧化碳零排放。此外，电力可以部分替代运输和取暖行业中的化石燃料。届时电力将来源自风能、太阳能、水能和生物质能等可再生能源，以及核电站、配备了碳捕获与封存技术的化石燃料发电站。为了实现这一目标，还需要对智能电网进行强有力的投资改造。

住宅和第三产业：家庭和办公场所的减排潜力巨大，到 2050 年可以实现 90% 的减排。主要通过：新建筑中的被动式建筑技术（指不需要传统的供暖和空调系统就能在冬季和夏季实现室内舒适物理环境的建筑技术）；改造旧建筑以提高能源使用效率；用电力和可再生能源替代化石燃料进行取暖、制冷和烹饪等。长期来看，节省的能源成本可以抵消对建筑的改造和安装节能设备的投资。

工业：到 2050 年，欧盟能源密集型行业可以减少 80% 以上的碳排放，所使用的各项工业技术将变得更加清洁和节能。2030 年以后，随着能源使用强度的进一步降低，碳排放量将逐渐下降；2035 年后，碳捕获与封存技术将应用于无法以任何其他方式进行减排的行业（如钢铁、水泥等），到 2050 年将实现更大幅度的削减。非二氧化碳温室气体的排放已经作为欧盟排放交易体系的一部分，预计也将会降至非常低的排放水平。

交通运输：欧盟 2050 年交通运输产生的排放量将比 1990 年减少 60% 以上。短期来看，减排潜力主要来自于提高汽油和柴油发动机的燃油效率；中长期来看，插电式混合动力车和电动汽车的普及将实现更大幅度的减排。因并非所有重型货车都会在未来实现电力驱动，生物燃料将越来越多地用于公路货物运输和航空运输。

农业：随着全球粮食需求的增加，农业排放量占排放总量的比重将会上升，预计到 2050 年将占欧盟排放总量的 1/3，但农业排放的绝对量将会下降。农业减排的主要潜力来自于减少化肥、生物肥和牲畜的排放量，以及增加土壤和森林对二氧化碳的吸收和存储。此外，推广"多菜少肉"的健康饮食习惯也可以减少排放。

《路线图》认为欧盟低碳经济的转型是可行和可负担的，但需要科技创新和增加投资。这种转变将让欧盟获益：清洁技术、低碳或零碳排放的能源战略将刺激欧盟经济增长并增加就业机会，帮助欧盟减少能源、原材料、土地和水资源等重要资源的消耗，减少对昂贵的石油和天然气的进口依赖，并通过减少空气污染增进健康。

二、欧盟的政策与行动计划

为了实现气候和能源目标，欧盟制定了相关配套措施，采取或正在采取一系列行动计划，主要分为"减缓"和"适应"两类计划。总体来看，欧盟主要通过财政支持和监管并行的方式来实现气候目标。

在财政方面，欧盟 2014～2020 年的预算中至少有 20% 用作应对气候变化，总额高达 1800 亿欧元。2020～2050 年需要每年增加 GDP 的 1.5% 的额外投资来实现低碳经济的转型和减排目标。各成员国还被要求自行配套相关款项。欧盟将销售排放许可证获得的收入用于资助低碳能源示范项目，包括将发电厂和其他工业生产设备所排放的二氧化碳进行捕获，并长期封存入地下。

在政策和监管方面，欧盟正在实施的排放交易体系（EU-ETS）是以最低成本减少工业温室气体排放的重要工具。欧盟将在以下领域加强监管：为实现绿色能源目标，欧盟成员国被要求支持可再生能源如风能、太阳能、生物质能等；欧盟成员国必须减少建筑物能源消耗，各产业部门必须提高设备和家电产品的能效；汽车制造商必须减少新车的二氧化碳排放量等。

（一）欧盟的排放交易体系

欧盟气候政策的核心是其碳排放交易体系（EU-ETS），它首先在排放量最大、对气候变化负有主要责任的二氧化碳排放上得到应用，欧盟是跨国实践这个机制的先驱。欧洲议会和理事会于 2003 年通过欧盟第 87 号法令，为成员国制定了统一的 EU-ETS 机制，并自 2005 年开始实施，目前已经进入第三期。EU-ETS 不仅是全球首个、也是目前最大的国际排放交易体系，占国际碳交易总量的 3/4 以上。

交易体系的运行思路是：在保持企业和经济活力并遵循公平原则下，把大气层对温室气体的容量这种稀缺资源，量化分配给生产企业并赋予其流通性；那些因采取了有效减排措施而有多余排放权的企业，可以通过出售这些多余的排放权而获利；那些实际排放量超出配额的企业将不得不购买其他企业多余的排放权而增加生产成本；对违反规定的企业进行高额处罚。这将使得所有企业都努力减排，因而使整体温室气体排放量实现降低的目标。

EU-ETS 交易系统分阶段实施：第一期（2005～2007 年）为试验阶段，主要集中在二氧化碳排放源，行业包括内燃机功率在 20MW 以上的电力、石油、钢铁、水泥、玻璃等产业，排放权免费发放给企业，对违反规定的企业处罚标准是 40 欧元/吨二氧化碳。2008～2012 年为第二期，EU-ETS 接纳了清洁发展机制（Clean Development Mechanism，CDM）核准的减排制度和联合履约机制的信用额度，将氮氧化物排放纳入到 EU-ETS 体系，排放额度仍以免费分配为主（约占 90%），但开始引入排放配额有偿分配机制，以拍卖方式进行分配，对违反规定的企业处罚标准提高到 100 欧元/吨二氧化碳，企业被允许购买总计约 14 亿吨二氧化碳当量的国际信用，本阶段实际使用了 10.58 亿吨当量，未使用部分在下一阶段可继续使用。2013～2020 年为第三期，已经覆盖欧盟 28 个成员国、冰岛、列支敦士登和挪威等欧洲 31 国 11000 多个重型耗能企业，主要是发电厂和重工业企业，以及在这些国家之间运营的航班，这些企业的温室气体排放占欧盟排放总量的 45% 左右；目前，拍卖已经成为排放配额分配的主要方式，2020 年全部配额以拍卖方式分配；企业继续被允许从世界各地的减排项目里限额购买国际信用额度，每个参与者的初始国际信贷权利由成员国确定，然后由委员会根据相关立法予以批准；对无法完成排放限额的企业继续处以高额罚款，处罚标准是 100 欧元/吨二氧化碳，并以 2013 年为基础随通货膨胀率每年上浮。

目前 EU-ETS 体系包括的部门有：①二氧化碳排放部分：发电厂和供暖企业；炼油、钢铁、制铝、金属加工、水泥、石灰、玻璃、陶瓷、造纸、制酸和大宗有机化学品生产等能源密集型企业；商业航空。②氮氧化物排放部分：硝酸、己二酸、乙醛酸、乙二醛等生产企业。③全氟化碳部分：主要来自制铝企业。以上企业被强制加入 EU-ETS 体系。

据估算，到 2020 年，该体系覆盖的行业排放量将比 2005 年下降 21%。根据欧盟委员会的提议，到 2030 年，该体系覆盖的行业排放量应比 2005 年降低 43%。

（二）欧盟的气候变化适应战略

2007 年，欧盟委员会发布了有关适应气候变化的政策性绿皮书《欧洲适应气候变化——欧盟行动选择》，首次提出了应对气候变化的"适应"这一概念。绿皮书确立了欧盟适应行动的四大支柱：欧盟早期行动，包括将适应纳入欧盟法律和资助计划的制定和执行过程中；将适应纳入欧盟的外部行动中，特别是加强与发展中国家的合作；通过集成气候研究扩大知识基础，从而减少不确定性；准备实施协调和全面的适应战略，涉及欧洲社会、商业和公共部门。

2009 年欧盟在已经建立较完备的减缓气候变化制度的基础上，发布了《适应气候变化—面向整个欧洲的行动框架》白皮书，以提高欧盟应对气候变化影响的应变能力。白皮书以四项行动为支柱：一是建立气候变化对欧洲影响的知识库；二是将"适应"战略融入欧盟主要的政策领域；三是综合运用各种政策工具解决资金问题；四是开展国际"适应"合作。

欧盟委员会于 2014 年 12 月通过了最新一期的"欧盟适应战略"（EU Adaptation Strategy），并且希望所有成员国也通过国家计划，以应对气候变化带来的影响。适应意味着预测气候变化的不利影响，并采取适当行动防止或尽量减少可能造成的损害，或利用可能出现的机会，把气候变化的收益最大化。适应措施包括：更有效地利用稀缺的水资源；调整建筑设计规范以适应未来的气候条件和极端天气事件；建设防洪体系，提高堤防标准；研发耐旱作物；选择不易受风暴和火灾影响的树种和造林技术；为物种迁徙预留土地和廊道等。

（三）欧盟的交通低排放战略

交通运输排放的温室气体占欧洲排放总量的 1/4，而且是城市空气污染的主要原因。1990 年以来，交通运输行业没有像其他行业那样逐渐减少排放，排放量在 2007 年才开始下降，但仍然高于 1990 年水平，是所有行业中唯一高于 1990 年排放水平的行业（图 3-4）。

为了减少交通运输行业的温室气体排放，2016 年 7 月欧盟委员会通过了"欧盟交通低排放战略"（European Strategy for Low-emission Mobility），旨在确保欧盟在低碳环保和循环经济领域的竞争力，积极应对日益增长的人员和货物流动需求。该战略确定了 3 个优先行动领域：①通过充分利用数字技术、

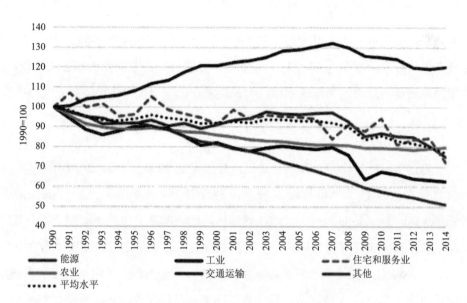

图 3-4　1990 年以来不同行业温室气体排放水平

资料来源：欧洲环境署。

智能定价以及进一步鼓励向低排放运输模式的转变，提高运输系统的效率；②推进部署运输用低排放替代能源，如先进的生物燃料、电力、氢能和可再生合成燃料，并消除运输电气化的障碍；③研发零排放的车辆，欧洲需要加快向低排放和零排放车辆的转型。由于在交通运输行业中，公路运输是迄今为止最大的排放源，占交通运输排放的温室气体总量的 70% 以上，因此行动计划侧重于这一领域，欧盟要求所有公路交通部门必须采取切实可行的行动来减少温室气体排放。

地方政府将在实施这一战略方面发挥关键作用。有些城市已经开始实施低排放替代能源和低排放汽车激励措施，如鼓励骑自行车和步行等健康的生活方式，发展和完善公共交通，开展共享单车和共享汽车项目以减少拥堵和污染。

欧盟将为这项计划提供资金支持。欧洲结构和投资基金下与运输有关的资金有 700 亿欧元，其中 390 亿欧元将用于支持欧盟交通低排放战略；欧洲设施联通项目将提供 240 亿欧元；"地平线 2020"运输研究和创新计划将主要支持该战略，资金为 64 亿欧元。此外，还将调动必要的私人和公共投资，增加风险承担能力，为那些难以获得长期融资的项目提供资金支持。

（四）可持续发展金融行动计划

为落实《巴黎协定》和联合国《可持续发展 2030 议程》，2018 年 3 月，欧盟委员会发布了"可持续发展金融行动计划"（Action Plan: Financing Sustainable Development）。行动计划的内涵比一般意义上的"绿色金融"范围更广，其中应对气候变化的行动以及低碳发展是重中之重。主要涵盖 3 大目标、10 项行动策略和 22 条具体行动计划，且每条具体行动都设定了明确的时间表。其中 3 大目标是：将资本引向更具可持续性的经济活动、将可持续性纳入常规的风险管理、促进金融和经济活动的透明度与长期主义。

行动计划目前最紧迫的任务是确定可持续性的含义以明确经济活动的分类。首先，欧盟将组建技术专家团队，研究并发布气候变化减缓行动的分类体系。之后这个体系将拓展到气候变化适应领域及其他环境领域。随后，这个分类体系还将逐渐与欧盟的立法体系相结合，从而使其具有更稳定的法律地位。行动计划也意识到风险管理的重要性，提出要将可持续性纳入常规的风险管理中。欧盟将邀请利益相关方讨论修改《信用评级机构监管条例》，要求所有评级机构将可持续性因素纳入评估。在提升市场的信息透明度方面将成立"欧盟金融披露顾问小组"来鼓励新的企业信息披露机制，并修改企业非金融信息的披露指南，联合"气候变化相关金融信息披露工作组（TCFD）"一起指导公司披露气候变化信息。

（五）城市应对气候变化规划

在欧洲，城市地区生活了 74% 的人口并排放了约 60%～80% 的温室气体。城市地区的减排和应对气候变化的行动至关重要。近期一项针对欧盟 28 个成员国 885 个城市应对气候变化的调查数据显示：约 80%的人口在 50 万以上的城市制定了应对气候变化的规划，其中 66.2%的城市制定了减缓气候变化的规划，25.5%的城市制定了适应气候变化的规划，16.4%的城市制定了减缓和适应气候变化的联合规划。制定减缓气候变化规划的城市比例排名前五的国家依次是：波兰（97.1%）、德国（80.8%）、爱尔兰（80.0%）、芬兰（77.8%）和瑞典（76.9%）；制定适应气候变化规划的城市比例排名前五的国家依次是：芬兰（77.8%）、瑞典（30.8%）、德国（24.8%）、葡萄牙（24.0%）、爱尔兰（20.0%）和克罗地亚（20.0%）。

（六）碳捕获与封存技术

欧洲二氧化碳捕获和封存实验室基础设施（The European Carbon Dioxide Capture and Storage Laboratory Infrastructure，ECCSEL）于 2016 年正式运行，致力于研发第二代到第三代的碳捕获和封存技术，目标是实现工业和电厂二氧化碳的零排放，以应对全球气候变化。

ECCSEL 的参与机构研发实力雄厚，分布在欧洲 9 个国家。ECCSEL 的主要任务是：从短期和长远角度，为欧盟层面的碳捕获和封存研发提供系统的科学支撑；保持欧盟在碳捕获和封存科学研究领域处于国际前列；增强欧洲相关研究领域对欧盟以及国际科学家的吸引力，加强相关研究机构的合作，增加欧盟科学研究在社会经济领域的影响力；通过使用新建或者已有科研基础设施，实现欧盟资助经费的效益最大化。

目前 ECCSEL 已包括 14 家机构共 43 个实验室：Tiller 的二氧化碳捕获和运输测试设施（挪威）、Sotacarbo 研究中心——装有二氧化碳捕获试验装置的煤制氢中试技术（意大利）、装有高压吸收器和解吸器的中试设施（荷兰）、用于溶剂制备和测试的小型工厂（荷兰）、Hontomín 二氧化碳封存技术研发工厂（西班牙）、León 的 Cubonos del Sil 二氧化碳捕获中心（西班牙）、高压富氧燃烧试验平台（挪威）、化学循环燃烧设施（希腊）、岩石力学和地球物理性质测试系统（英国）、近地表气体监测设施（英国）、用于测量样品渗透性的高压流体静力学流通池（瑞士）、在不同压力和温度条件下进行流体-岩石相互作用的渗流和转移实验设施 BIOREP（法国）、PANAREA（离岸）和 LATERA（岸上）二氧化碳泄漏野外实验室（意大利）、清洁煤技术研究的固定床反应器和用于中试的移动床反应器（波兰）。

在碳捕获方面，ECCSEL 的合作者法国电力公司（EDF Group）开发的二氧化碳捕集先导项目在 600MW 的 LE HAVRE 火力电厂 4 号机组成功运行，采用的方法为燃烧后化学吸附法，排放的气体中二氧化碳体积浓度为 10%～12%，实验装置日捕获二氧化碳 25 吨，二氧化碳的去除率达 90%。位于荷兰 TNO 研究所的高压吸收器和解吸器中试装置设计紧凑，可连续循环运行，最高工作压力可达 50 bar，气体流速：$0～5Nm^3/h$，液体流速 $0～25kg/h$，可测试溶剂在不同工艺条件下的稳定性；其建模工具可进行热力学和动力学分离原理的模拟，软件工具可用于过程设计开发以及进行技术和经济评估。以上技术均为国际领先水平，但目前欧洲尚无商业运行的碳捕集电厂或工业企业。

在碳运输方面，作为 ECCSEL 成员单位的英国地质调查局（BGS）拥有欧洲领先的超低渗透介质流体运动研究中心 TPRL，拥有高压三轴渗透仪（70MPa）等测量渗透的各类先进仪器，以及用纳米材料和放射性气体标记的新型示踪系统，可用于测试气态、液态、超临界和饱和溶液状态下二氧化碳在超低渗透性材料中的动力学和渗透特性等。位于法国 Oise 的二氧化碳运输和安全试验平台，可以测试和试验管道直径在 1～3 英寸、高压范围在 100～200 bar 的气体泄露，平台提供测量浓度、速度、压力和热力学数据的专用测量仪器，以及高清、快速和红外摄像机等可视化技术设备，该平台为目前欧洲领先水平。

在碳封存方面，ECCSEL 设施开展了广泛研究，包括：①评估潜在的地下二氧化碳封存场地的适宜性和容量；②注入的二氧化碳与周围岩石的潜在地球化学相互作用的相关研究；③注入的二氧化碳如何影响封存场地的地质力学性质；④开发存储站点监控技术和综合监控手段，以确保封存的安全性和有效性；⑤评估封存的长期效果，包括封存可能产生的重大有害影响的评估。

三、《欧洲绿色新政》提出实现零碳社会的目标和科研举措

欧盟应对气候变化的目标分三步走：第一步是到 2020 年，实现温室气体比 1990 年减排 20%。目前来看欧盟有望提前实现该目标。第二步是到 2030 年温室气体比 1990 年减排 40%。欧盟已制定了重要的法律和措施以确保实现该目标。第三步是到 2050 年实现净零排放，使欧洲成为世界上第一个气候中和的大陆。

（一）通过《欧洲绿色新政》，提出绿色发展战略框架

新一届欧盟委员会主席冯德莱恩将气候变化和环境保护视为其首要工作任务，2019 年 12 月上任伊始就推出《欧洲绿色新政》（以下简称《新政》）。《新政》是本届欧盟委员会执行联合国《2030 年可持续发展议程》和可持续发展目标的具体行动，目标是使欧洲成为世界上首个实现碳中和的大陆。《新政》几乎涵盖了所有经济领域，是一份全面的欧盟绿色发展战略，旨在将欧盟转变为一个公平、繁荣的社会，以及富有竞争力的资源节约型现代化经济体，到 2050 年欧盟温室气体达到净零排放并且实现经济增长与资源消耗脱钩。

《新政》描绘了欧洲绿色发展战略的总体框架，并提出了新政实施的关键政策和措施的初步路线图，路线图将根据实际需要变化而更新，也会进行相应的政策调整。《新政》描绘的欧洲绿色发展框架主要包括三大领域：一是促进欧盟经济向可持续发展转型；二是欧盟作为全球领导者推动全球绿色发展；三是出台《欧洲气候公约》以推动公众对绿色转型发展的参与和承诺。

新政制定了一系列雄心勃勃的应对气候变化的措施和行动，包括减少温室气体排放、投资于尖端研究和创新，保护欧洲的自然环境。

（二）通过欧盟碳排放交易体系减排并筹措资金

欧盟碳排放交易体系是欧盟应对气候变化政策的基石，也是以经济有效的方式减少温室气体排放的关键工具，通过为各部门分配碳排放配额，为碳排放定价的方式进行交易。欧盟于 2015 年设立"欧盟排放交易体系创新基金"，这是世界最大的以应对气候变化为宗旨的项目资助机制之一，其前身是欧盟气候变化资助机制"新储备者 300"（NER 300）。创新基金旨在驱动面向市场的清洁创新技术，致力于为产业部门开发新一代低碳技术提供资助，支持其培育先发优势。其优先资助领域主要有能源密集型工业的创新低碳技术及工艺产品、碳捕获利用、碳捕获封存项目的建设运营、可再生能源的创新发电以及能源储备。2019 年 2 月欧盟宣布将通过"创新基金"向低碳技术投资 100 多亿欧元。创新资金为期 10 年，计划将于明年启动第一批项目征集，并持续到 2030 年结束。

（三）加大对气候变化领域研发与创新项目的投入

欧盟通过其中长期预算计划支持欧盟的气候目标。气候总司牵头将气候行动纳入欧盟支出计划，欧盟规定，至少 20% 的欧盟预算投入与气候有关的领域。同时气候总司负责管理一项 8.64 亿欧元的计划（LIFE 气候行动），以开发和实施创新方法来应对气候挑战。自 1992 年运行以来，LIFE 为欧盟范围内和第三国的 4600 多个项目提供资助，调动资金近 100 亿欧元，其中多达 42 亿欧元用于环保和气候领域。2014～2020 年，环境和气候行动领域的预算为 34 亿欧元。针对 2021～2027 年的欧盟长期预算，欧盟委员会提议为 LIFE 增加近 60% 的资金。

2019 年 11 月，欧盟成员国、欧洲议会和欧盟执委会就欧盟 2020 年预算达成一致，决定增加支出用于对抗气候变化等领域。欧盟承诺将在 2020 年为价值约 1 687 亿欧元的项目拨款，其中的 21%将用于应对气候变化。具体来看，环境和气候变化生命项目将获得 5.896 亿欧元的拨款，比 2019 年增长 5.6%。对实现气候目标做出重大贡献的"地平线 2020"项目将获得 134.6 亿欧元，比 2019 年增加 8.8%。此外，欧盟还将大规模投资部署可再生能源，升级现有的能源传输基础设施并开发新的基础设施，推动节能减排。

欧盟通过"地平线 2020"计划资助研究和创新，目标是实现资源和水的高效利用和应对气候变化，恢复经济和社会的活力，保护和可持续管理自然资源和生态系统，以及可持续的原材料供应和使用，以便在地球自然资源和生态系统的可持续极限内满足不断增长的全球人口的需求[①]。研究与创新资助领域包括：气候行动-制定具有气候适应力的低碳社会的明智决策；文化遗产-为经济增长制定新的文化遗产议程；地球观测-有关气候、能源、自然灾害和其他社会挑战的重要信息；基于自然的解决方案-提供可行的自然生态系统解决方案；系统生态创新-产生并分享经济和环境利益。

（四）聚焦新技术、可持续的解决方案和颠覆性创新

欧洲创新和技术研究院下属的知识和创新部门推动高等教育机构、研究机构和企业在气候变化、可持续能源、 未来食品、智能环境友好型城市和一体化城市交通等方面开展协调合作。欧洲创新理事会致力于为高潜力初创公司和中小企业提供融资、股本投资和业务加速服务，推动其以突破型创新落实绿色协议，并迅速实现创新成果的海外扩展。欧洲委员会支持释放数字转型带来的全部益处，以促进生态转型，其首要任务是增强欧盟预测和应对环境灾害的能力。为此，欧洲委员会将汇聚欧洲科研和产业界所有顶尖人才，

[①] https://ec.europa.eu/programmes/horizon2020/en/h2020-section/climate-action-environment-resource-efficiency-and-raw-materials

共同制定出精准的全球数字模型。

（五）欧盟实现零碳社会的研究与创新路径

欧盟委员会正在制定一项欧盟长期减排的研究与创新战略。该战略遵循五项原则：参与全球顶级的脱碳创新竞争，寻找新的替代方案；优先考虑在2050年前可能实现的零碳解决方案；探索和发展多种零碳技术；重视脱碳技术的系统性创新；将研究与创新投资集中在高附加值的价值链。

为实现迅速减排的目标，2025年前研究与创新应注重两个方面：一是充分了解并解决大规模使用低碳或零碳技术的障碍；二是提供促进低碳技术商业化的金融工具；到2035年，设计以开发关键零碳技术解决方案为目标的任务导向型活动，目标是每十年减排超过50%；到2050年，研发与创新需聚焦更具有挑战性，需要采取长期行动的领域，如基于过程的工业排放（钢铁、水泥、化学品）、航空、运输和畜牧业等。

四、欧盟应对气候变化的国际合作举措

（一）参与《联合国气候变化框架公约》等多边组织和论坛

欧盟及其所有成员国均属于《联合国气候变化框架公约》的缔约方。2015年由所有缔约方通过的《巴黎协定》成为有史以来第一份具有法律约束力的全球气候协定。除参与《联合国气候变化框架公约》年度缔约方会议以外，欧盟及其成员国还积极参与政府间气候变化专门委员会、能源与气候主要经济论坛、经济合作与发展组织、G8集团、G20集团和国际能源署等多边组织和国际论坛，其决定或建议直接或间接进入联合国程序。

（二）推动与其他国家和地区有关气候变化的对话与合作

欧盟与其他国家和地区紧密合作，以推动有关气候变化的对话与合作。

在联合国气候公约和其他国际论坛下就气候政策制定和实施进行对话与合作，例如通过双边和多边排放贸易合作计划分享专门知识，为发展中国家努力应对气候变化提供资金支持，在适应、减缓、减灾和荒漠化等领域进行合作，通过"地平线2020"计划支持技术转让和研究合作，将可持续发展纳入欧盟贸易政策等。

（三）为发展中国家应对气候变化的行动提供资金支持

为支持发展中国家应对气候变化，欧盟积极加强对发展中国家在气候变化领域资金援助。欧盟成员国和欧洲投资银行共同为发展中国家提供最大的公共气候融资，仅在2018年就为发展中国家提供了217亿欧元的资金。2019年10月，欧盟与阿根廷、加拿大、智利、中国、印度、肯尼亚和摩洛哥的有关当局共同启动了可持续金融国际平台，旨在扩大对环境可持续投资的私人融资。欧盟通过全球气候变化联盟支持发展中国家进行政策对话和气候行动，目标是促进欧盟与发展中国家之间关于气候变化的政策对话与合作。自2008年以来，全球气候变化联盟已在60多个国家和地区行动中投入了近4.5亿欧元。

五、欧盟应对气候变化对中国的启示

（一）制定全面系统的绿色发展战略与路线图

《欧洲绿色新政》是一份全面的长期的绿色发展战略，涉及了欧盟经济向可持续发展转型的方方面面。中国在绿色发展方面也出台了一系列规划与方案，如国家应对气候变化规划、生态环境保护规划、生态文明体制改革总体方案等，在此基础上，中国可以考虑借鉴欧盟《欧洲绿色新政》，制定全面系统的绿色发展战略及路线图，明确中长期绿色发展目标，在制定政策时优先考虑可持续性发展，促进中国经济社会发展各项政策制度与可持续性发展目标的协同发展。目前是将着手制定"十四五规划"之际，也是一个比较合适的时机。

（二）加大数字技术在绿色领域的应用

数字技术和绿色技术创新在应对气候变化中发挥着重要作用。数字技术是实现可持续发展的关键因素。中国已大力开展对人工智能、5G、云计算及物联网等数字技术的研究开发，可最大限度地发挥数字技术对应对气候变化的作用和影响。在工业绿色转型发展过程中，应更加重视数字技术，在生产全生命周期进行绿色设计、绿色制造与绿色服务，推进智能制造和绿色制造的结合，充分利用人工智能、大数据等数字化手段提高供应链管理水平，提升制造效率，减少能耗物耗。互联网企业应在绿色供应链、绿色物流、绿色计算、绿色回收等方面形成持续绿色发展模式。同时应注重持续培育创新主体，提高技术供给能力，挖掘人才优势资源，加强与高等院校、科研机构的互动联动，促进数字技术创新的突破与应用。

（三）加速中国碳排放交易市场建设

欧盟对碳排放交易体系的重视体现了其在实现气候目标中的关键作用。《新政》多次提到考虑扩大欧盟碳排放交易体系所覆盖的行业，如尝试将建筑物、海运业纳入欧盟碳排放权交易体系。欧盟正与全球伙伴一道开发全球碳市场。中国在碳排放交易方面已开启了多个试点，并已于 2017 年启动全国碳排放交易市场建设，初期仅纳入电力行业，目前正在稳步推进中。为了实现中国的碳减排目标，积极应对欧盟等发达经济体的绿色贸易要求，中国可借鉴欧盟成熟的碳排放交易体系建设经验，加速推进全国碳市场落地，并适时扩大覆盖行业范围，探索与国际碳市场接轨。

第四节 联合国环境署关于发展中国家技术需求评估与分析

联合国环境署（UNEP）利用其专家资源，提供应对气候变化解决方法，在多边协议或倡议中利用其业内影响力，促进各国合作履行承诺。国际科技合作方面，UNEP 主要通过气候技术中心和网络（CTCN）及联合国减少发展中国家毁林和森林退化所致排放量的合作计划（UN-REDD 计划）帮助各国应对气候变化。

应发展中国家的要求，气候技术中心和网络促进加速转让无害环境技术，促进低碳和气候适应性发展。CTCN 根据各个国家的需求提供技术解决方案，能力建设方法，及政策、法律和监管构架建议。CTCN 通过 3 项核心服务促进技术转让：应发展中国家的要求加速气候技术转让；创造获取气候技术信息和知识的途径；通过 CTCN 由学术界、私营部门以及公共研究机构组成的专家网络，促进气候技术利益攸关方之间的合作。通过这些服务，CTCN 希望能够消除阻碍气候技术发展和转让的障碍，从而为减少温室气体排放、提高区域创新能力和增加气候技术项目投资创造有利环境。

联合国减少发展中国家毁林和森林退化所致排放量的合作计划（UN-REDD 计划）利用 UNEP 的协调作用和专家资源，支持 64 个国家成为"REDD + ready"成员，或准备迎接相关投资机会。

在美国宣布退出旨在为 2020 年后全球应对气候变化行动作出安排的《巴黎协定》后，UNEP 重申了应对气候变化的重要性，号召各界继续为应对全球气候变化采取有力行动，并呼吁有关方面为发展中国家提供资金支持。

一、不同领域内优先方向与技术变化情况

（一）减缓领域

1. 优先方向与技术数量变化情况

通过对 2006、2009、2013 年的 TNA 报告中各国应对气候变化技术需求的分析（UNFCCC, 2006；2009；2013），发现减缓领域的优先方向与优先技术的数量变化主要呈现以下特征：

（1）从减缓领域的优先方向统计可知（表 3–2），2006 年能源领域为最优先方向，占比最高，其次是工业、运输、农业、土地利用与林业以及废弃物管理。到 2009 年优先度次序发生变化，能源领域仍然为最优先方向，农业、土地利用与林业排到第二位，接着是运输和废弃物管理，工业则排到最后。到 2013 年能源领域仍然为最优先方向，占比最高，农业、土地利用与林业排到第二位，接着是废弃物管理，工业则排到最后。

从不同年份的优先方向和优先度变化来看，引起 2009 年优先度变化的原本主要是 2009 年报告中的参与国样本中经济不发达国家比例偏高，这些国家的优先方向主要集中在农业等领域，因此农业、土地利用与林业的百分比与优先度大幅上升；由于产业机构的不断变化，2013 年将运输以及部分工业领域合并到能源领域，出现能源工业等子领域划分，因此参评优先方向只有 4 项。

从时间序列对比来看，能源领域一直是各个国家最优先考虑的方向，同时从领域的划分角度来看，能源领域的发展会逐渐合并其他领域的子方向，保持减缓领域最优先考虑的主方向不变。同时，随着关键技术的不断产生和优化，农业土地利用与林业的比重和优先度也会上升。

表 3–2　减缓领域优先方向百分比以及优先度

年份 优先方向	2006		2009		2013	
	百分比	优先度	百分比	优先度	百分比	优先度
能源	92	1	94	1	90	1
工业	79	2	79.4	5	18	4
运输	50	3	84	3		
农业、土地利用与林业	33	4	88	2	33	2
废弃物管理	4	5	80.9	4	21	3

（2）从减缓领域的优先技术统计可知（表 3–3），2006 年能源领域的优先技术最多，占比最高，其次是工业、运输、农业、土地利用与林业以及废弃物管理。到 2009 年，优先度次序发生变化，能源领域的优先技术仍然最多，农业土地利用与林业排到第二位，接着是运输和工业，废弃物管理优先技术最少。2013 年对各优先领域的优先技术进行的重新划分，能源领域仍然为最多，占比最高，农业、土地利用与林业排到第二位，接着是废弃物管理，工业领域的技术最少。

从不同年份的优先技术量和优先度变化来看，引起 2009 年优先度变化的原因主要是 2009 年报告中的参与国样本中经济不发达国家比例偏高，这些国家在农业等领域的重视度高，优先技术的数量和优先级靠前，因此农业、土地利用与林业方向的优先技术的百分比与优先度大幅上升；由于产业机构的不断变化，2013 年对各优先领域的优先技术进行的重新划分，没有做各个优先方向的总体排序，而是对各个优先方向的子领域进行分析。

从时间序列对比来看，能源领域的技术仍然是各个国家优先技术中最多的，同时从领域的划分角度来看，能源领域的技术发展会逐渐融合其他领域的子方向，保持减缓领域最多技术的状态不变。同时，随着关键技术的不断产生和优化，废弃物管理方面的优先技术的比重和优先度也会不断上升。

表3-3　减缓领域优先技术百分比以及优先度

年份 优先方向	2006 年		2009 年		2013 年	
	百分比%	优先度	百分比%	优先度	百分比%	优先度
能源	53	1	42	1		1
工业	19	2	11.5	4		4
运输	13	3	12.7	3		
农业、土地利用与林业	7.9	4	25	2		2
废弃物管理	5	5	7.9	5		3

2. 不同优先方向的技术类型变化情况

通过对 TNA 报告中各国应对气候变化技术需求的分析，发现减缓领域优先方向的优先技术类型主要包括以下方面：

在能源领域，所有国家都重视能源生产技术的子方向，主要包括可再生能源、热电联产（CHP）和需求侧管理（DSM）等子方向。其中可再生能源技术优先选择频率-太阳能光伏（并网和离网占所有可再生能源技术的 18%），其次是生物质利用技术（生物消化器、利用森林废物、稻壳和蔗渣）；水力发电方面将小型和微型水电站确定为优先技术需要；热电联产采用蒸汽和燃气轮机，技术改进包括燃料转换、甘蔗渣的使用和热量的升级；先进化石燃料技术包括循环流化床燃烧，超临界燃煤发电，煤层气和燃料链的各种强化（燃料的制备和散逸性排放的控制）；建筑物和住宅部门高效能源使用技术包括照明（例如紧凑型荧光灯）占 27%。可再生能源技术如水加热（太阳能、生物质）、抽水（太阳能、风能）和蒸煮（生物质、太阳能）和干燥农产品（太阳能）或多种应用（太阳能家用系统）。使用木炭、生物质、液化石油气改进和提高效率的炉灶和烤炉，高效空调，冰箱和加热器等；能源传输和分配技术包括改善天然气生产和分配网络。

在工业领域，主要包括钢铁工业、水泥生产、冶金、采矿和铝业等子方向。技术选择包括：能源使用效率、现代生产工艺、更新旧技术、转而使用低碳燃料等。提高效率的技术主要包括节能锅炉、热电联产、熔炉、现代生产工艺、老技术的升级和低碳燃料（例如天然气、生物柴油）的转换。钢铁工业的主要技术包括轧钢装置、转炉煤气回收利用、干式地下室和隧道火灾不间断系统、高频高容量炉、预热余热、电热利用等；水泥生产方面包括立井砖窑、熟料调和、采用高炉炉渣和高效分离器技术；冶金行业包括高效炉和蒸汽锅炉以及螺旋电梯的使用；采煤方面包括熔炼、立式辊子磨机和预磨辊等技术；其他工业技术涉及改进木炭制造（与先进的木炭炉和烘炉）、化学工业（特别是氨生产）、石油和天然气生产和输送、选矿综合设施、从气体处理厂回收氢的技术、中小型氮肥厂的升级和改造、氯氟烃替代品的生产、大型动力轮拖拉机、燃料电池和相关材料技术；所确定的非技术选择包括为中小型企业制定的 DSM 方案和扶持环境。

在运输领域，所需的许多技术与城市公共交通需要的更清洁、更有效的客车和卡车制造运输有关，主要包括生物燃料的生产和使用、使用天然气的清洁燃料车辆或液化石油气，高效马达，混合动力汽车和柴油拖拉机动力等技术。同时还有运输系统的管理和政策改进，空气质量排放测试和监测设备、地理信息系统和交通控制系统；公共交通、改善铁路网和改善运输基础设施，考虑的非技术选择包括制定废气标准。

在农业领域，所需的技术主要包括更好的作物管理（特别是水稻），禽畜废物管理及饮食修改和土地处理技术；作物管理方面包括隔离耕作、农业土壤恢复、作物废物气化、使用消化器（从粪肥到甲烷）的粪肥管理、土壤养分的生产和管理（用于水稻）、使用生物肥料、通过机械和化学加工改善营养、改善反刍动物饲料、使用糖蜜-尿素块补充饲料以及为动物提供增产剂；林业方面主要是森林火灾监测和预防，木材加工和采伐机械化（用于生物质能源的）森林废物估价和植树；社区森林的各种管理技术，可持续地使用木柴、养护、植树造林、重新造林和农林业等技术。

在废弃物管理领域，所需的技术主要包括利用能源的废物焚烧、气体回

收的垃圾填埋、固体有机废物的处理、固体废物和废水的回收和再利用、从
污水干洗厂回收甲烷以及改进废水管理、回收和减少来源。

3. 不同优先方向优先技术的变化情况

能源领域占比最高的优先技术为可再生能源技术，而 2013 年则在原来可
再生能源技术的基础上进一步划分，太阳能光伏（38%）、生物量/沼气发电技
术（38%）是最优先技术，这也是未来优先技术的主要子领域。工业领域占
比最高的优先技术为工业能效，但 2013 年工业领域的最优先技术主要是落后
工艺的更新升级，这与部分能源生产技术过时、效率低下有直接关系。交通
领域占比最高的优先技术由原来的车辆技术向设备技术转变，到 2013 年交通
领域已划分为能源领域的其中一个分领域。农林领域占比最高的优先技术为
林业技术，从这两年的数据比较中可以发现农林领域占比 2009 年要略高于
2006 年，其次优先技术之间的占比差距在逐年减小。废弃物处理领域最新的
优先技术为垃圾焚烧能源利用。特别指出，在 2013 年的数据统计中，还就能
源领域中两个十分重要的分领域，能源工业分领域和能源运输分领域做了一
定的优先技术统计，其中能源工业分领域的优先技术中，太阳能光伏（38%）、
生物量/沼气发电技术（38%）是最优先的技术；高效照明（34%）、废弃物发
电（27%）是次优先的技术；能源运输分领域中，超过 25% 的国家为燃料转
换有关的优先技术，如电动或液化天然气车辆，以及模式转换、集体快速运
输道路或铁路系统；有 13% 左右的国家为能效有关的优先技术；仅有 10% 和
6% 的国家分别选择基础设施和行为变化有关的优先技术。

（二）适应领域

1. 优先方向与技术数量变化情况

通过对 2006、2009、2013 年的 TNA 报告中各国应对气候变化技术需求
的分析，发现适应领域的优先方向与优先技术的数量变化主要呈现以下特征：

（1）从适应领域的优先方向统计可知（表 3–4），2006 年农业和渔业为

最优先方向，占比最高，其次是海岸地带（基础设施）、水资源以及卫生健康。到 2009 年优先度次序发生变化，农业和渔业仍然为最优先方向，水资源排到第二位，新增系统观察与监测评估指标，排第三位，接着是卫生健康和海岸地带（基础设施）。到 2013 年农业和渔业领域仍然为最优先方向，占比最高，水资源排到第二位，接着是海岸地带（基础设施），卫生健康和系统观察与监测排到最后。

从不同年份的优先方向和优先度变化来看，引起 2009 年优先度变化的主要是 2009 年报告中的参与国样本主要是经济不发达国家，对水资源的依赖度较高，因此这些国家的优先方向主要集中在水资源领域，因此水资源领域的百分比与优先度大幅上升；由于产业机构的不断变化，同时引入系统观察与监测，更有利于政策方面的评估。2013 年引入了多个沿海国家的评估，因此对海岸地带（基础设施）重点关注，海岸地带（基础设施）的比重明显上升。

从时间序列对比来看，农业和渔业领域一直是各个国家最优先考虑的方向，主要取决于行业对气候变化的主动和被动的适应性。同时从领域的划分角度来看，适应领域的优先方向会不断地细化，如旅游方向将在后期的评估中提升为优先方向等。

表 3-4　适应领域优先方向百分比以及优先度

年份 优先方向	2006		2009		2013	
	百分比	优先度	百分比	优先度	百分比	优先度
农业和渔业	63	1	82.4	1	84	1
海岸地带（基础设施）	42	2	47.1	5	32	3
水资源	38	3	66.2	2	77	2
卫生健康	25	4	48.5	4	10	5
系统观察与监测			57.5	3	13	4

（2）从适应领域的优先技术统计可知（表 3-5），2006 年农业和渔业优先技术数量最多，占比最高，其次是海岸地带（基础设施）、水资源以及卫生健康。到 2009 年优先度次序发生变化，农业和渔业仍然优先技术最多，其次是海岸地带（基础设施）和水资源，新增系统观察与监测技术排第四位，最后是卫生健康技术。2013 年对各优先领域的优先技术进行的重新划分，农业和渔业优先技术数量最多，占比最高，水资源排到第二位，接着是海岸地带（基础设施）技术，卫生健康和系统观察与监测的技术最少。

从不同年份的优先方向和优先度变化来看，引起 2009 年优先度变化的原本主要是 2009 年报告中将系统观察与监测提升为优先方向，因此对应的技术也受到各国重视，数量和范围上都有增加，而卫生健康领域的技术增加有所下降。由于产业机构的不断变化，2013 年对各优先领域的优先技术进行的重新划分，没有做各个优先方向的总体排序，而是对各个优先方向的子领域进行分析。

从时间序列对比来看，农业和渔业领域一直是各个国家最优先考虑的方向，因此对应的技术也随之增加。同时从领域的划分角度来看，适应领域的优先技术也随优先方向会不断地细化。

表 3-5 适应领域优先技术百分比以及优先度

年份 优先方向	2006		2009	
	百分比	优先度	百分比	优先度
农业和渔业	51	1	43	1
海岸地带（基础设施）	17	2	16	2
水资源	12	3	15	3
卫生健康	12	4	9	5
系统观察与监测		5	11	4

2. 不同优先方向的技术类型变化情况

通过对 TNA 报告中各国对气候变化技术需求的分析，发现适应领域的优先方向的优先技术的类型主要包括以下方面：

在农业和渔业领域，最重视适应行动的分部门是作物管理、高效灌溉、土地管理和改善畜牧业。最常见的优先技术是作物管理，明确强调开发和使用耐旱/耐高温作物品种（干旱/高温、盐、昆虫/害虫、改良种子），节水方面包括各种有效利用水和改进灌溉系统的技术（微灌、建立水库网络、水资源管理），还包括加强农业生产技术和风险管理（例如饲料库、小巷种植、隔离耕作、作物残渣管理、机械化）、土壤侵蚀控制、土壤恢复和肥力改善、调整种植季节和种植结构（例如作物多样化和轮作、引进新品种）、虫害综合管理和使用绿肥。还查明了气象监测设备和气候变化对作物影响研究的需要；林业技术包括森林火灾预警系统、植树造林和重新造林（开垦沟壑，恢复和可持续地利用河岸森林，促进农林业，恢复被烧毁的林区），以及开发适应新情况的快速生长的物种；有效的牧场和牲畜管理技术包括基因研究和技术、耐热家畜品种、预警系统网络、动物杂交、适合不同生态和气候条件的农场和牧场以及改善动物饲料营养；土地管理技术包括修筑山坡梯田和对山坡采用等高线种植、土地平整、盐地和沼泽修复、垃圾覆盖、实行最低限度耕作、植树、改变耕作方式以保持土壤水分和养分以减少径流和控制土壤侵蚀，以及巩固和重新造林沙地。

在海岸地带（基础设施）领域，主要是容纳（改善排水、紧急规划、提高建筑物和土地）和保护应对海平面上升（硬结构）相关的海岸带管理技术和海岸保护技术。

在水资源领域，水循环和养护以及水转移等分部门被视为优先事项，最常见的优先技术包括水循环和养护技术（封闭的排水系统），净化再利用的排水，以及用生物滤池来净化水中有毒混合物的中转水库。与水转移有关的技术通过改变供水制度，使供水和消费系统自动化，稳定和加固受洪水和侵蚀影响的河床，改善泥石流和加固河岸，更新提供饮用水的系统，处理城市污水，升级和扩大排水系统规模。在集水方面，确定了雨水收集和海水淡化技术。其他技术包括水管理、水力实验室现代化、进行各种研究（长期水资源预测、调查废水回收的社会可接受性、评估地下水质量）、地理信息系统和卫星遥感。

在卫生健康领域，水和食物传播疾病和病媒传播疾病优先考虑，主要包括预防/治疗备选办法、获得保健服务和卫生警报信息系统，在病媒传播疾病方面的技术和措施包括改进诊断、病媒结构、减少疟疾、杀虫剂治疗、净化灌溉渠和排水系统、排水沼泽和推广个人防蚊虫保护手段。解决水/食品传播疾病的技术需要包括改善供水和卫生设施、污水净化、改善公共交通系统和居民区、工农业地区的卫生条件、提升饮用水质量监测系统。此外，在系统观测和监测水平领域，主要是提高网络的适应能力。

3. 不同优先方向的技术变化情况

2006 年农林领域最优先技术为作物管理，其次是农田水利、土地管理和节水灌溉等，到 2009 年，农林领域最优先技术依旧是作物管理技术，与 2006 年相比作物管理技术相比其他技术的占比差距在逐渐缩小，特别是土地管理、牲口、林业、水利等方面的比例均有所升高；2006 年和 2009 年在海岸带管理领域优先技术均与应对海平面上升的技术有关，相比 2006 年，2009 年对海岸带管理领域的优先技术做了进一步的划分，相关技术在适应领域优先技术的占比也比 2006 年有了显著提升；2006 年在水资源领域最优先技术为水资源的循环利用与保护和水转移，而 2009 年变为水转移和水循环等相关技术；2006 年在健康领域最优先技术为防治水和食源性疾病，2009 年变为设施改善，同时卫生健康领域的相关技术相比 2006 年，在优先技术方面的占比有所提升；在 2013 年由于农业领域和水资源领域在重要领域中占有绝大比重，因此农业领域和水资源领域在 2013 年单独分开统计了这两个领域的优先技术；在 2013 年农业领域中，生物技术被列为优先事项，提升农业实践（包括灌溉）（39%）、农业保护（29%）、农林业（22%）、土地以及营养管理（19%）、植物保护（16%）、谷类以及种子储存（13%）、农业气象学（10%）被缔约方列为优先事项的占比逐渐减少；优先考虑与雨水收集有关的技术（50%）以及集水区（近40%），其次考虑的为气候监控系统（近30%）、国内井的供应（16%）以及地下水储存以及利用（16%），小部分国家考虑灌溉系统（11%）以及海水淡化技术（10%）。

二、不同国别区域内优先方向与技术变化情况

通过对 TNA 报告中各国应对气候变化技术需求的分析可知，参评的不同国别根据其领域与技术的特征可划分区域为非洲、拉美国家和加勒比地区、亚太国家和发达国家、最不发达国家、小岛屿国家、欧洲和独联体共 6 个区域。

（一）减缓领域

1. 优先方向数量变化情况

通过对 TNA 报告中各国应对气候变化技术需求的分析，发现不同国别区域减缓领域的优先方向的数量变化（表 3–6）主要呈现以下特征：

（1）从减缓领域的优先方向统计可知，2009 年粮食安全是非洲最主要问题，因此农业、林业和土地利用是最为需要的优先方向，其次是能源领域，占到参评国的 93%，废物管理和工业排到第三位，占参评国的 82%，最后为运输（79%）。2013 年时能源领域上升至第一位，农业、林业和土地利用领域排第二，其他几个领域变化不大；拉美国家和加勒比地区 2009 年优先方向主要是能源领域，其次是燃料运输，占参评国的 87%，农业和林业领域排第三，占参评国的 73%，废物管理和工业排最后。2013 年农业和林业领域上升至第一位，其他领域变化不大；亚太国家和发达国家主要集中在工业、能源、农业和林业领域，占到 84% 以上，其次是运输和废物管理，占到 76% 以上。2013

年时优先度变化不大，而能源领域的地位更加突出；在最不发达国家区域，农业、土地利用、畜牧业和林业部门是最优先方向，其次是能源领域（87%），之后是废物管理（82%），运输和工业领域排最后（78%）；小岛屿国家（90%以上）认为能源领域是其最高优先方向，其次是废物管理（80%），之后是运输部门和农业和林业，分别占73%和66%；所有的欧洲和独联体将能源和运输作为最优先方向，其次是废物管理和农业和林业领域。

（2）从减缓领域的优先方向变化来看，主要表现出三个趋势：第一，不论哪个区域的国家，减缓领域的优先方向在时间和空间上都集中在能源、农林、工业、废物管理和运输几个方面，而且比例都超过60%。第二，减缓领域涉及的优先方向受到经济发达程度影响较大，对于经济不发达地区主要占比在关系到粮食安全的农业和林业领域，其他领域比重不大，而经济发达地区各项优先技术的比重较为均衡。第三，小岛屿国家的优先方向区域性较强，全部围绕沿海地区发展的各个领域，均衡性较低。

2. 优先技术需求变化情况

（1）从减缓领域的优先技术需求统计可知（表3-6），非洲在2009年时的优先技术需求都涉及农业、林业和土地利用领域，包括生物量技术等，在能源领域，可再生能源和农村地区的电气化是其主要需要，到2013年是主要集中风力涡轮机和太阳能技术等方面；拉美国家和加勒比地区的技术需求主要是在能源领域，包括技术转让，促进清洁能源技术（可再生能源技术、低碳燃料和高效发电），运输领域包括提高传统燃料的质量、使用生物燃料和改善运输基础设施，农业和林业技术包括土壤固碳、肥料转化为甲烷燃料、提高饲料效率和减少稻田甲烷排放，以及废物管理技术，到2013年时，增加对生物质技术需求；亚太国家和发达国家主要是加速能源、农业和林业以及工业部门的技术转让；最不发达国家在能源领域强调特别需要改进（无烟和节油）炉灶来做饭和取暖等需求，到2013年时，增加对太阳能技术需求；大多数小岛屿国家（90%以上）认为能源是其技术需要的最高优先事项；欧洲和独联体将加强目前的能源生产、改善现有电网和制定住宅部门的能效措施列为优先需要。

表 3-6　不同国别区域减缓领域优先方向与优先技术统计

国别类型	2009 年				2013 年			
	优先方向	排序	比例 %	技术需求	优先方向	排序	比例 %	技术需求及比例
非洲	粮食安全	1	>93	农业、林业	能源	1	57	风力涡轮机 40%
	能源	2	93	可再生能源、农村电气化	农业、林业	2	18	太阳能技术 90%
	废物管理、工业	3	82		工业	4	12	生物量技术 40%
	运输	4	79		废物管理	3	13	
拉美国家和加勒比地区	能源	1		可再生能源、低碳燃料、高效发电	农业、林业	1	50	生物量技术 40%
	燃料运输	2	87	传统燃料质量和生物燃料提高、改善运输设施	能源	2	30	
	农业、林业	3	73	土壤固碳、肥料转化、提高饲料效率	工业	3	10	
	废物管理	4			废物管理	4	10	
	工业	5	66					

续表

国别类型	2009年 优先方向	排序	比例%	技术需求	2013年 优先方向	排序	比例%	技术需求及比例
亚太国家和发达国家	工业、能源、农业和林业	1	>84	加速能源、农业和林业以及工业部门的技术转让	能源	1	50	太阳能技术 22%
	运输和废物管理	2	>76		工业	2	18	
					农业、林业	3	16	
					废物管理	4	16	
最不发达国家	农业、土地利用、畜牧业和林业	1	>87					
	能源	2	87					
	废物管理	3	82					
	运输和工业	4	78					
小岛屿国家	能源	1	>90					
	废物管理	2	80					
	运输、农业林业	3	73					
	工业	4	66					
欧洲和独联体	能源和运输	1		能源生产、改善电网和住宅能效措施	能源	1	75	太阳能技术 67%
	工业、废物管理	2	91		农业、林业	2	25	
	农业和林业	3	81					

（2）从减缓领域的优先技术变化来看，主要表现出四个特征趋势：第一，不论哪个区域的国家，减缓领域的优先技术在时间和空间上集中在能源、农林领域，而在经济欠发达的地区在农林领域技术需求尤为明显。第二，在农林业领域内，非洲、亚太国家和发达国家、拉美国家和加勒比地区三个区域将农作物处理作为最优先技术；而最不发达国家、小岛屿国家、欧洲和独联体三个区域将林业作为最优先的技术。第三，在交通领域内，非洲、亚太最为重视公共交通；拉美国家和加勒比地区则重视车辆；最不发达国家、小岛屿国家、欧洲及独联体将设备技术放在优先地位。第四，清洁环保的新能源技术和科技附加值高的技术成为各个国家技术需求的重要趋势，比例也一直上升。

（二）适应领域

1. 优先方向数量变化情况

通过对 TNA 报告中各国应对气候变化技术需求的分析，发现不同国别区域适应领域的优先方向的数量变化（表 3-7）主要呈现以下特征：

（1）从适应领域的优先方向统计可知，2009 年非洲在适应方面最常涉及农业和林业领域，其中 93% 以上的国家确定了这个领域，由于几乎一半的非洲国家缺水，72% 以上的非洲国家将水资源领域列为优先方向，55% 以上的国家认为系统观测和监测站以及海岸带领域是优先领域，而与卫生健康领域有关的内容在 45% 的报告中被确认。在 2013 年，农业和林业以及水资源仍然是非洲最优先方向，只是占比下降到 50% 和 45%；拉美国家和加勒比地区 2009 年最优先方向为农业和林业领域，然后是水资源和健康相关的领域，60% 的国家确认了这一点，53% 以上的国家确定了海岸带和系统观测和监测技术优先，自然灾害是 40% 的国家的优先方向。在 2013 年，农业和林业以及水资源仍然是最优先方向，只是占比下降到 21% 和 26%；在 2009 年农业和林业领域是亚太国家和发达国家在适应领域的最优方向，其中近 70% 的国家确定了这个方向，53%以上的国家分别确定了水和气候监测领域，其中约38%的国家考虑了海岸带和卫生领域的技术需要。在2013年，农业和林业以及水资源仍然是最优先方向，只是占比都下降到35%；最不发达国家强调迫切需要使本国的农业和林业部门现代化，70%的国家确定了与水资源领域有关的需要，52%的国家确定了系统的观察和监测，其次是卫生和海岸带两个领域（<40%）；小岛屿国家考虑许多新的无害环境技术，海地确定了仅与农业、牲畜和水管理有关的需要，所有其他小岛屿国家都确定了解决海平面上升和粮食安全问题的技术，并更加重视其海岸带技术需求，半数以上的小岛屿国家还提到，它们的需要之一是成功应对自然灾害；欧洲和独联体将农业和林业、水以及系统观测和监测确定为其适应的优先方向（72%），54%的国家涉及卫生健康领域，而确定为海岸带领域的国家仅不到三分之一，18%的欧洲和独联体考虑自然灾害和提高旅游适应能力。

（2）从适应领域的优先方向变化来看，主要表现出三个趋势：第一，不论哪个区域的国家，减缓领域的优先方向在时间和空间上都集中在农业和林业，而且比例都超过70%以上，而随着各区域经济水平的提高，比例有所下降。第二，除了农业和林业领域之外的优先领域，随着经济发达程度的差异表现出较大差异，经济发达地区各个优先方向发展较为均衡。第三，许多小岛屿国家的优先方向过于单一，适应领域的优先方向都是围绕海岸带的实际需要展开。

2. 优先技术需求变化情况

（1）从适应领域的优先技术需求统计可知（表 3–7），拉美国家和加勒比地区2009年在农业和林业的适应技术需求主要包括改变遗传资源、改进和提升灌溉水平、提高养分利用效率以及生产和提升风险管理做法等，到2013年时主要在抗性新品种技术方面的需求；非洲在2009年时适应领域最常涉及农业和林业领域的技术，由于几乎一半的非洲国家缺水，72%以上的非洲国家有水资源领域的技术需求。55%以上的国家认为系统观测和监测站以及海岸地适应以应对海平面上升的技术是优先技术，同时45%的非洲国家对预防和防治水和食物传播疾病方面有技术需求。2013 年增加对抗性新品种技术和保护性农业技术的需求；亚太国家和发达国家2009 年在农业和林业的技术需求集中于加速能源、农业和林业以及工业部门的技术转让，同时对海岸带和卫生领域的技术需要重点是改善卫生基础设施和服务。到2013 年也增加了对抗性新品种技术和保护性农业技术需求；最不发达国家的适应技术的需要集中在农业和林业部门现代化，水的转移、再循环和养护等方面；小岛屿国家关注新的无害环境技术以及解决海平面上升和粮食安全问题的技术需求，同时自然灾害问题也有适当的技术需求；欧洲和独联体对自然灾害和提高旅游适应能力方面的技术需求较多，到2013 年也增加了对抗性新品种技术和保护性农业技术的需求。

（2）从适应领域的优先技术变化来看，主要表现出三个特征趋势：第一，经济发达地区的优先技术都集中在各个优先领域的技术转让方面，同时对清洁环保的新能源技术和科技附加值高的技术需求较大。第二，经济欠发达的地区对基础资源的开发技术需求较大，因此对农林业领域的技术需求较多。第三，抗性新品种技术和保护性农业等技术是2013 年以来各区域主要的技术需求。

三、优先领域与技术发展障碍及应对措施情况

（一）减缓领域与优先技术发展障碍及应对措施建议

通过对 TNA 报告中各国应对气候变化技术评估分析可知（表 3-8），最常见的阻碍减缓领域技术开发和转让的障碍是经济、金融和技术障碍。在经济和金融方面，90%的国家认为不适当的财政激励和抑制措施是主要障碍，在技术壁垒方面，69%的国家将制度限制和标准、规范和认证不足确定为主要障碍。对于减缓领域措施，最常提到的促成因素是为实施和使用相关技术提供或扩大财政奖励的措施，另一项经常提到的措施是制定或更新与技术有关的条例、政策和标准。其他经常提到的跨方向促进因素是提供能力建设和建立信息和认识方案，以促进和发展有关具体技术的能力。

表 3-7 不同国别区域适应领域优先方向与优先技术统计

领域 / 国别类型	2009 年				2013 年			
	优先方向	排序	比例%	技术需求	优先方向	排序	比例%	技术需求及比例
非洲	农业和林业	1	>93		农业和林业	1	50	抗性新品种技术 保护性农业 45%
	水资源	2	>72	防止海平面上升的技术	水资源	2	45	
	系统观测监测	3	>55	预防和防治水和食物传播疾病技术				
	卫生健康	4	45					
拉美国家和加勒比地区	农业和林业	1		遗传资源、高效灌溉、提高养分利用效率	农业和林业	2	21	抗性新品种技术
	水资源和健康	2	60		水资源	1	26	
	海岸带、系统观测和监测	3	>53		系统观测和监测	3	18	
	自然灾害	4	40		沿海基础设施	4	16	
亚太国家和发达国家	农业和林业	1	70	加速能源、农业和林业以及工业部门的技术转让	农业和林业	1	35	抗性新品种技术 保护性农业 10%
	水和气候监测	2	>53		水资源	2	35	
	海岸带和卫生	3	38	改善卫生基础设施和服务				

续表

领域 国别类型	2009 年				2013 年			
	优先方向	排序	比例%	技术需求	优先方向	排序	比例%	技术需求及比例
最不发达国家	农业和林业	1		农业和林业部门现代化				
	水资源	2	70	水的转让、再循环和养护				
	系统观测监测	3	52					
	卫生、海岸带	4	<40					
小岛屿国家	海岸带、农业和林业	1	100	无害环境技术、海平面上升和粮食安全				
	自然灾害	2	50					
欧洲和独联体	农业和林业、水资源、系统观测和监测	1	72		农业和林业	1	44	抗性新品种技术保护性农业 33%
	卫生健康	2	54		水资源	2	14	
	自然灾害、旅游	3	18		卫生健康	3	14	
					基础设施	4	14	

　　对于减缓领域最优先方向的能源领域而言，阻碍能源领域技术发展和转让的障碍包括：经济和金融、政策、法律和监管以及技术。大多数国家还提到与市场失灵或不完善（占96%）、信息和意识（占96%）和网络失灵（占88%）有关的障碍。其中，经济和财政障碍是缺乏或无法充分获得财政资源以及不适当的财政激励和抑制措施（85%的国家）。在政策、法律和监管障碍方面，所有国家都指出法律和监管框架不足是主要障碍。在技术壁垒方面，制度限制（65%）和标准、规范和认证不充分（62%）是最常见的两个壁垒。

表 3–8　减缓领域与优先技术发展障碍及应对措施

减缓领域	类别	障碍概况	应对措施
整体情况	经济和金融	不适当的财政激励和抑制措施	实施和使用优先技术提供或扩大财政奖励的措施
	技术壁垒	制度限制和标准、规范和认证不足	①制定或更新与技术有关的条例、政策和标准； ②提供能力建设和建立信息和意识方案
优先方向	能源领域	**总体障碍：** 经济和金融；政策、法律和监管；技术。市场失灵或不完善（96%）、信息和意识（96%）和网络失灵（88%）； **经济和财政障碍：** 缺乏或无法充分获得财政资源以及不适当的财政激励和抑制措施（85%的缔约方）。 **政策、法律和监管障碍：** 法律和监管框架不足是主要障碍。 **技术障碍：** 制度限制（65%）和标准、规范和认证不充分（62%）	**经济措施：**（83%）提供或扩大与优先技术有关的财政奖励；对进口优先技术免税（56%）、创造金融产品、确定技术的机制或结构（44%），为技术的研究和开发提供财政支持（32%） **政策、法律和监管措施：**制定详细的条例和新技术的标准（83%）。修订现有法律，审议新技术（56%）。 **技术措施：**（42%）建立与使用技术有关的数据库或清单。为技术制定标准（38%）和为优先技术制定和实施试点或示范项目（30%）。

对于能源领域，为了解决经济和财政障碍，大多数国家（83%）提到需要提供或扩大与优先技术有关的财政支持，普遍提到的其他促进因素包括：对进口的优先技术免税（56%）、创造金融产品、确定技术的机制或结构（44%）以及为技术的研究和开发提供财政支持（32%）；在解决能源部门的政策、法律和监管障碍方面，83%的国家需要制定详细的条例和新技术的标准，56%的国家还提到有必要修订现有法律以审议新技术；在解决技术障碍方面，42%的国家认为有必要建立一个与使用技术有关的数据库或清单，提到的其他技术促进因素包括需要为技术制定标准（38%）和需要为优先技术制定和实施试点或示范项目（30%）；除上述措施外，其他措施有：需要促进现有的或建立新的利益攸关方网络（68%），需要建立数据库和推进研究（40%）。

（二）适应领域优先技术发展障碍及应对措施建议

通过对 TNA 报告中各国应对气候变化技术评估分析可知（表 3–9），在适应领域所有国家都确定了下列阻碍其优先技术发展和转让的障碍：经济和金融、政策，法律和规章，体制和组织能力以及技术。经济和金融障碍范畴内，90%国家认为缺乏或不充分获得财政资源是主要障碍。在政策、法律和规章障碍方面，最常见的障碍是法律和监管框架不足（85%）。在机构和组织障碍方面，报告最多的障碍是机构能力有限（90%），而在技术壁垒方面，报告最多的障碍是制度限制（68%）；在适应领域，在跨方向基础上最常提到的措施是增加技术可用财政资源的措施，办法是在国家预算中引进或增加对该技术的拨款，或确定和制订财政计划、资金、机制或政策。

对于适应领域最优先方向的农业领域而言，各个国家确定了开发和转让其优先技术的潜在障碍，涉及环境署指南中提议的大多数障碍。查明最多的障碍是经济和财政及政策、法律和监管（96%的国家都报告了这两个障碍）。在经济、财政和政策、法律和监管障碍方面，农业领域最常见的障碍包括：缺乏或不充分获得所需技术的财政资源，法律和监管框架不足等。

对于农业领域，为了解决经济和财政及政策障碍，65%的国家建议需要创造新的金融产品、优先技术的机制或结构。50%的国家认为有必要在国家预算中为这项技术（包括研究和开发活动）设立一项津贴。其他还提到需要审查国家政策以解决市场价格竞争力问题（35%的国家）；应对法律和监管障碍而提出的措施多种多样，其中包括：建立质量控制制度和农业信贷和认证制度（27%），为优先技术制定详细的条例和标准（27%），制定政策，加强土地利用，避免农民之间的冲突（23%），审查现行监管框架，纳入农业推广服务（教育农民将相关科学研究应用于农业实践）；除上述使能技术外，农业领域其他壁垒普遍建议的应对措施包括：为合作伙伴之间的信息交流建立协调和沟通渠道（46%），增加研究和发展方案（54%）以及优先技术的研究和开发（26%）。

表 3-9　适应领域与优先技术发展障碍与应对措施

适应领域	类别	障碍概况	应对措施
整体情况	经济和金融	缺乏或不充分获得财政资源	①通过在国家预算中引入或增加拨款，或确定和制定财政计划、资金、机制或政策，增加技术可用财政资源的措施。②通过增加人力资源和设施，加强目前的有关机构，以加快技术的研究和开发。③提供能力建设和建立信息方案，以促进和发展技术方面的能力。
	政策，法律和规章	法律和监管框架不足	
	体制和组织能力	机构能力有限	
	技术壁垒	制度限制	
优先方向	农业领域	**经济和财政及政策障碍：**缺乏或不充分获得所需技术的财政资源 **法律和监管障碍：**法律和监管框架不足	**经济和财政及政策措施：**创造新的金融产品、优先技术的机制或结构（65%）。在国家预算中为农业技术（包括研究和开发活动）设立一项津贴（50%）。审查国家政策，以解决市场价格竞争力问题（35%）。**法律和监管措施：**建立质量控制制度和农业信贷和认证制度（27%），制定详细的条例和标准（27%），制定政策，加强土地利用，避免农民之间的冲突（23%），审查现行监管框架，纳入农业推广服务

（三）不同国别区域不同领域优先技术发展障碍与应对措施

通过分析不同国别区域最常见的减缓领域技术障碍可以看到（表 3–10），虽然不同国别区域存在着共同障碍，但也存在着一些特定区域的障碍，如不适当的财政激励和抑制措施、法律和监管框架不足以及市场基础设施差。拉丁美洲和加勒比地区报告了有新技术的行为者之间连接薄弱的障碍。

表 3–10　按国别区域的减缓领域技术的常见障碍

国别区域	存在障碍
非洲国家	• 不当的财务激励和反激励 • 法律和监管框架不足 • 匮乏的市场基础设施 • 信息不对称
亚太国家	• 缺乏或不能充分获得财政资源 • 资金成本高 • 法律和监管框架不足 • 匮乏的市场基础设施 • 缺乏安装和操作气候类技术的熟练人员
东欧国家	• 不当的财务激励和反激励 • 缺乏或不能充分获得财政资源 • 资金成本高 • 法律和监管框架不足 • 匮乏的市场基础设施
拉美国家及加勒比地区	• 不当的财务激励和反激励 • 支持新技术的行动者之间的联系薄弱 • 有限的机构能力 • 缺乏安装和操作气候类技术的熟练人员 • 信息不对称

在适应方面（表 3–11），四个区域中缔约方报告普遍认为，缺乏或不充分获得财政资源和信息障碍是三个区域存在的，拉丁美洲和加勒比国家报告了与传统和习俗有关的障碍，东欧国家确定了与优先技术的高生产成本和技术的财务可行性有关的障碍。

表 3–11　按国别区域的适应领域技术的常见障碍

国别区域	存在障碍
非洲国家	• 缺乏或不能充分获得财政资源 • 匮乏的市场基础设施 • 获取技术受限 • 有限的机构能力 • 信息不对称
亚太国家	• 缺乏或不能充分获得财政资源 • 有限的机构能力 • 信息不对称
东欧国家	• 资金成本高 • 经济可行性低 • 获取技术受限 • 法律和监管框架不足 • 信息不对称
拉美国家及加勒比地区	• 缺乏或不能充分获得财政资源 • 法律和监管框架不足 • 文化习俗影响 • 信息不对称

（四）不同领域的优先技术发展障碍及应对措施的时间变化

对 2009 年和 2013 年不同领域优先技术发展障碍与措施对比发现，随着时间的推移，优先技术开发和转让的障碍略有改变，在 2013 年最常见的减缓领域障碍是经济和金融障碍以及技术障碍，其次是政策、法律和监管障碍以及信息和意识障碍。最常见的适应领域障碍是经济和金融障碍、政策、法律和监管障碍、缺乏体制和组织能力以及技术障碍。而在 2009 年最常见的减缓和适应障碍是经济和市场障碍，其次是与人的能力有关的障碍，以及信息和认知障碍。

各个国家为克服阻碍其优先技术开发和转让的障碍而确定的应对措施略有变化。在 2013 年，为克服与所报告的减缓领域技术有关的已查明障碍，最普遍确定的应对措施包括：为实施和使用相关技术提供或扩大财政奖励，制定或更新与技术有关的条例、政策和标准。而最常见的与适应领域有关的应对措施包括：增加可用于技术的财政资源和加强现有的相关机构，增加人力资源和设施。在 2009 年时，TNA 指出了解决技术转让障碍的应对措施，其中包括：改善经济状况，获得资金和资金来源，采取市场稳定措施，使价格合理化和取消不合理的补贴等。

四、优先领域、优先技术及应对措施建议

（一）减缓领域

1. 优先领域建议

首先在优先领域方面可以看出，三次的统计数据中能源领域都为最重要的领域，能源领域应该成为国家在未来几年投资和规划中着重考虑的领域，能源领域应主要考虑能源节约，能源利用效率、可再生能源的利用等方面，减少化石燃料能源的利用，发展新能源。

其次，农林领域虽然占比较能源领域低，但相比其他领域依旧占有绝对优势，农林业向来是中国经济发展的重要基石，要毫不动摇地巩固和发展农林领域。农林领域目前可综合考虑湖、田、农、林、草的体系搭配，建设综合性生态农场，改变单一的种植模式为系统化、生态化的培育模式。

由于国家生态文明建设的需求，"绿水青山就是金山银山"，国家的发展不能不计环境恶化的代价，因此，我们要注重废弃物处理的领域，在治理好环境的同时，注重工业、生活等领域的废弃物处理工作。废弃物处理不能采取传统的填埋模式，应利用新型技术，变废为宝。充分利用废弃物资源，例如可作为用于发电、堆肥、建筑等领域的原材料等；与此同时，国家应大力支持废弃物的分类，各级政府应出台相关的法律法规，切实落实垃圾分类。

中国是一个工业大国，工业发展是国家经济的稳定剂，我们要时刻认识到我们的工业水平特别是工业设计方面与部分发达国家还存在较大差距，虽然在前三次的数据统计中，工业领域并未受到重视，但是，一个国家富强来源于其坚实的工业体系与雄厚的工业基础，我们要在未来的发展中增加对工业的投资力度，提升工业设计水平，加大高校相关领域的科研投入；同时，应该做好高校科研与企业落实的衔接工作，不要将成果局限于理论层面。

2. 优先技术的建议

首先，在优先技术方面，能源领域在三次统计中都将可再生能源技术作为最重要的技术，甚至在 2013 年还将在原来的基础上进一步划分，可再生能源相比于传统的化石能源，具备可再生、清洁等优点，也是国家在应对化石能源逐渐枯竭的应对之策，国家应毫不动摇地鼓励并大力发展可再生能源技术，给一些可再生能源技术公司提供一定的政策上的便利，引进其他国家先进的可再生能源技术。

其次，在工业领域应加大对于工业能效技术的研究，提高能源的利用率，减少资源的浪费，不断升级更新相关产业链的设备；在交通领域加大对公共交通技术的研究，在提升人们出行便利的同时，设计制造可再生能源车辆，如加大对电动汽车的投资力度；开放相关政策，招商引资一批优秀的新型能源汽车企业，如上海特斯拉超级工厂就是一个优秀的例子，在引进了先进技术的同时，为国内提供了大量就业岗位，也带动了经济的发展。

最后，农林领域注重林业技术的研究，改变传统林业以木材产量为目的的培育初衷，依据林业建设相关科学研究，建设林业生态工程，将林业生产与森林康养、旅游、医疗、保护区建设进行特色的区域划分和有机结合。

（二）适应领域

1. 优先领域的建议

首先，三次的数据统计中，农业领域在适应领域中也占有绝对的优势，可见多数国家对于农业领域的重视，在该领域中，当前的重点应该放在对于科学的农业栽培技术的普及上，传统的农业技术有浪费土地资源、污染环境、化肥使用过度、可重复利用率低等缺点，新型农业的栽培技术能依据科学，使用尽量少的肥料，既不污染环境，又能增加产量。对于新型栽培技术的推广不失为一种方法。

其次，水资源领域也是国家在适应领域尤为重视的领域之一，中国是一个严重缺水的国家，水资源的保障关系着国计民生，在该领域，我们要尤为重视水资源的污染问题，建立更为严格的标准，加大水资源污染的惩治力度；合理地限制一些水资源污染严重的企业的生产，不能以污染水资源为代价来换取经济的增长；除此之外，在社会上提倡节约水资源，提升社会整体的节水意识；大力发展海水淡化技术，合理利用海水资源。

在卫生健康领域要重视先进的医疗技术和医药的开发研究。在自然疾病领域应加大严格的管控，打击野味市场，杜绝野生动物挟带病毒对人类社会造成恶性的病毒传播；国家出台相关政策，提倡定期体检关注身体健康；出台老幼群体的医疗照顾政策等。

2. 优先技术的建议

首先，农林领域最优先的技术为作物管理技术。作物管理技术是一个包括选种、选地、栽培、培育、施肥、储存等方面都要考虑的系列技术，选种要选择适宜当地气候环境生长的优质种；栽培技术要合理适宜；培育和施肥不能破坏该地区的环境；同时还要积极培育新的作物品种，增加作物产量，保证国家粮食安全。

其次，在海岸带管理领域主要是应对海平面上升问题，随着全球气温上升，冰川融化造成的海平面上升日益严重；传统的硬结构如防洪堤硬化、丁坝等设施的建设往往存在弊端，应提倡生态护岸带、建设生态型防洪植物带。生态防洪植物护岸带有利于蓄水保土、净化水质，使水域与土地构成一个系统，不会破坏生态系统的整体性。

水资源领域最为重要的技术是雨水收集技术，集水技术是近些年国家十分重视的技术，我们要加大生态海绵城市建设，合理收集利用城市雨水，打造城市雨水收集利用系统，合理利用雨水资源。

小　结

本章选择 APEC 经济体、欧盟、拉美联盟等作为研究对象，就典型经济体应对气候变化多边科技合作现状进行了分析与总结。

虽然 APEC 各成员的经济发展和治理模式存在差异但 APEC 经济体积极推动应对气候变化国际科技合作。在应对气候变化上，APEC 经济体成员加强气候变化议题设置和讨论，成立专业机构、开展科技合作项目和举办气候变化研讨会等。尽管美国政府宣布退出《巴黎协定》，但短期内不会影响 APEC 经济体应对全球气候变化整体走向和行动计划的实施。

拉美联盟在双、多边框架下，持续推动气候变化国际科技合作。拉美大部分国家在应对气候变化方面持积极的态度，提交了国家自主贡献减排目标，采取了一系列政策与措施，制定了节能减排的中长期目标等措施和行动计划，努力参与到应对气候变化的国际科技合作中来。然而，拉美联盟在应对全球气候变化政策落实上面临着来自大自然、政治、经济、社会发展的多重挑战，包括极端天气、财富分配不平等、基础设施薄弱、社会变革和政治腐败等诸多问题。在国际合作上，拉美国家与欧盟、中国和美国开展了广泛的合作，但由于拉美国家地区发展不平衡、气候治理观念存在的差别，拉美国家在应对气候变化国际合作方面存在较大差异。墨西哥、智利等发展较快的国家在应对气候变化技术研发上具有比较优势，在拉美联盟气候变化国际科技合作中处于主导地位，并积极加强对其他国家气候变化国际援助。

欧盟推出《欧洲绿色新政》，提出实现零碳社会的目标和科研举措；通过欧盟碳排放交易体系减排并筹措资金，旨在驱动面向市场的清洁创新技术，致力于为产业部门开发新一代低碳技术提供资助，支持其培育先发优势；加大对气候变化领域研发与创新项目的投入；聚焦新技术、可持续的解决方案和颠覆性创新。在国际合作上，欧盟参与《联合国气候变化框架公约》等多边组织和论坛，推动与其他国家和地区有关气候变化的对话与合作，为发展中国家应对气候变化行动提供资金支持。

联合国环境署通过气候技术中心和网络（CTCN）及联合国减少发展中国家毁林和森林退化所致排放量的合作计划（UN-REDD）帮助各国应对气候变化。CTCN 按照各国需要提供技术解决方案，能力建设方法、法律和监管构架建议；促进气候变化领域技术的转让；通过 CTCN 由学术界、私营部门以及公共研究机构组成的专家网络，促进气候技术利益攸关方之间的合作，消除技术转移和转让的障碍，为减少温室气体排放，提高区域创新能力和增加气候技术项目投资创造有利环境。

参考文献

陈海蒿："拉丁美洲国家应对气候变化法律与政策分析"，《阅江学刊》，2013 年。

江学时："'一带一路'延伸推动中拉合作进入新阶段"，《当代世界》，2019 年。

刘晨阳："APEC 气候变化合作与中国的策略选择"，《生态经济》，2010 年第 2 期。

莫晓芳："APEC 的制度化发展及其必要性探析"，《商业研究》，2004 年第 10 期。

孙洪波："气候变化对拉美的影响：基于安全角度的评估"，《拉丁美洲研究》，2012 年。

吴国平："应对气候变化：拉美和加勒比国家的挑战和选择"，《气候与环境》，2010 年。

吴国平："90 年代初以来外资流入的变化对拉美经济的影响"，《拉丁美洲研究》，1994 年。

张彬、余振："APEC 经济技术合作的运行与特点分析"，《南开经济研究》，2004 年。

Adrián, G. Rodríguez *et al.* 2017 Building cooperation agendas from policy dialogue on agriculture and climate change in Latin America and the Caribbean. *Climate and Development*, Vol. 9, No. 6, pp. 571～574.

Alicia, B., Mario, C. and Joseluis, S. *et al.* 2018. Climate change in central America: potential impacts and public policy options. *United Nations Publication.*

APEC Secretariat, APEC Policy Support Unit. APEC in Charts 2018[R]. 2018.

APEC. 1997 leaders' declaration[EB/ OL]. （1997-11-21）. https://www.apec.org/Meeting-Papers/Leaders-Declarations/1997/1997_aelm.

APEC. 2005 leaders' declaration[EB/ OL]. （2005-11-15）. https://www.apec.org/Meeting-Papers/Leaders-Declarations/2005/2005_aelm.

APEC. 2006 leaders' declaration[EB/ OL]. （2006-11-15）. https://www.apec.org/Meeting-Papers/Leaders-Declarations/2006/2006_aelm.

APEC. 2007 leaders' declaration[EB/ OL]. （2007-09-05）. https://www.apec.org/Meeting-Papers/Leaders-Declarations/2007/2007_aelm.

APEC. 2008 leaders' declaration[EB/ OL]. （2008-11-19）. https://www.apec.org/Meeting-Papers/Leaders-Declarations/2008/2008_aelm.

APEC. 2009 leaders' declaration[EB/ OL]. （2009-11-11）. https://www.apec.org/Meeting-Papers/Leaders-Declarations/2009/2009_aelm.

APEC. 2010 leaders' declaration[EB/ OL]. （2010-11-10）. https://www.apec.org/Meeting-Papers/Leaders-Declarations/2010/2010_aelm.

APEC. 2014 leaders' declaration[EB/ OL]. （2014-11-08）. https://www.apec.org/Meeting-Papers/Leaders-Declarations/2014/2014_aelm.

APEC. 2016 leaders' declaration[EB/ OL]. （2016-11-18）. https://www.apec.org/Meeting-Papers/Leaders-Declarations/2016/2016_aelm.

APEC. 2017 leaders' declaration[EB/ OL]. （2017-11-10）. https://www.apec.org/Meeting-Papers/Leaders-Declarations/2017/2017_aelm.

Audefroy, J. F. 2016. Climate change adaptation strategies in Mexico. *Proceedings of the 3rd International Conference on Environmental and Economic Impact on Sustainable Development* （EID 2016）.

Global Carbon Budget. Global carbon project. 2018. *Carbon budget.*

Mariño, M. *et al.* 2018. Posibilidades de captura y almacenamiento geológico de CO$_2$ （CCS）en Colombia-caso Tauramena（Casanare）. *Boletin de Geología*, Vol. 40, No. 1, pp109-122.

Takahashi B. *et al.* 2015. Exploring the Use of Online Platforms for Climate Change Policy and Public Engagement by NGOs in Latin America, *Environmental Communication*, Vol. 9, No. 2, pp. 228-247.

UNFCCC Secretariat. Synthesis Report on Technology Needs Identified by Parties Not Included in Annex Ⅰ to the Convention. 2006. Bonn: UNFCCC.

UNFCCC Secretariat. Second Synthesis Report on Technology Needs Identified by Parties Not Included in Annex Ⅰ to the Convention. 2009. Bonn: UNFCCC.

UNFCCC Secretariat. Third Synthesis Report on Technology Needs Identified by Parties Not Included in Annex Ⅰ to the Convention. 2013. Bonn: UNFCCC.

第四章　中国应对气候变化国际科技合作

近年来，中国积极参与全球应对气候变化国际合作，不断加强气候变化相关领域的研发活动，推动气候变化领域的国际科技合作，包括开展国际联合研究、气候变化领域科技援助，积极参与气候变化领域多边科技合作等，取得了积极的成效，得到了国际社会的一致认可和好评。本章将重点从国际联合研究、科技援助和多边科技合作三个方面，对中国应对气候变化的国际科技合作进行介绍，并选择典型的案例进行重点分析。

第一节　中国应对气候变化国际联合研究

近年来，中国积极加强与世界各国气候变化领域联合研究，中国气候变化国际科技合作的规模和水平得到了明显提升，中国的气候变化全球治理能力快速提升。本节将从国际联合发表论文、国际合作项目的角度，对中国应对气候变化国际联合研究进行量化分析，说明中国应对气候变化国际科技合作现有水平与特点。

一、中国应对气候变化的科技论文联合发表情况

本报告采用 WEB OF SCIENCE 数据库，通过搜索关键词检索式：
（TS=climat* AND CU=CHINA） AND 文献类型：Article；时间跨度：2010～
2018. 检索日期：2019 年 3 月 6 日；检索结果：37672。经过数据处理后，发
现有 471 篇论文非国际合作论文，18704 篇论文属于国内合作，国际合作论
文数为 18497 篇。在此基础上，对以上 18497 篇国际合作论文进行如下的统
计分析。

（一）气候变化领域国际联合发表总体概述

如图 4-1 所示，2010～2018 年，中国气候变化领域国际论文发表数量呈
现快速增长，其中 2018 年中国气候变化领域国际论文数量达 7813 篇，年增
长率为 23%，是 2010 年约 7 倍，说明中国在气候变化领域的科研水平在逐步
提升。在国际联合发表论文上，中国气候变化领域国际联合发表论文也呈现
快速增长态势，年均增长率保持在 15%以上。具体来看，2018 年中国在气候

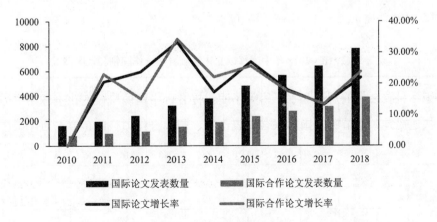

图 4-1 2010～2018 年中国应对气候变化国际联合发表论文情况

资料来源：Web of Science 数据库。

变化领域国际联合发表论文数量为3887篇，是2010年的约5倍，同时与2017年相比合作规模上升了21.96%。中国在气候变化领域国际联合发表论文数量的逐年增加，反映出中国在气候变化领域国际科研合作快速上升，越来越多的国内科学家通过开展国际合作来共同研究和解决气候变化问题。

（二）中国应对气候变化国际联合发表的国别和地区分析

从合作国别来看，中国在气候变化领域国际合作的伙伴主要仍以发达国家为主，包括美国、澳大利亚、德国、英国、加拿大、日本、法国等。美国是中国气候变化领域国际联合发表论文最多的国家，2010～2018年国际联合发表论文规模为9282篇，其次为澳大利亚和德国，分别为2 286和2 039篇。在亚洲，日本、中国台湾、韩国、印度、巴基斯坦是中国在气候变化领域国际合作规模较大的国家和地区，其中日本是中国在亚洲国家中第一大伙伴国，2010～2018年共合作论文1 182篇，位列中国在气候变化领域国际合作的第六位；中国台湾是中国大陆科学家在气候变化领域国际合作亚洲第二大地区，2010～2018年合作论文数量为473篇；韩国为第三，合作数量为447。此外，中国在气候变化领域科研合作的国家还包括俄罗斯、尼泊尔、沙特阿拉伯等国家，且均属于"一带一路"沿线国家。

表4-1　2010～2018年中国气候变化领域科研合作国别和地区情况

国别	2010	2011	2012	2013	2014	2015	2016	2017	2018	合计
美国	421	522	546	778	975	1227	1407	1591	1815	9 282
澳大利亚	58	93	124	198	222	290	356	428	517	2 286
德国	91	98	142	160	231	243	316	357	401	2 039
英国	82	92	116	185	187	233	249	339	459	1 942
加拿大	57	88	99	151	176	193	244	277	374	1 659
日本	64	71	68	116	135	126	158	206	238	1 182
法国	50	50	53	85	108	130	181	198	237	1 092

续表

国别	2010	2011	2012	2013	2014	2015	2016	2017	2018	合计
荷兰	32	43	63	52	98	101	113	145	163	810
瑞典	15	30	39	51	60	104	92	114	138	643
瑞士	21	20	32	59	61	83	85	109	117	587
丹麦	13	24	31	45	62	64	95	91	103	528
挪威	29	23	31	50	54	70	55	80	129	521
意大利	19	21	29	31	56	63	77	88	109	493
中国台湾	19	29	37	48	43	62	68	83	84	473
西班牙	17	12	25	28	37	52	66	91	125	453
韩国	22	24	18	32	55	60	60	80	96	447
芬兰	11	22	25	34	49	69	67	70	79	426
奥地利	12	19	23	25	54	46	60	72	76	387
比利时	13	15	11	24	31	53	44	77	69	337
俄罗斯	11	11	17	19	36	48	49	62	77	330
印度	9	10	21	26	31	45	42	55	55	294
新西兰	7	16	23	27	36	31	44	38	68	290
巴基斯坦	3	7	6	11	15	30	44	65	104	285
巴西	5	11	12	14	21	27	35	52	56	233
新加坡	7	8	15	16	21	26	34	34	54	215
南非	5	8	7	15	13	28	28	35	30	169
爱尔兰	4	9	9	12	14	19	34	31	28	160
肯尼亚	4	5	8	9	17	14	23	27	29	136
尼泊尔	1	4	7	13	19	13	15	32	23	127
沙特阿拉伯	0	0	3	11	17	17	17	23	34	122
马来西亚	3	6	6	9	9	11	17	27	33	121
泰国	4	9	5	7	11	15	28	12	27	118
墨西哥	3	6	6	6	11	15	14	18	31	110
波兰	5	4	4	8	16	12	13	21	26	109
阿根廷	5	3	5	10	11	17	22	22	12	107

资料来源：Web of Science 数据库。

（三）中国气候变化国际联合研究的主要领域

在合作领域上，气象科学、环境科学和地球科学有关交叉学科是中国气候变化国际联合发表论文主要集中的领域，2010～2018 年中国共在上述三个领域联合发表国际论文 4 048 篇、3 821 篇和 3 324 篇，是中国在气候变化领域国际联合研究排名前三大领域。此外，生态、地理、水资源、交叉科学也是中国在气候变化领域国际联合研究的主要领域，2010～2018 年联合发表论文数量均超过 1 000 篇，分别为 1 563 篇、1 542 篇、1 507 篇和 1 392 篇。此外，中国在植物科学、遥感、土木工程、农学、海洋学、绿色可持续增长、生物多样性保护等领域也积极与国外科学家、科研人员合作，但与之前 7 个领域相比，规模相对偏低，2010～2018 年论文合作数量均不到 1 000 篇，如植物科学 713 篇、森林学 574 篇、土壤科学 505 篇。

表 4-2 中国气候变化领域联合发表论文排名前 20 的领域

序号	WC 研究方向	论文数量
1	Meteorology & Atmospheric Sciences	4 048
2	Environmental Sciences	3 821
3	Geosciences, Multidisciplinary	3 324
4	Ecology	1 563
5	Geography, Physical	1 542
6	Water Resources	1 507
7	Multidisciplinary Sciences	1 392
8	Engineering, Civil	713
9	Plant Sciences	713
10	Remote Sensing	688
11	Environmental Studies	681
12	Engineering, Environmental	610
13	Agronomy	582

续表

序号	WC 研究方向	论文数量
14	Forestry	574
15	Energy & Fuels	571
16	Geochemistry & Geophysics	519
17	Soil Science	505
18	Oceanography	468
19	Green & Sustainable Science & Technology	461
20	Biodiversity Conservation	459

资料来源：Web of Science 数据库。

二、中国应对气候变化领域的国际项目合作

国际合作项目是开展国际联合研究的重要方式，一定程度上反映了国家间在特定领域国际科技合作的水平与层次。为此，基于科技部国际科技合作项目数据库，通过对合作项目规模、合作国家、合作领域等方面进行分析，对中国应对气候变化项目合作情况进行统计分析。

（一）合作项目趋势

如图 4-2 所示，2011～2017 年中国在气候变化领域国际合作项目数量呈现波动，2011 年中国共支持国际合作联合研究项目 90 项，当年项目总经费数量达 28 523 万元。然而，2012 年，中国在气候变化领域国际科技合作项目数量出现了明显下降，当年资助项目数量为 64 项，资助总经费数量为 19 329 万元。随后，2013～2016 年，中国在气候变化领域国际科技合作项目数量出现了快速的增加，2016 年中国共资助气候变化领域国际科技合作项目数量高达 91 项，为近年来最大规模，且总经费数量也上升至 8 1810 万元，这反映出中国政府对气候变化领域国际科技合作重视程度越来越高。2017 年，受特

朗普执政影响，当年中国与美国在气候变化领域无项目合作，造成了当年中国气候变化领域国际合作项目数量下降至 75 项，总经费规模下降至 40 381 万元。

在经费投入强度上，本报告用当年总经费规模除以项目数量来代表经费投入强度。从经费投入强度看，中国在气候变化领域国际科技合作项目投入经费强度在 2011～2015 年总体保持平稳，且有略微降低的趋势。2016 年，中国对气候变化国际科技合作领域的项目投入经费强度出现了跳跃式增长，当年经费投入强度达 899.01 万元。尽管 2017 年中国在气候变化领域国际合作项目数量出现了下滑，但项目经费投入强度仍然高于 2016 年之前，项目经费投入强度高达 588.41 万元。

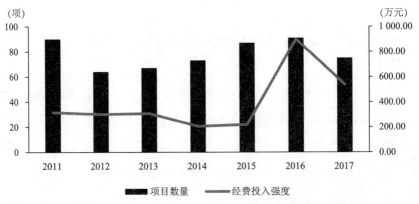

图 4-2　2011～2017 年中国气候变化领域国际合作项目
资料来源：科技部国际科技合作项目数据。

（二）国际合作项目的国别结构分析

由于 2016～2017 年中国在气候变化领域国际科技合作项目数量和经费投入强度均出现了大幅上升，且考虑到本次评估报告内容的及时性，故选择 2016～2017 年科技部政府间国际科技创新合作重点专项数据作为研究对象，采用经费投入强度来分析中国在气候变化领域的项目合作的国别结构。

从国别结构上看，中国在气候变化领域国际科技合作伙伴国主要以美国、英国、荷兰等发达国家为主，其中美国依然是中国气候变化国际合作排名第一位的国家。2016～2017年，与美国项目经费投入强度高达1786.54万元，其次为第四代核能系统国际论坛-GIF，项目经费投入强度为997.27万元，排名第二，属于多边国际组织范畴，此外，中国与英国、澳大利亚、荷兰、丹麦、韩国、欧盟和日本等在气候变化国际合作上经费投入强度也较大，例如2016～2017年，中国与英国在气候变化国际合作上经费投入强度为876.18万元，与澳大利亚为761.45万元，与荷兰为759.95万元。同时，中国也积极加强与发展中国家合作，包括斯洛伐克、塞尔维亚、埃及、印尼、泰国、蒙古等，其中印尼是中国在发展中国家中气候变化领域国际合作上经费投入强度最多的国家，为488万元。

（三）中国气候变化国际合作的主要领域

在合作领域上，材料科学、环境科学和化学工程是中国气候变化领域国际合作经费投入强度最大的三个领域，投入强度分别为597.80万元、586.63万元和545.60万元。能源和地球科学领域项目经费投入强度相似，投入强度分别为400.21万元和395.47万元。此外，中国在信息技术、交通科学、农学等领域均有投入，但投入强度相对不高，其中工程技术投入强度最低，仅为83.27万元。

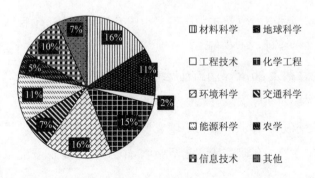

图4-3　2016～2017年中国气候变化国际合作在各领域经费投入强度

资料来源：科技部国际科技合作项目数据。

第二节　中国应对气候变化科技援助

一、中国应对气候变化科技援助现状

　　发展中国家技术培训班项目是中国在科学技术领域对发展中国家开展技术管理培训的重要渠道。该培训项目积极落实领导人承诺，坚持从国家利益、国家战略出发，每年公开对社会高校、科研机构、企业等进行征集，紧密围绕科技援外的整体部署，以增强发展中国家科技促进经济社会发展的能力为目标，促进中国与发展中国家的科技合作与人才交流，培养中高端专业技术人才，传授先进适用技术，促进发展中国家的科技水平提高、科研能力建设和产业技术进步。本部分将基于2006～2018年科技部发展中国家技术培训班项目有关数据，选择与气候变化有关的技术领域进行分析，这些领域包括防灾减灾、废弃物利用、工业节能减排、能源、水资源等，重点就中国对发展中国家、最不发达国家应对气候变化技术援助情况进行分析。

（一）中国应对气候变化的技术援助概况

　　本部分从2006～2018年中国发展中国家技术培训班项目数量、承办主体、技术援助经费规模来分析中国在气候变化领域技术援助的总体情况。在培训班数量上，截至2018年中国发展中国家技术培训班项目在气候变化领域举办培训班次数为208次，且总体保持增长态势（图4-4所示）。

　　在培训班承办主体上，参与中国发展中国家技术培训班项目中方承办单位主要集中在高校、科研院所，截至2018年共有17家来自北京、宁夏、甘肃、新疆、福建、广西、广东、内蒙古等地区的高校和科研院所在气候变化领域申请和承办发展中国家技术培训班项目，如甘肃省水利科学研究院、自然

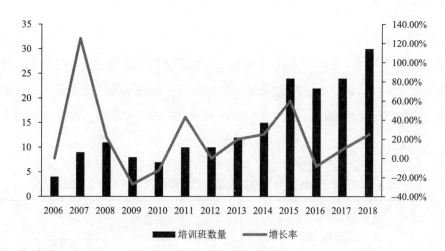

图 4-4 2006～2018 年气候变化领域发展中国家技术培训班数量

数据来源：科技部发展中国家技术培训班项目

资源部第四海洋研究所、中国科学院、清华大学等，这在推动中国与"一带一路"沿线国家气候变化科技援助上发挥了重要的作用。此外，4 家企业也积极参与到应对气候变化技术援助上，如中国皮革制鞋研究所有限公司、武汉新能源研究有限公司、内蒙古希迪科技发展有限公司、国家电投集团远达环保工程有限公司。

（二）中国应对气候变化的技术援助领域

目前，中国发展中国家技术培训班项目在气候变化领域的技术援助主要集中在防灾减灾、废弃物利用、工业节能减排、能源、农业、水资源、卫生健康和资源环境等十大领域。从技术援助经费规模来看，在气候变化一级领域，发展中国家技术培训班项目主要以能源和农业为主，技术援助经费占比分别为36.83%和33.79%；其次为水资源和卫生健康，技术援助经费占比分别为8.49%和9.44%。中国在林业和防灾减灾中有关应对气候变化技术援助经费规模较低，经费规模占比均未超过1%，以抗旱技术和经济林、能源林管理为主。

在二级领域上，能源领域主要以新能源和可再生能源技术援助为主，经费占比32.81%；农业领域主要以改进水稻种植技术、牲畜及粪便管理和高产抗逆品种技术为主，经费占比分别为 8.00%和 5.99%；水资源领域主要以蓄水和保护技术为主，经费占比 5.66%；卫生健康领域以热带病防治为主，经费占比 9.44%。此外，在工业节能减排方面，中国技术援助集中在化工领域和钢铁领域，经费占比分别为 1.69%和 1.70%；在资源环境方面，中国技术援助集中在环境监测技术，经费占比 2.22%。

表 4-3 2006～2018 年发展中国家培训班气候变化领域经费支持规模

序号	一级领域	一级领域占比	二级领域	二级领域占比
1	防灾减灾	0.56%	抗旱技术	0.56%
2	废弃物利用	1.42%	废弃物焚烧	1.42%
3	工业节能减排	4.57%	改良型和替代型生产性技术	0.76%
			钢铁领域节能减排技术	1.70%
			化工领域节能减排技术	1.69%
			制造业领域节能减排技术	0.42%
4	建筑节能减排	1.25%	节能建筑设计	1.25%
5	林业	0.59%	经济林及能源林管理	0.59%
6	能源	36.83%	传统能源的清洁开发利用	4.01%
			新能源与可再生能源	32.81%
7	农业	33.79%	改进水稻种植技术、牲畜及粪便管理	8.00%
			高产抗逆品种	5.99%
			环保肥料及科学施肥技术	0.63%
			秸秆等农业废弃物利用	1.14%
			节水旱作农业	2.43%
			农药科学使用技术、病虫害防治	1.66%
			农业防灾减灾	3.89%
			农业机械	2.78%
			气候变暖导致家畜疾病的防治	3.36%
			水土保持技术	3.91%

续表

序号	一级领域	一级领域占比	二级领域	二级领域占比
8	水资源	8.49%	海水淡化技术	1.27%
			荒漠化治理技术	1.56%
			蓄水和保护技术	5.66%
9	卫生健康	9.44%	热带病防治	9.44%
10	资源环境	3.06%	海洋环境的监测和预警	0.84%
			环境监测技术	2.22%

数据来源：科技部发展中国家技术培训班项目

（三）中国应对气候变化领域援助的国别结构

在国别结构上，中国气候变化领域发展中国家培训班项目的学员主要来自于小岛屿国联盟、拉美联盟和基础四国。其中，基础四国是中国气候变化领域培训班成员人数最多的国家，2006~2018 年印度学员总数 71 人次，巴西 17 人次，南非 12 人次，是学员人数排名前三位的国家。小岛屿国联盟主要以巴布亚新几内亚为主，学员人数 9 人。拉美联盟中哥伦比亚是气候变化领域技术培训参与学员最多的国家，学员人数达 11 人。2018 年气候变化领域参与科技部发展中国家培训班学员 430 人，占培训总学员 29%。主要来自于亚洲、非洲及中东欧国家。2019 年蒙古学员总数 51 人，伊朗 37 人次，巴基斯坦 25 人，是学员人数排名前三位的国家。

（四）中国应对气候变化的技术援助人才交流与合作

2006~2018 年，中国在气候变化领域发展中国家培训班项目参与学员中，来自基础四国、欧盟、小岛屿国联盟和拉美联盟学员数量总体保持正增长，2006 年参与学员人数仅为 7 人次，但 2016 年该人数已增加至 26 人次。在主要领域方面，能源和农业是中国气候变化领域技术援助参与学员最多的两个领域，其中能源领域 469 人次，农业领域 111 人次，新能源和可再生能技术领域是能源领域参与学员人数最多的领域；改进水稻种植技术、牲畜及粪便管理领域是农业领域参与学员人数最多的领域，且参与学员国别结构多元化，说明在能源和农业中与气候变化有关领域发展中国家存在着普遍需求，希望通过参与中国技术援外培训等活动提升它们在该领域的技术能力，共同应对气候变化所带来的问题与风险。此外，在工业节能减排和卫生健康领域参与学员相对较多，学员人数分别为 17 人次和 11 人次，主要来自于南非、印度和阿根廷。2018 年，在污染防控、辐射安全防护领域培训学员 63 人；荒漠化防治、沙漠治沙领域参与学员也相对较多，学员人数有 55 人。

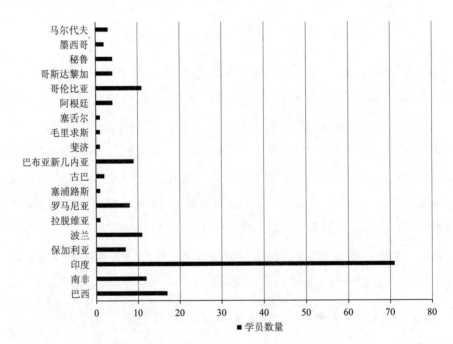

图 4-5 2006～2018 年气候变化领域发展中国家技术培训班学员国别结构

数据来源：科技部发展中国家技术培训班项目。

二、中国应对气候变化科技援助典型案例

本部分将在以上分析的基础上，筛选并总结应对气候变化技术援助的典型案例与成效，进一步支持中国对南南国家应对气候变化技术援助的发展成效。

（一）太阳能和风能应用技术国际培训班

案例 1：太阳能光伏新能源民用化技术产品在南亚"一带一路"重点国家示范和转移转化项目。2015 年巴基斯坦农业研究理事会的代表萨利姆·穆罕默德（Saleem Muhammad）来甘肃自然能源研究所培训交流，并代表单位与我所达成合作意向，合作得到甘肃省科技厅立项支持并列入 2018 年度甘肃省重大专项计划项目"太阳能光伏新能源民用化技术产品在南亚'一带一路'重点国家示范和转移转化"，该项目重点开展新产品研发、针对巴基斯坦当地的具体情况对产品的适用性进行改进及示范和转移转化，目前项目正在实施中。

案例 2：促进中约能源合作："一带一路"战略助推"中国制造"。2018 年甘肃自然能源研究所承办的约旦可再生能源利用与发展培训班获得约旦能源矿产资源部与中国驻约旦大使馆的好评。2019 年 1 月，约旦方面就此次培训班专门举办了一次答谢会，中国驻约旦大使馆潘伟芳大使与约旦能矿部大臣海拉扎瓦提以及十多名培训学员参加并进行了工作会谈，约方对培训班给予了高度评价，并希冀以后能就太阳能路灯以及其他太阳能产品与我所开展深度合作，我所也已建议甘肃省政府支持我所及有关新能源企业走入约旦，深入地参与到中约能源合作中去。

案例 3：中泰太阳能技术合作与交流。2010 年 7 月泰国国王科技大学教授詹塔纳·昆科纳拉特（Janthana Kunchornrat） 参加了甘肃自然能源研究所

承办的"国际太阳能应用技术培训班"，她表示回国后会组织相关部门，期望能邀请能源所专家到泰国为更多的学员进行培训，并帮她们解决更多的实际问题。2011 年 2 月 14 日至 21 日，时任联合国工业发展组织国际太阳能技术促进转让中心主任/甘肃自然能源研究所所长喜文华教授及副所长李世民研究员应泰国国王科技大学的邀请，前往泰国进行了为期一周的讲学、访问考察。

（二）雨水集蓄利用技术国际培训班

该培训班由甘肃省水利科学研究院承办。2011～2014 年，该研究院与联合国环境规划署、肯尼亚、乌干达等 11 个国家和组织合作，开展了"非洲典型国家和流域水资源规划合作研究"，全面系统地完成了尼罗河、坦噶尼喀湖流域和流域内乌干达国家水资源开发利用规划与水资源调查遥感数据库建设，提出了非洲水资源投资战略建议等成果，对未来尼罗河、坦噶尼喀湖流实现流域内水资源安全、生态环境安全与国家粮食安全以及水资源可持续利用和管理具有重要的指导作用，提供规划意见，是最终实现以确保流域水资源的可持续利用支撑经济社会的可持续发展的重要理论依据。

2015～2020 年，甘肃省水利科学研究院与柬埔寨农业部、柬埔寨技术学院、柬埔寨皇家农业大学合作，实施《中国（甘肃）-柬埔寨水资源开发利用技术联合研究与示范》等 3 个项目，在水资源综合管理、节水灌溉、雨水利用等水资源开发利用领域开展持续合作，为解决制约柬埔寨农业发展的水资源问题分享中国经验，提供中国智慧和方案，发挥科技在"一带一路"倡议中的先导作用。

（三）中亚区域地质矿产资源开发技术国际培训班

该培训班由新疆自然资源与生态环境研究中心承办。该研究中心分别与俄罗斯科学院乌拉尔分院自然资源运用与地球生态研究中心签订协议共同建立了"中俄国际矿业技术转移中心"联合申报政府间合作项目。与乌兹别克斯坦与塔吉克斯坦合作建设乌兹别克斯坦纳沃伊州技术转移中心。与塔吉克斯坦科学院地质研究所建设中塔地质科技合作工作站。通过培训班这个平台与俄罗斯科学院乌拉尔分院经济研究所开展《矿业综合体理性修复基本原理》项目研究工作，并与乌兹别克斯坦地质研究所预申报了国家重点研发计划《中-乌复杂钨多金属矿绿色高效开发关键技术研究》项目；与吉尔吉斯斯坦科学院地质研究所申报了《中-吉金、钨锡绿色高效开发技术及联合实验室建设》项目；与乌兹别克斯坦地质研究所申报了《中乌复杂钨多金属矿绿色高效开发关键技术研究》项目等。

（四）工业烟气多污染协同控制技术国际培训班

该培训班由国家电投集团远达环保工程有限公司承办。远达环保工程有限公司始终坚持以"绿色科技"引领企业发展，积极践行"一带一路"倡议，通过技术援外培训，为拓展境外业务奠定了良好市场渠道基础，以切实行动，分享中国经验，助力发展中国家烟气治理行业发展，同时，带动中国标准、技术和装备"走出去"。目前，公司境外业务遍及印度、印尼、越南、巴基斯坦、土耳其、摩洛哥等多个国家或地区，代表性国际合作业绩如下：

案例1：印度嘉佳（Jhajjar）电厂2×660MW超临界燃煤机组烟气脱硫工程项目。该项目是远达承接的第一个境外大气污染治理项目，也是印度燃煤电厂首个100%烟气处理石灰石石膏湿法脱硫项目，每年可减少二氧化硫排放约2.4万吨，创造了良好的环保效益，为印度电厂二氧化硫污染排放控制提供了切实可行的解决方案示范，是中国企业在环保领域分享中国经验的良好实践，为中国环保企业在印度大气污染治理市场拓展创建了应用业绩。同时，该脱硫项目为印度政府制定二氧化硫等污染物排放标准，开展大气污染排放控制提供了参考。

案例2：印度尼西亚中爪哇（IJFB）燃煤电厂2×1000MW机组海水脱硫工程项目。该项目是远达目前正在印尼推进的与国外公司合作承接的第一个海水脱硫工程项目，也是全球首台 2×1000MW 机组海水脱硫项目。通过业主美方、总包日方、分包中方等共同合作实施，是中国环保企业在"走出去"过程中践行"共商、共建、共享"原则的真实写照。该脱硫装置建成投运，每年可减少印尼中爪哇地区二氧化硫排放 6.93 万吨，对减少大气污染、保护生态环境做出积极贡献。

案例 3：摩洛哥杰拉达（Jerada）燃煤电厂 1×350MW 机组半干法脱硫除尘一体化工程项目。该项目是远达承接的全球单塔容量最大的半干法脱硫项目。该项目大多采用中国设备，对推动中国环保装备走向非洲具有重要意义。该项目投运后，每年可减少二氧化硫排放约 2 万吨，粉尘排放约 16 万吨，创造了良好的环保效益；同时，项目实施过程中聘用摩洛哥施工队伍，为当地提供了大量就业机会，通过对员工的悉心指导和培训，为摩洛哥培养了一支脱硫除尘装置运行维护人才队伍，创造了良好的社会效益。

第三节　中国应对气候变化的多边科技合作

本节将重点对中国参与气候变化多边科技合作的总体特征进行分析，在此基础上，选择主要国际组织或国际机构，来分析中国在气候变化领域与它们的多边科技合作的情况。

一、中国参与气候变化多边科技合作的总特征

当前全球气候变化形势依然严峻，为实现本世纪末温度升高不超过 2℃的目标，需要大力推动全球经济和能源系统向低碳转型，并实现在本世纪下半叶温室气体的零排放。2015 年，《巴黎协定》将控制温度上升的目标设定在 2℃以内，并努力实现 1.5℃的目标。在此背景下，通过科技创新来实现温

室气体零排放、应对全球气候变化显得至关重要。2015 年达成的《巴黎协定》让国际科技创新合作应对全球气候变化、提升全球应对气候变化能力成为全球共识。其中《巴黎协定》技术条款的核心是，加强所有缔约方之间的气候技术合作、重申对发展中国家的技术合作行动予以支持，这为"后巴黎"有效落实技术开发与转让行动提供了明确方向和目标。巴黎会议期间，由中、美等 20 个国家作为创始国共同提出并加入的"创新使命"旨在推动各国应对气候变化技术研发活动的信息分享和合作创新①。

　　一直以来，中国都是全球气候治理的积极拥护者和参与者，从《联合国气候变化框架公约》的签订到《巴黎协定》的成功签署，中国在全球气候治理中的贡献得到了国际社会的普遍认可。一方面，中国积极调整国内产业结构，大力发展新能源、清洁能源等低碳技术，降低煤炭等二氧化碳排放量，优化国内能源消费结构。另一方面，中国政府积极参与国际有关议题的谈判，2007 年巴厘岛联合国气候变化大会、2009 年哥本哈根世界气候大会和 2015 年《巴黎协定》签署，中国均发挥了十分重要的作用。在哥本哈根会议期间，中国就已代表着广大发展中国家成为全球气候变化谈判的重要参与者，以中国为代表的"基础四国"迅速崛起，对全球气候变化谈判的走势和治理模式发挥了十分关键的作用。中国一直坚持着"共同但有区别的责任"这一基本原则，并将其落实到《巴黎协定》内容之中②。2015 年 11 月 30 日，习近平主席在巴黎气候大会开幕式上发表题为《携手构建合作共赢、公平合理的气候治理机制》的重要讲话，为全球应对气候变化重大挑战指明了方向。他指出，中国一直是全球应对气候变化事业的积极参与者。中国政府一直认真落实气候变化领域南南合作政策承诺，并于当年 9 月宣布设立规模为 200 亿元

① 涂明辉：《全球治理的中国力量—以气候治理为例》[J]. 法制与社会，2019 年 8 期。
② 蒋佳妮等：《科技合作引领气候治理的新形势与战略探索》[J]. 中国人口资源与环境，2017 年 12 期。

人民币的中国气候变化南南合作基金①。

《巴黎协定》时期，中国已经从气候治理体系的"跟随者"转变为"引领者"，不仅在自主贡献文件中提出了实际的减排目标，体现了大国责任，还协调其他大国共同推进《巴黎协定》的签署。2016 年 9 月，中国利用 G20 峰会的主场优势促成中美正式加入《巴黎协定》，极大地推进了协定的生效和实施。2018 年 12 月，卡托维兹气候变化大会完成了《巴黎协定》大部分内容实施细则的谈判，取得了有力度的成果，中国为大会取得成功做出了重要贡献，成为国际气候谈判达成的关键推动力量②。在多边科技合作上，中国积极主动参与了众多国际科技合作计划，如地球科学系统联盟框架下的世界气候研究计划、全球气候系统观测计划，并在国际核聚变实验堆计划（ITER）中扮演着十分重要的角色，以平等、全权伙伴身份参与到相关合作项目之中。与此同时，中国还主动参与气候变化多边国际合作机制，包括国际能源署（IEA）、联合国政府间气候变化专门委员会、世界气象组织（WMO）等，在全球应对气候变化多边科技合作上发挥了十分重要的作用。

二、中国应对气候变化多边科技合作的贡献

在多边科技合作上，本报告主要关注中国参与国际组织开展的多边科技合作。中国先后参与了联合国政府间气候变化专门委员会（IPCC）、国际能源署（IEA）等国际组织的科技合作项目。本报告将列举如下几个典型国家组织来反映中国近些年在应对气候变化多边科技合作的贡献。

---

① 严净：《巴黎协定》：中国参与全球治理的新起点，人民网—人民日报海外版（http://theory.people.com.cn/n1/2015/1214/c136457-27924160.html）

② 中国已成为新的全球气候治理格局中的"引领者"（https://www. sohu.com/a/289514588_808781）

（一）中国与联合国政府间气候变化专门委员会（IPCC）多边合作

中国是最早参与 IPCC 工作的国家之一，时任国家气象局局长邹竞蒙推动了 IPCC 的诞生。中国一直积极支持并参与 IPCC 报告编写工作。1988 年来，中国科学家已连续四届担任第一工作组联合主席，有 200 余名中国科学家成为 IPCC 报告的主要作者，近千位科学家参与 IPCC 评估报告编写和评审。在 IPCC 历次评估报告的编写过程中，中国科学家从未缺席，而且参与度越来越广泛深入，做出了巨大贡献。

中国科学家在 IPCC 报告中担任主要作者的人数大幅增加，中国科学家文献引用率显著增加。第一次至第五次报告参与编写的中国作者分别为 9 人、11 人、19 人、28 人、43 人，参与人数显著增加。在第五次评估报告中，中国共有 6 个气候系统模式参与了气候变化评估，近千篇论文被第五次评估报告引用。IPCC 第六次评估报告（预计 2022 年完成）参与编写的中国作者为37 位（报告总章节减少，参与国家增多）；特别报告和方法学报告入选中国作者达 60 名，居发展中国家首位。中国的参与，发出了发展中国家的声音和诉求，使 IPCC 评估报告更科学、全面、客观，为推动全球气候治理进程贡献了中国智慧。

中国还深入参与了 IPCC 的制度构建和改革，坚持从机制上保障发展中国家的参与力度，从流程上确保评估过程的透明度，先后提交了数千条中国政府和专家意见，为确保评估的科学性、全面性和客观性发挥了建设性作用。

（二）中国与国际能源署（IEA）多边合作

近年来，中国加强与国际能源署的多边科技合作，连续多年签订了《中国国家能源局——国际能源署三年合作方案》，促进能源领域的国际科技合作。2015 年 11 月，国际能源署成员国和中国、印度尼西亚、泰国在巴黎共同发表联合部长宣言，启动国际能源署联盟，中国、印度尼西亚、泰国成为首批国际能源署联盟国。为深化与国际能源署的联盟关系，国家能源局和国际能源署同意在国际能源署联盟国的框架下制定上述方案，作为 2015 年 11 月联合部长宣言的补充。未来三年，双方将主要在清洁低碳化能源政策研究、培训和能力建设等领域开展合作。2017 年，中国国家能源局和 IEA 签订了 3 年合作方案，双方的合作推动中国在可再生能源和天然气市场规划等重要改革领域中取得了突出成果，其中包括帮助中国采用碳交易方面的最佳国际方案，深化能够提高可再生能源发电占比的电力市场改革。

（三）中国与联合国环境规划署（UNEP）的多边合作

中国是目前利用联合国环境规划署（UNEP）绿色经济咨询服务的 30 多个国家之一。该一揽子支助计划包括向各国政府提供政策咨询、分类技术和能力建设，以支持其国家和区域改革和振兴经济的举措。中国与联合国环境规划署（UNEP）在应对气候变化相关领域的合作重点包括："一带一路"绿色发展国际联盟、中非环境合作中心建设、2019 年世界环境日主题活动等。2010 年 11 月国家自然科学基金委员会与联合国环境规划署（UNEP）签署了谅解备忘录，共同资助双方科学家开展合作研究，特别是与非洲和亚太地区的发展中国家合作，主要研究领域包括生态系统、气候变化、资源效率和环境治理，对每个项目的支持经费为 300 万元，实施周期 5 年。

此外，中国还与世界气象组织、国际可再生能源机构、全球环境基金等国际多边机构开展合作。例如，中国气象局和世界气象组织（WMO）在"一带一路"倡议下共同推进了区域气象合作，包括教育培训、自愿合作计划及气象援助非洲项目等，通过风云气象卫星计划正式建立了风云气象卫星国际用户防灾减灾应急保障机制。河北省政府与国际可再生能源机构（IRENA）于 2018 年签署了一项合作协议，为张家口市提供了可再生能源路线图，建立"低碳奥运区"，并计划将奥林匹克中心和奥林匹克体育场改为由可再生能源提供动力，以支持其实现 2022 年冬季奥运会低碳化。在全球环境基金（GEF）支持下，中国科学家在生物多样性、气候变化（适应和减缓）、化学品、国际水域、土地退化、可持续森林管理（减少毁林及森林退化带来的温室气体排放）、臭氧层损耗等方面开展国际联合研究，截至 2014 年，全球环境基金（GEF）向 141 个中国项目提供了约 10.62 亿美元的赠款支持，同时中国还参与了 41 个区域和全球项目。2019 年全球环境基金（GEF）重点资助领域包含支持三江并流、三江源、北部湾 3 个重点景观内减缓气候变化的项目。

小　结

中国气候变化国际科技合作工作稳步推进，合作规模不断扩大。在论文合作发表上，国际联合发表论文数量逐年上升，合作伙伴以美国、澳大利亚、德国、英国等发达国家为主，合作领域集中在气象科学、环境科学和地球科学有关交叉学科。在项目合作上，中国应对气候变化国际合作项目投入强度不断增加，合作国家以美国、英语、荷兰等发达国家为主，其中美国依然是气候变化合作排名第一的国家，材料科学、环境科学和化学工程是中国气候变化领域国际合作经费投入强度最大的三个领域。在科技援助上，中国气候变化领域举办培训班数量不断上升，除个别年份，经费投入强度持续增加，援助主要集中在防灾减灾、废弃物利用、工业节能减排、能源、农业、水资源、卫生健康和资源环境等十大领域，吸引了来自小岛屿国家、拉美联盟和基础四国学员参加，其中巴西和南非人数居多。在多边科技合作上，中国一直以来都是全球气候治理的拥护者和参与者，从《联合国气候变化框架公约》的签订到《巴黎协定》的成功签署，中国在全球气候治理中的贡献得到了国际社会的普遍认可；与联合国政府间气候变化专门委员会（IPCC）、国际能源署（IEA）、联合国环境规划署（UNEP）等国际组织开展气候变化多边科技合作。中国在气候变化领域的国际科技合作，不仅实现了对全球创新资源的有效利用，提升了在若干关键技术领域应对气候变化技术水平，而且通过加强对发展中国家科技援助，参与多边合作框架下气候变化国际联合研究，进一步提升了中国在全球气候治理中的科技影响力及国际话语权。

参考文献

陈雄、李宁、贾剑波、张梦杰："适应领域应对气候变化的重点领域与技术需求研究"，《中国人口资源与环境》，2020年。

严净：《巴黎协定》：中国参与全球治理的新起点，人民网—人民日报海外版（http://theory.people.com.cn/n1/2015/1214/c136457-27924160.html）。

中国已成为新的全球气候治理格局中的"引领者"（https://www.sohu.com/a/ 289514588_808781）。

第五章　中国与"一带一路"沿线国家应对气候变化科技合作的需求与重点

　　"一带一路"沿线国家主要以发展中国家和最不发达国家居多。这些国家自身经济发展水平较低，科技创新投入较弱，自身应对气候变化能力有待提升，亟需通过加强气候变化领域的国际科技合作来提升自身应对气候变化技术水平，从而降低全球气候变化对本国环境的影响。加强与"一带一路"沿线国家应对气候变化国际科技合作是共建"一带一路"的重要内容，加强"一带一路"应对气候变化国际科技合作也是"一带一路"之"创新之路"建设关键内容之一。与"一带一路"沿线国家相比，中国在低碳、节能减排等气候变化相关领域拥有成熟的技术和丰富的气候治理经验，通过加强与"一带一路"沿线国家气候变化国际科技合作，分享治理经验、加大技术援助和资金支持，可以切实提升"一带一路"沿线国家应对气候变化的科技治理水平，带动"一带一路"建设高质量发展，为全球应对气候变化做出应有贡献。基于上述背景，本章将选择"一带一路"沿线典型国家作为研究对象，就其应对气候变化技术合作需求进行分析，明确重点合作领域，为加强"一带一路"沿线国家气候变化科技合作提供参考。

第一节　主要"一带一路"沿线国家

应对气候变化

技术合作需求特点分析

习近平总书记在第二届"一带一路"国际合作高峰论坛开幕式上提出，"要实施'一带一路'应对气候变化南南合作计划"。气候变化是当今国际社会普遍关注的焦点问题。特别是对于中国在内的广大发展中国家，他们普遍处于工业化、城镇化的发展阶段，自身应对气候变化能力相对较弱，通过国际合作来提升发展中国家应对气候变化技术水平，切实降低发展中国家二氧化碳等气体排放，是增强广大发展中国家应对气候变化能力的重要途径。应对气候变化的领域涵盖能源、水资源、交通和环境等多领域。

本节将选择"一带一路"沿线国家中小岛国、干旱与半干旱国家、最不发达国家作为研究对象，深入分析"一带一路"沿线国家应对气候变化技术特点、气候变化合作现状与问题等方面，对加强"一带一路"沿线国家应对气候变化国际科技合作进行重点阐述与分析。

一、小岛国及低海拔沿海国家技术合作需求

小岛国主要分布在太平洋和加勒比地区，在保护环境和发展经济方面除具有一般发展中国家都有的共性问题外，还面临生态脆弱、海平面上升、交通不便、出产单一和经济规模小等特殊问题，受全球气候变化影响较大。小岛国难以承受气候变化压力和由此引起的经济负担，需要大量国际技术和资金援助。受全球变暖威胁最大的几十个小岛屿国家和低海拔沿海国家组成的国家联盟-小岛屿国家联盟（AOSIS），它的角色定位是在联合国框架内，作

为一个游说集团为小岛屿发展中国家发出声音。小岛屿国家中,巴布亚新几内亚面积最大,古巴人口最多。虽然小岛屿国家面积总和不大,人口总数不多,但其领海面积总和却占了地球表面的五分之一,负责管理占地球表面五分之一的海洋环境,其重要地位不容忽视。

该类型国家应对气候变化技术需求的重点领域包括:①适应领域主要关注应对海平面上升、自然灾害监测与预防、农业、生态保护、水资源利用。②减缓领域主要关注以获取电力为主要目的可再生能源技术。

(一)水资源

斐济拥有号称"最天然"维提岛水资源,蓄水层中的水是经岩石构成的岩层和天然黏土过滤的雨水,斐济从未遭遇酸雨。随着城市化进程加快、工农业生产规模扩大,淡水用量迅速增长,水体污染也日益严重,其中最为严重的是城市废水排放问题。斐济城市废水中氮磷钾含量高,氯磷钾是农业肥料的重要组成部分,回收利用价值高。废水处理过程中产生的可燃气体可以作为发电站的燃料,斐济利用铺设锯屑的办法吸收城市废水中的污染物质,不仅减少了污染物,使用过的锯屑还可以用作农业肥料。斐济正在加大对城市废水处理设施的投资。因此,斐济对污水资源化利用技术、污水处理技术有较大需求。

而在古巴,由于持续干旱仍未出现缓解迹象,全国大部分地区仍然严重缺水,数万家庭的饮用水几乎完全依靠运水车提供。古巴全国水库蓄水量已下降至正常水平的五分之一,73 个水库中已有 12 个完全干涸。古巴政府迫切要求国民削减水资源使用,制定新的用水标准,应对长期的干旱。古巴采取一系列紧急措施,包括加强水利基本建设投资、恢复人工降雨、对旅游区供水实行限量、号召居民开展节水运动等对抗旱情。因此,古巴对生活节水技术与产品、蓄水和保护技术、人工增雨技术有较大需求。

全球淡水资源分布极不平均,部分地区气候变化导致的水资源缺乏问题显得尤为突出。不少岛屿和干旱地区的国家都位列世界上最缺水的国家，其中就包括马尔代夫。马尔代夫的旅游业非常发达，因此对淡水资源的需求更是不容忽视的。马尔代夫绝大多数岛屿主要是利用海水淡化技术应对淡水资源缺乏问题。随着能源供应越加紧张以及对减少温室气体排放的要求，降低海水淡化成本的呼声越来越高，海水淡化技术的研究尤显重要。因此，马尔代夫对生活节水技术与产品、海水淡化技术有较大需求。

（二）能源

木薯是斐济产量最大的基本农作物之一，开发木薯深加工工艺、产品以满足国内市场对乙醇需求的基础上，还能出口到周边岛国，增加农民收入，提高国家整体经济利益。斐济 2008~2010 年致力于发展可再生能源发电项目，通过该项目节约柴油消耗量，有利于企业可持续性健康发展，减轻对环境造成的负担。因此，斐济在能源方面的需求体现在发展可再生能源上。

而古巴的电力几乎全靠燃油发电供应，随着能源出现全球性短缺而引发高位油价，节约能源、提高能源效率和寻求替代能源成为该国中心议题。为了减少火力发电对石油的依赖，古巴政府着手研究开发利用海水温差和风能发电，同时在全国建立 100 座风能测试站。海风发电成为古巴这个海岛国家最倾向选择的能源新途径。古巴还通过使用太阳能采暖系统和太阳能光伏板，2010 年节省了相当于 2319.3 吨石油的能源。因此，古巴对能源方面上的需求主要集中在新能源与可再生能源（风能发电、太阳能发电）技术上。

全球变暖的后果在马尔代夫已经显现出来。在约 200 个居民岛中，大约有 50 个居民岛面临着较为严重的海水侵蚀问题。该国提出的"碳中和"是指二氧化碳的排放总量，可通过植树等方式抵消，以达到环保的目的；而再生能源的使用，可以显著减少该国的二氧化碳排放总量。为解决电力不足问题，马尔代夫政府在外岛实施了再生能源发电项目，将在岛上建设 30 座风力发电站，并利用剩余的电量来支持海水淡化项目的用电需求。该国将大力发展可再生能源，包括建设太阳能发电、大型风力发电等设施。因此，马尔代夫对可再生能源（风能发电技术）技术有较大需求。

（三）农业

斐济可耕地面积约 28.8 万公顷，主要产椰子、香蕉、甘蔗等。大米能自给约 20%，小麦全部依赖进口。近年来斐政府努力发展多种经营，向农民推荐高产出、高收入的三季改良水稻品种，大力推广水稻种植。斐济土地肥沃，盛产甘蔗，因此又有"甜岛"之称。斐济的地理情况易受气候变化影响，再由于海平面上升，农业受到极大冲击，遭受洪涝、风暴、咸潮以及其他自然灾害的频率加大。因此，斐济农业对农作物栽培技术、水稻种植技术、防灾减灾技术有较大需求。

古巴曾经是加勒比海地区最大的咖啡生产国之一，历史上最高年产量曾达 6 万吨。由于近些年环境的恶化，古巴农业连续受干旱、飓风等自然灾害影响，再由于政府缺乏对化肥、农药、农具的支持，古巴咖啡产量持续萎缩。自 2005 年来该国咖啡年产量只相当于历史最高年产量的十分之一。曾经的咖啡出口大国现在每年不得不从国外进口大量咖啡。因此，古巴对农业方面上的需求主要集中在农业防灾减灾、环保肥料及环保施肥技术、农业防灾减灾技术上。

马尔代夫土地贫瘠，农业生产落后。椰子在农业生产中占有重要地位，约有 100 万棵椰子树。其它农作物还有玉米、小米、木薯和香蕉。随着旅游业的不断扩大，蔬菜和家禽养殖业开始迅速发展。该国平均海拔约 1.2 米，80%以上的国土海拔不超过 1 米。海平面上升已严重威胁了该国的存在。2004 年的海啸摧毁了马尔代夫大量可耕地，恢复需较长时间。因此，马尔代夫对农作物种植技术、农业防灾减灾技术有较大需求。

（四）林业

斐济现有大约 83.5 万 hm² 的森林面积，森林主要分布在东部湿润地区，84%属国家所有。近年来斐济森林砍伐严重，对当地环境造成严重影响，出现天然林不足的情况。政府为解决森林资源不足的问题，已开始重视人工林的营造工作，斐济通过制定新的林业计划，保护森林资源，监督森林作业，采取适宜的方式管理林业。斐济每年造林约 3 000hm²。通过造林，已恢复森林 5 万 hm²。斐济政府开始制定松林及阔叶林的大规模造林计划，人工林主要种植在维提岛和瓦努阿岛。因此，斐济在林业方面的需求主要体现在植树造林技术、森林抚育技术。

古巴全境大部分属热带海洋性气候，1995 年的森林面积为 184.2 万 hm²，森林覆盖率为 16.8%。森林以天然林为主，天然阔叶林占 75%，主要阔叶树种有桃花心木、乌木、钟花树、愈疮木和红树等。近些年，政府为解决天然林资源不足的问题，已开始重视人工林的营造工作，并成立了相应的林业管理机构，加强了林木的营造管理和林产品的生产加工。重视树种的抗旱、耐寒、抗病虫的能力。因此，古巴在林业方面应对气候变化的技术需求主要体现在植树造林技术、树种改进技术上。

（五）防灾减灾

斐济是受风暴等自然灾害影响最为频繁和严重的南太平洋岛国之一，"古斯塔夫"飓风迫使 1.7 万斐济居民撤离家园。这使得斐济更加深刻认识到在全球范围内建立防灾减灾联动机制对于应对自然灾害、保证社会经济可持续发展的重要性。斐济将毫不犹豫地支持建立这样的机制。因此，斐济在防风暴、灾害监测技术上有较大需求。

古巴受到环境多变性的影响，导致农业出口产量连年萎缩。近些年古巴连续遭受干旱、飓风等自然灾害影响。为了应对气候的突变性，一个高度有效的应对自然灾害的系统需求应运而生，为该地区预测飓风等恶劣和极端天气开辟新途径，减少气候变化和自然灾害对当地经济的破坏性。欧盟委员会准备向古巴提供紧急援助，帮助古巴应对"帕洛玛"飓风及干旱险情。因此，古巴对抗旱技术、灾害监测技术有一定的需求。

马尔代夫被誉为"人间最后的乐园"，全球变暖正让这个天堂岛国面临着"失乐园"的危机。马尔代夫是一个低洼的小岛屿国家，非常容易受气候变化和海平面上升的影响，加剧马尔代夫土地稀缺。冰川的融化导致海平面上升，即便海水没有完全淹没岛屿，岛屿脆弱的生态系统也会受到严重的影响，使各种自然灾害加剧。印度洋上的岛国马尔代夫有面临灭亡的危险。因此，马尔代夫对海堤及风暴潮屏障技术、灾害监测技术有需求。

二、干旱与半干旱国家

该类型国家主要面临气候变化导致的水资源紧缺、沙漠化风险、粮食危机等。该类型国家应对气候变化技术需求的重点领域主要集中在适应领域，包括水资源利用、旱作农业、防沙治沙、气象预测等。

典型代表为撒哈拉沙漠地区国家（突尼斯、阿尔及利亚、利比亚、埃及、毛里塔尼亚、马里、尼日尔、乍得、苏丹）、中东地区（伊拉克、叙利亚、沙特阿拉伯、科威特、巴林、黎巴嫩、约旦）、中亚五国（哈萨克斯坦、塔吉克斯坦、吉尔吉斯斯坦、乌兹别克斯坦、土库曼斯坦）。

（一）水资源

埃及降雨量较小，对河流水资源的依赖高。近年来，埃及的用水需求量不断增加但供应却日益减少，再加之气候变化引起的干旱问题和生态破坏，使得埃及面临水危机。为了节约水资源，减少损失，埃及政府提出了合理使用地下水、限制漫灌的水资源利用方针。综合利用各种水资源，城市生活污水要通过净化部分再用于农业灌溉，保证更有效安全的使用水资源。因此，埃及对生活节水技术和产品、污水资源化利用技术、污水处理技术、工业水循环利用技术、人畜安全饮用水技术有一定的需求。

哈萨克斯坦属严重干旱的大陆性气候，降水少。仅有 56% 的地表径流量源于哈萨克斯坦境内，其余均源自邻国入境。目前探明确定的地下水资源总量约 160 亿 m^3，哈国多年平均水资源总量约 1 080m^3。哈萨克斯坦本身干旱，加上较多灌溉系统因无力进行维护，引水量中有相当一部分在输水过程中被无效损失，土地灌溉经常处于缺水状态。为缓解缺水问题，哈萨克斯坦非常注重水资源循环和重复利用。通过水利工程的修建，哈萨克斯坦改善了土壤灌溉状况，农产品产量迅速增长。因此，哈萨克斯坦对蓄水和保护技术、灌溉效率提高技术有需求。

约旦是世界上最缺水的十个国家之一，约旦河是当地人满足生产和生活需求的生命线，但由于过度开发、污染及缺乏管理，约旦河已缩减为一条细流。约旦的水资源已经非常稀少，而缺水的状况会很快变得更加严重——约旦人口预期将在不到 25 年翻倍。气候变化导致人们依赖的水源遭到污染，化肥、杀虫剂和其他污染物使已经遭到污染的泉水和井水污染加剧，情况严重到只用消毒处理已无法提供安全饮用水的地步。因此，约旦对污水处理技术、人畜安全饮用水技术有需求。

（二）农业

哈萨克斯坦是世界上面积最大的内陆国家，光热资源丰富，水资源亦能基本满足生活和生产的需要。哈萨克斯坦具有良好的发展农业的条件，是世界棉花生产大国。农牧业发展的主要障碍是荒漠化威胁比较严重，谷物产量不稳定。近年来，冬季降雪量少和水流量下降，而灌溉水依然显著不足。哈萨克斯坦农业粗放，抗灾能力弱，产量低而不稳，谷物产量低且波动很大。因此，哈萨克斯坦对旱作农业技术、抗旱品种技术、农作物栽培技术需求较大。

约旦农业不发达,农业人口约占劳动力的 12%。可耕地面积约 90 万公顷,已耕地面积仅 50 万公顷,多集中在约旦河谷。其中 92.9%主要依靠自然降雨,其余灌溉土地中,64.3%依靠自流井水灌溉,19.7%依靠约旦河谷的阿卜杜拉国王灌渠进行灌溉。水资源缺乏是约旦发展农业的主要障碍。约旦政府鼓励发展高产、节水的温室农业。因此,约旦应对气候变化在农业方面的技术需求主要体现在节水旱作农业、抗旱品种上。

（三）能源

埃及拥有丰富的传统能源,天然气储量位居世界前列,但随着近年来经济的快速发展和极端气候条件（高温和干旱）,能源需求不断增加,埃及经济面临着从单纯依靠传统能源、高能耗、高排放向低碳环保经济转型的现实需求。对于埃及能量的大量消耗,需要建立使用包括太阳能等在内的清洁能源,提倡利用废旧木材生产生物能源的政策既可减少垃圾场的甲烷排放,又能替代化石燃料,从而实现节能减排的双赢。因此,埃及对新能源与可再生能源（太阳能、生物质能）的开发技术需求不断增加。

哈萨克斯坦的经济快速发展,加大再生能源开发和利用是哈萨克斯坦优先发展战略。该国已开始采取应对气候变化的各项措施,努力提高能效,大力开发可再生能源技术。因此,哈萨克斯坦对能源领域适用技术的需求主要集中在新能源与可再生能源开发技术上。

约旦资源贫乏,至今未勘测出石油,气候干燥少雨,水资源不能满足人们生活需要,开发新能源势在必行。约旦颁布了《可再生能源法》,规定政府部门能够直接与公司就新能源开发项目进行磋商。约旦政府将与希腊共同开发一座 40 兆瓦的风能发电站,还计划在距首都 90 公里建设一座 90 兆瓦的风能发电站,两座发电站均计划在 2013 年建成并投入使用。约旦政府打算到 2020 年新能源发电达到 10%。加速实施能源项目,增加对可替代和再生能源的依赖。因此，约旦对新能源与可再生能源（风能等）有较大需求。

（四）林业

哈萨克斯坦拥有辽阔的草原，但森林覆盖率只有 4.7%。全国大部分地区是典型的大陆性气候，这种天气使得树木难以生长，植树造林也很困难，土壤水分的损耗会导致重要品种的产量下降，潮湿的落叶森林的产量也可能下降。再由于滥砍滥伐现象非常严重，使得哈萨克斯坦的生态环境伴随着经济发展急剧恶化，暴风雨的危害频率和病虫害发生率会上升。因此，哈萨克斯坦对植树造林技术、树种改进技术有很大的需求。

（五）防灾减灾

气候变化会使埃及的气温升高，并使该地区更容易遭受极端天气现象和自然灾害，包括干旱、食物缺乏、山洪暴发、沙尘暴、雷击和病虫害。埃及政府正尽力加强灌溉抗旱弥补损失，运用现代系统增加水使用效率，提高土地利用水平，加强浅地下水抽取，培育耐旱的农作物，使之消耗较少的灌溉水量。因此，埃及为了解决现有的干旱灾害，对抗旱技术需求很大。

尽管哈萨克斯坦属于干旱气候，但一般每隔 50~100 年会发生一次灾难性的水灾，仅在 2000~2009 年的十年间，哈萨克斯坦就发生了 300 多次水灾。水灾发生的原因主要包括连续不断地降雨、海啸等，其中 70% 与春汛有关，20% 由降水引起，10% 是其他原因造成。洪水给哈萨克斯坦生命财产造成了巨大损失，危害了哈萨克斯坦脆弱的水利和农业基础设施。因此，哈萨克斯坦对抗旱技术、防洪防汛技术、灾害监测技术有着较大的需求。

约旦属于沙漠性气候，干旱缺水，使该地区极易遭受极端天气和干旱、食物缺乏、病虫害等自然灾害。约旦政府正加强灌溉抗旱技术，加强浅地下水抽取，培育耐旱的农作物。干旱气候给约旦生命财产造成了巨大损失，危害了约旦脆弱的水利和农业基础设施。因此，约旦为了解决现有的干旱灾害，对抗旱技术需求很大。

三、最不发达国家

最不发达国家是受气候变化负面影响最大的几类国家之一。面临干旱和洪涝灾害发生频度增加以及破坏程度的加剧、基础设施的损坏、土地盐化、近海渔业损失等危机。这些国家没有能力制定国家应对气候变化方案。

该类型国家应对气候变化技术需求的重点领域主要包括：①适应领域的水资源利用、农业、卫生健康。②减缓领域，以获取电力为主要目的可再生能源技术。针对该类型国家的技术援助，应主要与扶贫和可持续发展相结合。

最不发达国家的数目很多，每个洲都有，需要的应对气候变化技术主要是与民生、粮食、减贫、健康有关的技术。造成不发达的原因很多，如处于内陆、长期殖民、政坛不稳、缺少资源、民族懒惰等。

（一）农业

缅甸是农业国，农业人口约占全国人口的66%。农业作为国民经济基础，农业机械发展水平不高，主要以小型农机为主。气候变化无疑会让本不发达的缅甸农业雪上加霜。稻谷是缅甸农业的主导产品，缅甸政府专门制定了发展稻谷生产的多项措施。为提高农民种田积极性，缅甸政府调整了稻谷收购政策让利于民，同时积极改进水稻种植技术及农药化肥供应。因此，缅甸在农业方面的需求主要集中在农机技术和改进水稻种植技术上。

马里经济以农牧业为主，工业基础薄弱，是联合国公布的世界最不发达国家之一。90%以上的人口从事农牧渔业生产，曾有"西非粮仓"之称。气候变化已影响到马里的种植业，并使主要作物产值发生变化。马里对大自然的依赖程度很高，很多地区用水根本无法保障，抗灾能力相当脆弱。因此，马里对节水旱作农业技术、农作物种植技术、农业防灾减灾技术有一定的需求。

（二）能源

2010 年缅甸天然气在其出口商品中居首位，占出口商品约 40%，1998 年至 2010 年期间，缅甸天然气出口增加 28%。由于缅甸的地理情况和邻国对能源的需求，缅甸成了天然气出口国之一。作为发展中国家最好的能源安全策略就是在本国建立能源供应市场，因此，加强能源的供应效率显得尤为重要。因此，缅甸在能源供应和配送效率技术上有较大需求。

马里尚不生产石油和煤。由于解决燃料的手段极其有限，木柴、木炭等传统能源的消费占全部能源消费的 80%以上，使本来就很有限的森林面积逐年减少。能源问题已成为影响马里气候变化的绝对因素。为解决能源问题，马里电力覆盖范围虽逐年有所提高但远未达到要求，城市为 16%左右，而农村仅有 1%。目前有 3 个水电站，12 个火力发电站，1 个太阳能电站。政府在尝试开发太阳能、生物能等替代能源。生物能源的优势与作用决定了在实现化石能源替代战略中的积极作用。因此，马里对新能源与可再生能源（水电技术、太阳能发电技术、生物智能技术等）技术有较大需求。

（三）林业

缅甸是世界上森林分布最广的国家之一，森林覆盖率约为 52.3%。近年来农耕、开荒和滥伐，森林面积以每年 0.64%的速度迅速缩小。缅甸鼓励利用乡村林业和农林混合作业增加非农业收入。缅甸林业管理集中于天然林的可持续发展及管理，包括生物多样性和环境稳定，缅甸的人工林在整个国家经济和社会的地位并不突出。从 1996 年起，缅甸增加了一些重要商品林的生产比例，以保护天然林资源或恢复退化林地。因此，缅甸对植树造林技术、经济林及能源林管理技术等林业领域相关技术有需求。

马里沙漠面积占全国总面积的 58%，森林面积仅 110 万公顷，覆盖率不到 1%。马里非法砍伐现象日趋严重，每年森林面积减少约 40～50 万平方米。

木材产量已不能满足全国的需求，生态平衡遭到严重破坏。为保护森林资源免遭沙漠侵害，马里加强技术开发和造林，改良土壤、恢复和扩大森林。一方面制定了相应的森林植被保护政策和措施，另一方面大力开展植树造林。为了保护现有的生态环境以及维持生物多样性，马里对植树造林技术存在着很大的需求。

（四）水资源

缅甸有着天然的内陆水域系统，这些水资源对经济发展，尤其是工业和农业生产有着极为重要的作用，特别是湄公河下游流域。全球气候升温导致水蒸发量的增大，无论是发电用水、工业用水还是生活用水都使缅甸面临水资源越来越短缺的威胁。缅甸政府倡导公民从生活开始节约水资源，改善污水利用系统，增强公民的节水意识。因此，缅甸对生活节水技术与产品、人畜安全饮用水技术有较大需求。

马里的气候大多干旱炎热，水资源匮乏。气候变化已使马里降雨模式发生了不稳定变化，沙丘不断向南撒哈拉大沙漠推进，阻止了水源对马里法吉宾湖的补充。农田大量缺乏灌溉系统，不仅旱季无法耕种，年际降雨变化巨大更导致雨季的产量也不能保证。预计到 2020 年，包括马里的部分非洲国家靠雨水浇灌的农业将减少大约 50%的产量。兴修水利，扩大灌溉面积显得尤为重要。因此，马里对用水和灌溉效率提高技术有较大需求。

（五）防灾减灾

气候变化给缅甸造成不稳定的降水模式，洪涝或干旱的概率大大增加，水资源的利用率严重下降。缅甸是全球仅次于泰国的第二大粮食出口国。袭击缅甸的强热带风暴致使缅甸农业损失惨重，导致缅甸大片粮田被毁，加剧了粮食供应不足问题，并给恢复农耕造成巨大困难。而气候变化导致海平面上升，进一步导致该地区的淡水资源加剧减少。因此，缅甸对防洪防汛技术、灾害监测技术有较大需求。

马里是一个极易遭受洪水、干旱等自然灾害的西非国家。全球自然灾害中的第七大杀手泥石流的发生率在马里也有相应增高的趋势。气候变化引起降雨增加，作为世界上最不发达的国家之一，伴随马里人口的急剧增长，遇到自然灾害，很容易引起粮食供应不足。气候变暖会改变马里地表系统的运动规律，影响水分循环和平衡，尤其对环境系统较脆弱的地区影响更为显著，加重干旱化。因此，马里对防灾减灾领域适用技术的需求主要集中在抗旱技术、防洪防汛技术上。

第二节　主要"一带一路"沿线国家应对气候变化重点技术合作需求特点分析

基于上一节分析，本节将对主要"一带一路"沿线国家重点合作技术领域、优先技术以及合作技术需求特点进行重点分析，具体内容如下。

一、重点领域与优先技术

通过对主要"一带一路"沿线国家应对气候变化技术需求的分析，发现技术需求的重点领域和优先技术主要集中在以下领域：

（一）减缓领域的重点领域与优先技术

绝大多数"一带一路"沿线国家把农林业和能源列为减缓的优先领域，部分国家还将废弃物处理、工业列为优先领域。

一是能源领域的优先方向为能源工业、家用节能及交通。能源工业的优先技术与发电、供热相关，包括提高化石能源利用效率、热电联产和使用可再生能源，生物质厌氧消化（制沼气）、小水电和常规水力发电技术、太阳能光伏发电、风力发电涡轮机、废弃物转化能源，小型户用离网发电设施，以及在提高化石能源利用效率方面的优先技术燃气轮机联合循环。交通领域的优先技术为车用燃料转换（如用液化天然气、电力、液化石油气作为替代能源）、换用小排量节油型汽车、交通运输模式的转变（如采用大运量快速公路铁路运输）等。家用节能技术中，节能照明（如紧凑型荧光灯）、节能炉具和太阳能热水器等为优先技术。

二是农业领域的优先技术主要为改进作物管理，其次为牛羊等家畜饮食配方改良、养殖废弃物管理。改进作物管理主要针对水稻种植，优先技术包括有机农业、少耕免耕、土壤养分管理等土肥管理技术、土壤保护技术、生物肥料、肥料定量和灌溉技术等。林业领域的优先技术为林火的监测与预防、造林和再造林、可持续的社区森林管理技术等。

三是工业领域的优先技术主要为落后生产工艺的更新升级，包括钢铁冶炼（电弧炉、连铸技术、轧制单元）、铝生产、水泥生产等。

四是废弃物管理领域的优先技术主要为垃圾焚烧能源利用、垃圾填埋及填埋气回收等。

（二）适应领域的重点领域与优先技术

绝大多数"一带一路"沿线国家把水资源和农业列为适应的优先领域，部分国家还将卫生健康、海岸带管理列为优先领域。

第一，水资源领域的优先技术主要为雨水收集利用等集水技术，其次还包括供水环节的供水系统升级改造，减少输水渗漏浪费，水处理环节的城市污水处理与回用，以及气候监测与预警系统等。

第二，农业领域优先技术首先是作物管理，其次为农田水利、土地管理和节水灌溉。作物管理的优先技术主要为作物品种改良，包括抗逆性强品种、抗旱品种等新品种的选育。土地管理的优先技术主要包括保护性农业、土壤保护、提高土壤肥力等。减缓和适应均把农业作为重点领域，减缓领域的农业技术主要目的是减少养殖业、稻田耕作引起的温室气体排放，适应领域的农业技术主要目的是在气候变化影响下稳定农产品产量。

第三，卫生健康领域的优先技术主要为有助于防治水和食源性疾病、热带病的卫生基础设施改善和服务提升、疾病诊断技术、卫生条件升级、安全饮用水等。

第四，海岸带管理领域的优先技术与应对海平面上升的海岸防护技术、适应海平面上升技术相关，包括沿海线湿地恢复、海塘和防护堤技术、基于社区的灾害预警技术、防灾预案和排水系统改善。

二、技术合作需求特点

"一带一路"沿线国家应对气候变化的技术需求特点主要包括以下几个方面：

一是"一带一路"沿线国家的重点技术需求与其优先发展事项如减贫、改善民生、促进可持续发展、实现联合国千年发展目标等紧密关联。

二是"一带一路"沿线国家技术需求总体上与其经济发展阶段相适应，重点技术需求大多以低成本、易掌握、易维护的成熟适用技术为主。较高发展水平的国家则对高新技术提出了较大需求，如泰国把碳捕获与封存、智能电网作为重点技术需求，阿根廷则把气候变化科学观测作为重点技术需求。

三是不同区域、自然地理条件的国家有各自侧重的优先技术。从区域上看，撒哈拉以南的非洲国家将粮食安全、可再生能源和农村地区的电气化作为优先技术；拉美国家将清洁能源、低碳燃料和生物质能源作为能源领域的优先技术；中亚国家和蒙古将牲畜品种改良、可持续牧场管理、疾病防治等作为优先技术。从类型上看，最不发达国家则将可再生能源技术、清洁炉灶作为能源领域的优先技术；小岛国将应对海平面上升和防灾减灾作为适应的优先技术；南亚地区属于世界生物多样性热点地区之一，旅游业非常发达，将生物多样性保护也作为适应的优先领域之一。

四是"一带一路"沿线国家对于应对气候变化能力建设的需求非常强烈，不仅需要相关领域的硬技术，也需要诸如政策、制度、经验、管理之类的软技术。能力建设包括必要的科研机构研发能力的提升、专业人才的培养、促进技术转移和技术创新的制度和环境建设，以及基础设施配套等。不同地区和领域能力建设需求也不同，如非洲国家则更侧重于专业人才培养、基础设施配套需求，而亚太国家多侧重于制度和环境建设需求，拉美国家侧重在人才和机构能力建设以及信息的获取。

小　结

本章选择了"一带一路"沿线典型国家，包括小岛国、干旱与半干旱国家、最不发达国家，对其气候变化领域技术合作需求和重点领域进行了分析。本章主要结论如下：

在技术合作需求上，小岛国主要在适应领域集中于应对海平面上升、自然灾害监测与预防、农业、生态保护、水资源利用；减缓领域集中于获取电力为主要目的可再生能源技术。干旱和半干旱国家主要集中在适应领域，包括水资源利用、旱作农业、防沙治沙、气象预测等。最不发达国家主要集中在适应领域为水资源利用、农业、卫生健康；减缓领域为以获取电力为主要目的可再生能源技术。针对该类型国家的技术援助，应主要与扶贫和可持续发展相结合。在技术合作需求特点上，"一带一路"沿线国家的重点技术需求与其优先发展事项如减贫、改善民生、促进可持续发展、实现联合国千年发展目标等紧密关联。"一带一路"沿线国家技术需求总体上与其经济发展阶段相适应，重点技术需求大多以低成本、易掌握、易维护的成熟适用技术为主。不同区域、自然地理条件的国家有各自侧重的优先技术。"一带一路"沿线国家对于应对气候变化能力建设的需求非常强烈，不仅需要相关领域的硬技术，也需要诸如政策、制度、经验、管理之类的软技术。在减缓领域，绝大多数"一带一路"沿线国家把农林业和能源列为减缓的优先领域，部分国家还将废弃物处理、工业列为优先领域。在适应领域，绝大多数"一带一路"沿线国家把水资源和农业列为适应的优先领域，部分国家还将卫生健康、海岸带管理列为优先领域。

参考文献

陈雄，李凤亭："中非水处理领域合作的机会与潜力"，《工业水处理》，2018 年。

刘云，辛秉清，陈雄："发展中国家气候变化技术需求与转移机制研究"，《科研管理》，2016 年。

辛秉清，刘云，陈雄，许佳军，陈纪瑛："发展中国家气候变化技术需求及技术转移障碍"，《中国人口资源与环境》，2016 年。

第六章　中国应对气候变化的南南科技合作

气候变化南南合作是落实《巴黎协定》、推进全球携手应对气候变化的重要领域。中国作为全球最大的发展中国家之一，积极推进气候变化南南科技合作，切实提升了发展中国家应对全球气候变化的能力和水平。在国家南南合作框架下，中国已经形成了全方位、多层次、宽领域的气候变化科技合作新格局，在推动气候变化联合科学研究、科技援助等方面发挥了十分重要的作用，推动气候变化南南科技合作持续深化。本章将从战略体系和管理体系对中国气候变化南南科技合作的现状进行分析，提出气候变化南南合作存在的主要问题。

第一节　中国应对气候变化的南南科技合作现状

由于国力和发展阶段限制，中国气候变化的南南科技合作起步较晚。近年来，由于气候变化谈判形势严峻及中国相对突出的资金、技术优势，气候变化南南科技合作越来越得到中国政府的重视。经过多年的发展，中国已经形成一个全方位、多层次、宽领域的国际科技合作格局，南南科技合作特别是气候变化南南科技合作不断深化，在这个过程中，政府发挥了十分重要的作用。

一、中国应对气候变化南南科技合作战略体系分析

（一）宏观指导意见

气候变化南南科技合作属于中国南南合作与援外体系的一部分，在实施中贯彻中国南南合作和援外的大政方针。中国的对外援助由党中央、国务院领导。长期以来，中国对外援助工作主要以周恩来制定的"八项原则"、邓小平提出的"四项原则"为指导方针。2010 年以来，随着援外工作的开展，国家层面分别召开了"全国援外工作会议"和"中央周边外交工作座谈会"，进一步明确了南南合作的方向。

2010 年召开的"全国援外工作会议"根据中国对外援助的经验教训，提出了在援外项目设计和实施中要优化对外援助结构，把增强受援国自主发展能力作为对外援助的重要目标，完善对外援助体制机制，提高对外援助质量。此次会议对援外项目选择、实施、援外体制完善提出了要求。

2013 年召开的"中央周边外交工作座谈会"，从党中央的高度强调推进周边外交，为中国发展争取良好的周边环境，使中国发展更多惠及周边国家，实现共同发展。具体措施包括统筹经济、贸易、科技、金融等方面资源，利用好比较优势，积极参与区域经济合作；加快基础设施互联互通，建设好丝绸之路经济带、21 世纪海上丝绸之路；深化区域金融合作，积极筹建亚洲基础设施投资银行，深化沿边省区同周边国家的互利合作。"中央周边外交工作座谈会"是改革开放以来规格最高的周边外交战略会议，是周边外交的顶层设计，会议没有局限于对外援助，而把互利共赢的合作放在重要位置，更契合南南合作的精神，会议精神成为周边科技合作的重要指针。

在"中央周边外交工作座谈会"基础上，中央又提出"一带一路"战略构想，通过建设"一带一路"、设立亚洲基础设施投资银行，积极推进沿线国家发展战略的相互对接，促进"一带一路"沿线国家加强合作，实现道路联

通、贸易畅通、资金融通、政策沟通、民心相通，使更多国家共享发展机遇和成果。2015 年，国家发改委等部门发布了《推动共建丝绸之路经济带和 21 世纪海上丝绸之路的愿景与行动》，明确了合作原则、思路和合作机制。

上述两个高级别会议在一定程度上弥补了长期以来中国对外援助工作中央指导意见不足的问题，确定今后 5 到 10 年南南合作的战略目标、基本方针、总体布局。从两次会议间隔的时间以及文字表述，可以明显看出国家已经把南南合作放到了重要位置。虽然这两次会议精神并没有明确提及气候变化南南科技合作的内容，中国的气候变化南南科技合作工作也主要在这两个会议精神指导下开展。

（二）相关战略规划

在战略规划层面，目前国家既没有总体的南南合作或援助规划，也没有具体到气候变化南南科技合作的规划，有关气候变化南南科技合作的内容分别在国家气候变化规划和科技规划中得以体现，这两方面规划分别由国家发展改革委（2018 年以后，该职能调整至生态环境部）和科技部牵头制定。

"十一五"期间相关战略规划主要聚焦在中国与发达国家科技合作上。"十一五"时期涉及气候变化科技合作的国家战略规划包括《中国应对气候变化国家方案（2007～2010）》《中国应对气候变化科技专项行动（2007～2020）》和《国家中长期科技发展规划纲要（2006～2020）》。上述规划强调充分利用全球资源，加强与发达国家合作，推动国际社会建立有效的技术转让机制，促进气候变化先进技术引进和合作研究，鼓励中国科学家、科研机构和企业参与气候变化国际科技研发计划。这一时期的规划也提出了扩大国家科技计划等对外开放力度，适时牵头发起气候变化国际科技合作计划。

"十二五"期间相关战略规划把南南科技合作提到重要位置。"十二五"时期，由于中国科技实力的提升，南南科技合作进入政府视野，《国家十

二五科技发展规划（2011～2015）》和《国际科技合作十二五专项规划（2011～
2015 年）》均对南南科技合作作出了明确部署，如实施面向发展中国家的"科
技伙伴计划"，在发展中国家建立气候适用技术转移中心，加强科技援助等。
在气候变化国际谈判的压力下，稍晚制定的《十二五国家应对气候变化科技
发展专项规划（2012～2015 年）》《国家适应气候变化战略（2013～2020 年）》
和《国家应对气候变化规划（2014～2020 年）》，明确把气候变化南南科技合
作作为重要内容，明确了重点合作领域、优先支持的国家类别，强调加强气
候变化南南合作机制建设和发展中国家的能力建设。

从上述战略规划内容的变化，可以明显看出国家对气候变化南南科技合
作重视程度不断提高。2010 年以前，气候变化国际合作的重点是与发达国家
的合作，相关战略规划均未涉及南南合作的内容。2010 年以后，随着中国经
济和科技实力的提升，以及国际形势的变化，国家开始重视气候变化南南科
技合作，无论是气候变化方面的战略规划还是科技方面的战略规划，均把气
候变化南南科技合作作为重要内容进行部署。

（三）对外国际承诺

国家领导人在重大国际场合作出的加强气候变化南南科技合作的承诺，
也反映了中国政府在气候变化南南科技合作方面的战略意图和具体措施。为
了提高中国的国际形象，争取更多发展中国家的支持，政府领导人常利用联
合国会议等场合宣布气候变化援外举措，如援建小水电、太阳能、沼气等小
型清洁能源项目，外派农业专家和技术人员，开展人员培训，设立援助基金
等。从国家领导人的对外表态可以看出，气候变化南南科技合作已成为中国
外交和对外援助的重要手段之一，对外援助的资金和项目数向量化转变，合
作形式、重点领域、优先国别也越来越明确。

表 6-1 气候变化南南科技合作涉及的战略规划

年份	规划名称	制定部门	气候变化南南科技合作内容
2006	国家中长期科技发展规划纲要（2006~2020年）	国务院	鼓励与海外研究开发机构建立联合实验室或研发中心，支持中国企业走出去，主动参与国际大科学工程和国际学术组织。
2007	中国应对气候变化国家方案（2007~2010年）	国务院	将"依靠科技进步和创新""积极参与并广泛合作"作为重要原则，提出"科技开发"方面的具体措施。主要是加强与发达国家合作。
2007	中国应对气候变化科技专项行动（2007~2020年）	科技部	将气候变化科技合作纳入政府间协议；适时牵头发起气候变化国际科技合作计划；鼓励科技界参与气候变化国际科技研发计划。
2013	国家适应气候变化战略（2013~2020年）	国家发改委	加强南南合作，与其他发展中国家深入开展适应技术和经验交流，在农业生产、荒漠化治理、水资源综合管理等领域广泛开展"南南合作"。
2014	国家应对气候变化规划（2014~2020年）	国家发改委	提出拓展南南合作机制，创新多边合作模式，探讨建立"南南合作基金"；推动中国低碳技术、适应技术及产品走出去；拓展气候物资赠送种类；支持发展中国家应对气候变化能力建设；帮助有关国家培训气候变化领域各类人才。
2011	国家十二五科技发展规划（2011~2015年）	科技部	实施"科技伙伴计划"；在非洲、拉美、东南亚、中亚等建立国际技术转移示范点；在医疗健康、粮食增产、资源环保等领域开展联合研发、技术推广、技术培训、联合考察等；扩大科技援外；增强对区域科技发展的影响力。
2011	国际科技合作十二五专项规划（2011~2015年）	科技部	创新对外援助形式；通过技术示范、技术培训、技术服务、联合研发、政策研究、科研捐赠等形式，向发展中国家推广中国科技政策、管理和服务模式；推进科技伙伴计划，共同促进发展中国家的可持续发展。
2012	十二五国家应对气候变化科技发展专项规划（2012~2015年）	科技部	加强气候变化科技援助及南南科技合作，深化区域合作机制和基础四国合作机制；加强与非洲、周边邻国、小岛国、最不发达国家在观测、适应和减缓技术转移和示范、人才培训等能力建设领域的合作；推动建立基础四国应对气候变化技术研发联盟。

资料来源：国务院官网（www.gov.cn）、国家发展改革委（www.ndrc.gov.cn）和科技部官网（www.most.gov.cn）。

表 6-2　中国政府气候变化南南科技合作相关对外承诺

时间	场合	宣布人	承诺内容
2008	联合国千年发展目标高级别会议	温家宝	五年内，援建农业技术示范中心增至 30 个；外派农业专家和技术人员增加 1000 人；提供 3000 人次来华农业培训；向 FAO 捐款 3000 万美元；新增 1 万个来华留学奖学金名额；为援非 30 所医院配备适量医生和医疗设备，培训医护和管理人员 1000 名；援建 1000 个小型清洁能源项目。
2009	联合国气候变化峰会开幕式	胡锦涛	向其他发展中国家提供力所能及的帮助，继续支持小岛屿国家、最不发达国家、内陆国家、非洲国家提高适应气候变化能力。
2009	中非合作论坛第四届部长级会议	温家宝	倡议建立中非应对气候变化伙伴关系，在卫星气象监测、新能源开发利用等领域加强合作，为非援建 100 个清洁能源项目；倡议启动中非科技伙伴计划，实施 100 个中非联合科技研究示范项目，接受 100 名非洲科研博士后；援非农业示范中心增加到 20 个，派遣 50 个农业技术组，培训 2000 名农业技术人员。
2012	联合国可持续发展大会	温家宝	向 UNEP 捐款 600 万美元，帮助发展中国家提高环境保护能力；帮助发展中国家培训生态保护和荒漠化治理等领域的人才，援助自动气象观测站、高空观测雷达站和森林保护设备；安排 2 亿人民币开展为期 3 年的国际合作，帮助小岛国、最不发达国家、非洲等应对气候变化。
2014	联合国气候峰会	张高丽	推进应对气候变化南南合作，从 2015 年起在现有基础上把每年资金支持翻一番，建立气候变化南南合作基金；提供 600 万美元支持联合国秘书长推动应对气候变化南南合作。
2015	中美关于气候变化的联合声明	习近平	投入 200 亿元人民币建立"中国气候变化南南合作基金"，支持其他发展中国家应对气候变化。
2015	巴黎联合国气候变化大会开幕式	习近平	在发展中国家开展 10 个低碳示范区合作项目、100 个气候变化合作项目，提供 1000 个应对气候变化培训名额，继续推进清洁能源、防灾减灾、生态保护等领域的国际合作，帮助发展中国家提高融资能力。

资料来源：人民网（www.people.com.cn）。

二、中国应对气候变化的南南科技合作管理体系分析

当前，中国的对外援助管理体系中，国家国际发展合作署是援外的主管部门。援外的具体执行工作由相关部门按分工承担。气候变化涉及领域广泛，与多部门关系紧密，与气候变化南南科技合作直接相关的部门包括科技部、生态环境部、商务部、农业农村部等。其中，科技部主管气候变化南南科技合作，生态环境部主管气候变化南南合作，商务部主管气候援外，其他部门从各自领域对气候变化南南科技合作提供支撑。本节通过对科技部等部门发布的相关政策、指南进行分析，结合实地调研，从部门角度，分析了中国气候变化南南科技合作的管理体系。

（一）国家国际发展合作署管理援外工作

2018 年，国务院机构改革将商务部对外援助工作有关职责、外交部对外援助协调等职责整合，组建国家国际发展合作署。国家国际发展合作署负责拟订对外援助战略方针、规划、政策，统筹协调援外重大问题并提出建议，推进援外方式改革，编制对外援助方案和计划，确定对外援助项目并监督评估实施情况等。国家国际发展合作署从宏观上指导气候变化科技援外。

（二）科技部负责气候变化南南科技合作的组织实施

组织实施气候变化南南科技合作是科技部国际合作的重要职能之一。科技部主要通过培训班经费、国家国际科技合作专项、援外科技专项等资金渠道，促进气候变化南南科技合作。

国家国际科技合作专项：2001 年，科技部设立了"国家国际科技合作专项"（以下简称"国合专项"），目的是推进开放环境下的自主创新，以全球视野推进国家创新能力建设；面向国家科技、经济和社会发展需求，通过国

际合作有效利用全球科技资源，促进中国科技进步和国家竞争力的提高；服务对外开放和外交工作大局，在更大范围、更广领域、更高层次参与国际科技合作与交流，发挥科技合作在对外开放中的先导和带动作用。国合专项主要支持与发达国家合作，落实中国与发展中国家政府间科技合作协定，推动中国适用技术走出去是国合专项的支持方向之一。在南南科技合作方面，专项支持大量农业、资源、环境、能源等领域的项目，覆盖了气候变化南南科技合作的主要领域。专项设立初对援外和南南合作研究均予以支持，随着科技计划改革，援外部分改由科技援外专项支持。2016 年，国家国际科技合作专项并入国家重点研发计划，国家重点研发计划下设立了新的支持国际合作的重点专项。

科技援外专项："科技援外专项"于 2013 年设立，将原国合专项援外项目纳入管理，专项实施目的是为了深化中国与发展中国家科技与创新合作，构建中国与发展中国家全面、深入的科技伙伴关系，促进合作对象国经济社会发展，提高合作对象国科技能力，同时服务中国外交大局及良好国际形象的树立。科技援外专项主要为落实中国与发展中国家政府间合作协议、科技伙伴计划等，主要支持 6 类合作：共建联合实验室（联合研究中心）、共建农业科技园区、构建重点领域先进适用技术国际转移平台、联合技术研究与示范、科技政策与科技园区规划研究、构建区域一体化合作网络。从 2013 年以来专项支持项目情况看，主要支持适用技术示范推广。科技援外专项支持项目中 80%以上与气候变化直接或间接相关。

发展中国家技术培训班：发展中国家技术培训班于 1986 年起举办，目的是为了配合国家总体外交，推动中国与发展中国家双（多）边科技合作与交流，帮助发展中国家培养科技人才。培训面向发展中国家需求的中高端专业技术人才，培训内容以成熟适用技术为主体，兼顾高新技术、科技政策与管理，重点领域包括农林业、资源、环境、可再生能源、信息、医疗卫生等领域，涉及气候变化的主要领域。

　　科技伙伴计划：科技伙伴计划是"十二五"期间提出的一种新的合作形式，目的是帮助发展中国家加强科技创新能力建设，提高中国科技的影响力。在伙伴计划框架下，根据各国需求，通过共建国家联合实验室、资助杰出青年科学家来华工作、开展先进适用技术培训等，帮助相关国家提升科技创新能力；通过建设国际技术转移中心、先进技术示范与推广基地，实施国际科技特派员行动，推动先进适用技术的转移；通过科技创新政策规划与咨询，与相关国家共享中国科技发展经验。目前已启动了中国和非洲、中国和东盟、中国和南亚科技伙伴计划。在科技伙伴计划下，又启动了"对非洲科研人员设备捐赠行动""接收非洲国家科研人员来华开展博士后研究""亚非国家青年科学家来华工作计划"，建设"中国-东盟和中国-南亚技术转移中心"等。

　　科技部主导的气候变化南南科技合作，主要形式包括技术示范、合作研究、人员交流、技术培训等，在提高发展中国家应对气候变化科技能力方面发挥了重要作用。但长期以来，由于国家对于科技部援外经费的投入较少，使得大量外方急需的科技项目得不到启动资金，而延缓或转向其它国家。此外，南南科技合作项目类型众多，计划名目繁多，应简化合并。

　　（三）生态环境部为支撑气候变化国际谈判开展的气候变化南南合作

　　生态环境部是拟订应对气候变化战略规划和政策，组织履约谈判，协调应对气候变化国际合作的牵头部门，气候变化南南合作是其工作重点之一。2018年前，上述职能属于国家发展改革委，2018年国务院机构改革后，该职能调整至生态环境部。其主要通过节能和可再生能源利用产品赠送、能力建设培训等两种方式帮助发展中国家提高应对气候变化的能力。其中援赠物资设备是国家发改委南南合作的主要方式，受援国主要为小岛国、最不发达国家等气候外交重点国家，能力建设主要是瞄准发展中国家高层次人员，开展气候变化战略规划、政策管理等培训，推广中国绿色发展理念和应对气候变化经验。

（四）商务部援外项目涉及大量气候变化科技项目

2018 年以前，商务部是中国对外援助主管部门，气候变化科技援助为商务部对外援助的一部分。商务部在主要发展中国家设有驻外使领馆经济商务机构，协助办理援外政府间事务，负责援外项目实施的境外监督管理。

商务部对外援助资金主要包括无偿援助、无息贷款和优惠贷款三种类型。援外项目主要包括成套项目、物资项目、技术援助项目、人力资源开发合作项目和志愿服务项目等，一般通过政府间援助的形式组织实施。各类项目均不同程度地涉及气候变化领域的科技援助。其中，成套项目包括向受援方提供清洁能源利用等领域的成套设备、工程设施，并配套技术服务。如援塞拉利昂 2MW 小水电站项目有效解决当地农村供电问题，援建斐济海岸防护工程有效减缓了海水侵袭。技术援助项目通过选派专家、技术人员帮助受援方提高应对气候变化能力；领域包括节能减排、农业种植养殖、医疗卫生、清洁能源开发、地质普查勘探等。物资项目和人力资源开发合作项目除领域更广外，与科技部、生态环境部项目类似。

（五）相关行业部委利用自身优势配合气候变化科技援外工作

农业农村部负责气候变化框架下农业"南南合作"工作，通过派遣农业专家和技术人员，组织农业技术合作项目，在发展中国家开展农业技术服务和推广工作，提高发展中国家农业应对气候变化水平，以提高产量。农业农村部还向联合国粮农组织（FAO）分期捐赠了 8000 万美元用于设立信托基金，支持农业技术的南南合作。国家卫生健康委负责组织指导卫生领域的援外，主要负责派遣援外医疗队，帮助受援国防治传染病、常见病和多发病，减少气候变化的不利影响，为受援国培训医务人员，推广先进适用的医学临床技术。截至 2018 年，中国向 71 个国家派有援外医疗队，累计诊治患者 2.8 亿人次。教育部负责统筹管理来华留学工作。来华留学的学科中，工学、理学、医学中部分专业与气候变化相关，如环境工程、农业昆虫与害虫防治等。2018
年，中国共接收 49 万名外国留学人员，其中亚非发展中国家学员约占 60%。
上述部门的下属机构同时承接科技部等部门组织的气候变化援外项目，提供
技术和专家支持。

（六）进出口银行为气候变化的科技援外提供金融支持

进出口银行是中国政府援外优惠贷款和优惠出口买方信贷的承办行，主要为
商务部确定的对外援助项目提供贷款。应对气候变化是进出口银行信贷业务的一
项重要支持内容。在能源领域支持中资公司承建柬埔寨甘再水电站，满足其 2 个
省的电力需求，缓解了柬国内电力紧张局面；融资支持塔吉克斯坦杜尚别 2 号热
电厂项目，提高了当地能源利用率，改善首都冬季电力不足和供热短缺的现状。
在水资源领域支持中资公司承建喀麦隆杜阿拉城市供水项目，解决了杜阿拉供水
短缺、水质较差的问题，与水相关流行病的发病率大大降低。在工业领域支持中
资企业援建华刚矿业铜钴矿项目，提高了当地资源的可持续利用水平。在农业领
域优惠贷款支持越南宁平煤头化肥厂项目，将有效缓解越南市场化肥供应不足问
题，提高农业生产效率。上述援助项目通常采用中国技术、标准和施工，具有较
大的社会影响力，金融信贷为中国企业走出去提供了融资支持。

第二节　中国应对气候变化的南南科技合作
存在的问题

一、国家层面的气候变化南南科技合作政策规划与部门协调有待进一步完善

从整体上看，国家层面尚没有制定法律和政策指导对外援助工作，气候

变化南南科技合作涉及各部门战略规划，彼此联系不紧密。发展中国家数量多、差别大，国内对于发展中国家国别政策、优先援助国别和重点领域研究不深入，尚没有应对气候变化科技援外的行动方案和路线图等。气候变化南南科技合作不仅涉及技术示范、技术培训、联合研究等，而且需要机构援建、基础设施建设、设备援助等的配套建设，涉及多个部门，科技部门话语权不高，部门间工作配合不够，条块分割明显，统筹协调工作有待加强。

二、气候变化南南科技合作可动用的财政资金有限

中国主要通过基础设施建设、成套设备援助和物资捐赠等方式支持发展中国家应对气候变化，用于科技合作的资金有限，项目规模小。南南科技合作经费较少，甚至不得不婉拒一些发展中国家政府提出的援外请求。受经费限制，当前科技援外项目规模相对较小，且受援国别和领域分散，不易形成合力并产生规模效应。气候南南合作研究项目不属于援外类项目，经费渠道通过国合专项支持，与欧美日韩合作项目相比处于弱势资助地位。同一个气候变化南南科技合作项目涉及的技术示范、合作研究、培训、贸易、基建、成套设备等一链条化合作形式需要由多个部门分别支持。大型国企申请银行贷款走出去开展应对气候变化技术转移相对容易，但中小企业较难获得银行融资。相关气候南南合作和援外经费没有建立定期绩效评估制度。

三、气候变化南南科技合作管理制度落后，支持机制缺乏

气候变化南南科技合作财政支持经费管理规定死板落后，经费支出按照科研经费管理制度执行，在国外使用经费限制过多，不能满足实际需要。考核激励机制不足，援外人员待遇不高，海外工作生活条件差，且面临人身安全、健康风险、家庭分居等不稳定因素，科研机构和大学以创新能力和学术

水平为考核指标，不重视南南合作，影响了援外人员的积极性。相关配套政策缺乏，政府服务缺位，如援外仪器、设备出关、检验检疫手续繁琐，我驻外使馆在外协调能力较弱，驻发展中国家使馆科技处过少。支持企业走出去的财税、金融、保险等优惠政策缺乏，行业协会对于企业走出去的支撑服务功能有限。

四、企业尚未成为南南科技合作的主体

科研机构和大学仍然是气候变化南南科技合作的主要执行机构，产学研联合走出去有待加强。科技援外专项对企业支持力度有限，且往往支持国有企业，对民营科技型中小企业支持不够。中小企业也因为自身的科技能力不强，国际化程度较低，在气候变化的南南科技合作中面临诸多障碍和风险。南南合作项目见效慢，短期收益率低，影响了企业的积极性。中小企业自律意识不强，在发展中国家相互压价、扰乱市场等不当竞争频繁，技术产品质量不高，不尊重当地法律风俗，不重视当地环境保护，易在发展中国家涉入质量、产权、劳资纠纷，引起当地民众的不满。

五、信息不对称，缺乏气候变化南南技术转移平台

国内科研机构、大学、企业对合作国相关法律、政策、政府机构信用程度缺乏必要的了解，对风险认识不足，合作渠道有限，发展中国家也普遍缺乏获取信息和适用技术的渠道，存在明显的信息不对称问题。为南南技术转移提供咨询、法律、知识产权、翻译、风险评估等市场服务的机构缺乏。国内虽设立了从事气候变化南南技术转移的中介机构，尝试在市场机制作用下开展技术转移工作，但此类中介机构从质量上仍不能满足国内外技术供需对接的要求。从事科技援外的国内机构间尚缺乏协调和资源整合，不能共享信

息、渠道和经验。在重点发展中国家缺乏技术需求检测和技术转移信息服务的专业机构。

六、项目成效宣传不足，对中国参与气候谈判的支撑作用需进一步加强

从宣传推广来看，援外项目成效在国内、受援国和西方媒体均存在宣传不足的问题。国内机构和民众对于气候变化南南科技合作的理念和战略意义没有充分理解，外国民众对于中国气候援助成效知之甚少。部分项目设计之初侧重经济效益，在验收、宣传时易忽视其在应对气候变化方面取得的成效。从对中国参与谈判的支撑作用来看，当前气候变化国际谈判更关注政治性议题及减排对经济的影响，科技援外及南南合作在支撑中国参与谈判、团结广大发展中国家、争取其支持中国立场方面的作用尚未得到充分发挥。

七、发展中国家对于气候技术援助的相关配套不足

从受援国情况来看，许多发展中国家没有针对外援的配套政策、资金和人力，导致单一模式下的技术援助在受援国得不到广泛认可和推广。部分发展中国家经济基础和技术吸收能力薄弱、基础设施配套不足，导致技术引进消化周期过长，示范工程结束后，合作项目缺乏可持续性。发展中国家政府效率低下、诚信度不高、生活环境恶劣、安全问题突出，导致援助项目的不确定性较多。发展中国家市场机制不健全，外方传统产业和保守势力的能量大，对自身技术体系保护明显，此外发达国家和发展中大国也易与中国产生竞争。

小　结

本章重点对中国气候变化南南科技合作的战略体系、管理体系等现状，以及存在主要问题进行了总结与分析，本章认为：

"十二五"期间相关战略规划把南南科技合作提到重要位置，《十二五国家应对气候变化科技发展专项规划（2012～2015）》《国家适应气候变化战略（2013～2020）》和《国家应对气候变化规划（2014～2020 年）》，明确把气候变化南南科技合作作为重要内容，明确了重点合作领域、优先支持的国家类别，强调加强气候变化南南合作机制建设和发展中国家能力建设。中国的对外援助管理体系属于多部门合作体系，商务部是援外的主管部门，外交部、财政部等 20 多个部委机构共同参与对外援助，对外援助部际联系机制于 2011年升级为对外援助部际协调机制。商务部围绕援外工作大局组织援外，其援外项目涉及大量气候变化科技项目；国家发改委为支撑气候变化国际谈判开展气候变化南南合作；科技部负责气候变化南南科技合作的组织实施；进出口银行为气候变化科技援外提供金融支持；相关行业部委利用自身优势配合气候变化科技援外工作。

然而，中国气候变化南南科技合作仍存在一些问题，包括国家层面的气候变化南南科技合作政策规划与部门协调有待进一步完善、气候变化南南科技合作可动用财政资金有限、气候变化南南科技合作管理制度落后，支持机制缺乏、企业尚未成为南南科技合作的主体、信息不对称，缺乏气候变化南南技术转移平台，项目成效宣传不足，对中国参与气候谈判的支撑作用需进一步加强，发展中国家对于气候技术援助的相关配套不足。

参考文献

陈雄："南南合作中资源开发利用技术转移模式、机制研究"，博士论文，中国地质大学，
　　2018 年。
辛秉清："中国气候变化南南科技合作现状分析与绩效评价研究"，博士论文，北京理工大
　　学，2016 年。

第七章　政策建议

近年来，中国积极应对全球气候变化，组织实施了一系列积极的气候变化国家战略，推动和引导建立公平合理、合作共赢的全球气候治理体系，在全球气候治理上贡献中国智慧和力量，彰显了负责任的大国形象，推动构建人类命运共同体。自2011年以来，中国在气候变化领域累计投入了约7亿元，用于开展节能低碳项目、气候变化能力建设等活动来帮助其他发展中国家应对全球气候变化挑战。中国在南南合作框架下，通过向广大发展中国家赠送应对气候变化物资、支持制定气候变化政策规划、推广气候友好型技术、加强气候变化领域联合研究等，为广大发展中国家，特别是最不发达国家、小岛屿国家、非洲国家等提供在气候变化领域的技术、资金和能力建设，为应对气候变化做出了积极的贡献。

习近平总书记在第二届"一带一路"国际合作高峰论坛开幕式上提出，"要实施'一带一路'应对气候变化南南合作计划"。未来中国将深入贯彻落实习近平总书记关于"实施'一带一路'应对气候变化南南合作计划"的承诺，在巩固与合作国家互信理解基础上，加强气候变化领域国际科技合作，相互支持、相互帮助、广泛凝聚共识，共同提振全球合作应对气候变化的信心。结合发展中国家具体情况，把减缓和适应气候变化与可持续发展结合起来，充分发挥合作国家优势和资源，加强国家间的协同合作，加强机制合作交流，做到互通有无，变挑战为机遇，实现互利共赢。

第一节　世界主要国家科技创新应对气候变化举措的启示

　　伞形集团、欧盟国家、拉美国家等应对气候变化科技创新政策对于中国应对气候变化科技创新及合作政策的制定具有重要的意义。通过对上文上述国家科技创新政策的分析，我们可以得出如下几点启示：

一、统一而全方位的应对气候变化国家总体战略是气候变化落实的重要保障

　　在应对气候变化上，美、欧等发达国家加强顶层设计、制定了统一、全面的应对气候变化的国家战略规划，明确提出了应对气候变化中长期目标、思路、任务、措施等主要内容。例如，意大利政府于 2017 年发布了《国家可持续发展战略 2017～2030》，分别在"以人为中心（PEOPLE）""全球环境安全（PLANET）""经济持续繁荣（PROSPERITY）""社会公正和谐（PEACE）""提升伙伴关系（PARTNERSHIP）" 5 个方面提出了 13 个重点领域的 52 项国家战略目标。美国联邦政府于 2016 年发布了《美国中世纪深化低碳发展战略》，提出了 2050 年要在 2005 年基础上减排 80% 温室气体的长期目标，综合考虑了各部门和行业减排温室气体的实际，提出了美国应对气候变化政策实施的长期路径。此外，新一届欧盟委员会所推出的《欧洲绿色新政》是一份全面的欧盟绿色发展战略，描绘了欧洲绿色发展战略的总体框架，提出了新政实施的关键政策和措施的初步路线图。与此同时，德国出台了《国家气候保护计划》《可再生能源法》等有关法律，墨西哥在应对气候变化方面处于领先地位，也制定了专门针对气候变化的法律，发挥气候变化领域立法对国际

合作的统筹与协调作用。

二、建立相对灵活的应对气候变化管理体系，赋予地方政府在应对 气候变化行动上更多的主导权

一是加强了各有关部门间的沟通协调，且管理机制相对灵活。例如，德国政府专门设立了可持续发展研究委员会负责统筹和协调全国气候变化科研工作，评估各研究机构之间的任务分工与合作，做到了"全国一盘棋"。不仅如此，在某些重要领域国家级平台的建立和管理上，德国政府设立的"国家未来城市平台""国家电动汽车平台"等。这些平台具有协调、统筹、咨询等综合性功能。德国协调和统筹气候变化科研工作的组织形式多样，参与人员广泛，应对问题及时。二是强调国家和地方目标的一致性，强调地方间合作，赋予地方政府更多自主权。例如，美国气候变化联盟加强了州和州之间的气候变化合作，加快推进应对气候变化所需的解决方案，帮助各州实现气候目标。美国气候联盟共由 23 个州长代表的成员组成，联盟州承诺《巴黎协定》一致的减排目标，即到 2025 年在 2005 年的基础上减排 26%～28%的温室气体；追踪和报告全球评估实现巴黎协定的进展，加速减排 CO_2 政策，促进州立和联邦层面的可再生能源推广。美国东北部的各州联合实施碳排放限额交易政策，以减少电力行业的 CO_2 排放；加利福尼亚州政府签署了《全球变暖解决方案法案》来应对气候变化的行动，来减少温室气体排放对环境造成的危害，并设立了 2020 年将温室气体排放降低到 1990 水平的目标等。

三、气候变化援助是南北合作的重要方式

受经济和科技发展水平限制，拉美联盟、小岛屿国家、非洲国家等在应

对气候变化的科技创新能力上存在着诸多短板，而最不发达国家尤为突出。为此，通过对外援助帮助发展中国家、最不发达国家提升应对气候变化能力是国际社会的普遍共识。从合作事实来看，气候变化援助至今仍是南北合作的最主要渠道。无论是伞形集团还是欧盟国家，气候变化科技援助都已成为发达国家气候变化国际科技合作中的重要组成。一方面，加强气候变化领域对发展中国家的资金支持。欧盟成员国和欧洲投资银行共同为发展中国家提供最大的公共气候融资，仅在 2018 年就为发展中国家提供了 217 亿欧元的资金。日本 2017 年在适应气候变化和减缓气候变化上主要援助项目经费分别为 1.15526 亿美元和 1.0667 亿美元，是国际经合组织下属发展援助委员会在气候变化领域援助最多的国家之一。

另一方面，对发展中国家开展技术援助与培训也是援助的重要方式。意大利资助越南开展"加强越南中南部地区洪水预报预警能力项目""完善与升级服务于红河—波河流域水资源管理工作的观测、监测和实时预测系统"等多个项目，协助越南制定"有关评估气候变化及自然灾害对社区的影响及其应付措施的政策"，将地理信息系统（GIS）技术应用于战略环境评估工作与一些其他领域对越方人员进行培训。

四、发展中国家、最不发达国家仍迫切需要国际援助

适应领域作为抵御气候变化影响的发展方向，其重点领域和技术需求直接体现了一个国家应对气候变化抵御能力的趋势。根据三次联合国应对气候变化技术需求评估报告我们发现，发展中国家、最不发达国家在适用领域普遍存在着较大的技术合作需求和技术障碍。农业和渔业是发展中国家、最不发达国家需求数量最多的领域，其次是海岸带管理、水资源领域和卫生健康领域。此外，不同的地区或国家在适用领域技术需求存在着差异。例如，非洲国家将水资源列为优先重点领域；拉美国家和加勒比海地区关注水资源和

卫生健康；最不发达国家需求为农林现代化；小岛屿国家主要以应对海平面上升和粮食安全为主要需求。与上述国家相比，中国在农业、渔业、水资源和卫生健康等适用技术领域具有比较优势，未来可以结合联合国三次应对气候变化技术需求评估报告在重点适用技术领域加强与上述国家的技术合作，提升它们应对全球气候变化的科技创新能力。

五、国际话语权争夺是全球气候治理的核心

在世界各国围绕气候变化问题博弈的过程中，关于全球气候治理的话语权争夺是谈判的核心。每一个国家都努力从本国实际和利益出发，制定有利于本国经济发展的减排目标，提出符合本国发展利益的气候治理理念，并在尝试努力地说服其他国家接受和认同这种政治主张。关于气候治理的国际话语权争夺，也将继续决定全球气候治理的未来走向。例如，欧盟重视其在全球气候治理中的国际话语权，通过清洁能源发展机制和全球环境基金机制加强对发展中国家的援助，推广其气候治理理念；通过双边和多边排放贸易合作计划分享专门知识，为发展中国家努力应对气候变化提供资金支持。欧盟在气候变化领域诸多举动获得了国际社会的广泛认可，被誉为"国际气候谈判领导者的角色"。

六、注重搭建多层次的应对气候变化国际援助体系，发挥非政府组织在全球气候治理中独特作用

从不同层面推动气候变化国际援助，搭建从国别到区域、从区域框架到国际组织框架的气候变化国际援助体系十分重要。与此同时，非政府组织（NGO）在气候变化国际合作中也发挥着积极的作用。在气候变化国际合作

中纳入 NGO，可以适当缓冲和"稀释"官方援助的政治性，打消受援国戒心，更容易被受援国接受。借助 NGO 的力量，还可以扩大援助规模，提高援助效率，对外援助的招标、实施和评估环境引入 NGO 的力量有利于提升国际合作的透明度。例如，澳大利亚加强与非政府组织合作。自成立以来，澳大利亚国际发展署已和诸如澳大利亚乐施会、澳大利亚儿童基金会等非政府组织开展了切实有效的合作，成立了澳大利亚国际发展署非政府组织合作计划，极大地促进了受援地区生态环境的保护和改善，增强了当地气候变化适应能力。

第二节　中国应对气候变化国际科技合作的
对策建议

　　围绕中国应对气候变化国际科技合作事实与需求，结合世界主要国家科技创新应对气候变化的举措，本报告从如下几个方面提出未来中国应对气候变化国际科技合作的对策与建议，具体如下：

一、研究制定应对气候变化国际科技合作战略，发挥气候变化立法
在应对气候变化国际合作中的统筹和协调作用

　　中国高度重视应对气候变化工作，已经形成相对完善的体制机制，在能源、自然资源、生态建设、森林和草原领域制定了相关规划，如生态环境保护规划、生态文明体制改革总体方案等，但缺乏集中统一的应对气候变化国际科技合作的国家战略。为此，我们认为应从如下几方面入手：

　　（1）加强应对气候变化的有关立法，突出国家立法在应对气候变化国际

合作上的统筹与协调作用，为国家战略实施提供法律保障。结合国际国内形势，对现有新能源、环境政策、清洁能源等气候变化有关法律进行修订，明确应对气候变化的政策实施目标，将政策实施目标与国家经济发展目标紧密结合。同时，要加强在气候变化领域国际科技合作成果转移转化的有关立法，加大对有关科技创新企业的知识产权保护，出台有关政策鼓励和支持有关企业参与到气候变化国际科技合作中来，为应对气候变化国际科技合作国家战略顺利实施提供法律保障。

（2）在《联合国气候变化框架公约》框架下，围绕联合国 2030 可持续发展目标，研究制定应对气候变化国际科技合作国家战略规划。建议在认真分析当前中国碳排放现状和潜力的基础上，借鉴参考欧盟《欧洲绿色新政》，制定出全面系统的应对气候变化发展国家战略规划。可以将气候变化国际科技合作国家发展战略与"十四五规划"中科技创新发展目标及其中绿色技术领域相结合来制定该国家战略。

（3）研究制定中国应对气候变化国际科技合作的政策与实施路线图。在制定政策上，应优先考虑可持续性发展，明确中国应对气候变化的中长期发展目标，促进中国经济社会发展各项政策制度与可持续性发展目标协同发展。同时，需要考虑各个部门和行业实际情况，制定符合各部门和行业实际的减排目标。在实施路线图设计上，研究提出确定应对气候变化的重点技术研发领域，以及更加明确和操作性强的减排途径和机制，如资助机制、项目遴选机制、人才培养机制；研究遴选出加强应对气候变化国际科技合作的有效方式，提出有战略实施的保障机制。

（4）研究提出中国应对气候变化国际科技合作的重点行动。可在重点区域，研究建立应对气候变化的区域合作机制，加强在东北亚、湄公河、中亚和东南亚地区气候变化国际科技合作的区域性布局，如建立东北亚应对气候变化合作机制、湄公河应对气候变化区域合作机制等。围绕国家"一带一路"倡议，研究提出"一带一路"沿线国家应对气候变化科技合作的行动计划。

按照各国应对气候变化技术合作需求，在相关技术转移、合作平台搭建等方面研究提出具体的行动计划。

二、加强"一带一路"倡议下应对气候变化区域性机制建设，以气候外交服务国家总体外交

"一带一路"倡议下重点加强应对气候变化区域性合作机制建设。综合前部分研究，美国、德国、日本等国家都十分重视气候变化区域性机制建设，通过加强与某区域国家合作，建立区域性合作机制，来提升本国在该区域的主导作用。借鉴这些国家的经验，未来中国应加强应对气候变化区域性合作，特别是在中亚、东亚、南亚等地区建立区域性气候变化合作伙伴关系；围绕地区各主要国家应对气候变化技术和发展需要，建立双边或多边气候变化合作协议；注重对中亚、东亚、南亚等地区发展中国家的气候变化国际援助，通过开展技术培训班、提供气候变化援助资金等方式，提升发展中国家气候变化建设能力；可以借助区域性国际机构，在 APEC 合作框架下，推动气候变化领域国际联合研究项目或合作平台建设，打造亚太地区气候变化旗舰项目或应对气候变化技术转移平台，促进技术、人才、资金的流动。

三、加强应对气候变化重点领域的国际合作

1. 聚焦双边共需技术领域，加强与发达国家应对气候变化国际合作。未来应围绕中国和合作国气候变化战略需求和实际，加强气候变化重点领域的国际科技合作。特别要发挥中国在应对气候变化领域技术优势，结合发达国家应对气候变化的技术发展需要，加强在中国优势领域与发达国家间的国际合作，巩固应对气候变化国际合作关系，降低与美欧国家合作的不确定性对

中国应对气候变化国际合作的负面影响。根据各国应对气候变化政策及需求，本报告提出如下建议：在与发达国家合作上，应聚焦双方共需技术领域，加强该领域的国际科技合作。本报告重点提出美国、欧盟国家、日本为代表的北欧国家重点合作领域。与美国合作上，虽然特朗普政府从国家层面持有消极的态度，但美国各州政府合作热情仍十分积极，建议加强省际、城市间的合作，如与美国州政府、城市等方面的合作，应重点围绕清洁能源、低碳技术、碳封存技术、新能源领域的国际合作。与欧盟国家合作上，要加强氢能、核能、气候治理中数字技术应用等前瞻性技术领域的国际合作，共同推出类似中国-欧盟氢能合作战略及实施路线图等合作框架；与此同时，在与欧盟总体及成员国合作上，合作领域选择要围绕欧盟绿色新政提出的重点行动进行遴选，包括智能交通、绿色农业、循环经济、清洁技术等。与日本合作上，应在农林水产、自然生态、清洁能源、节能减排、新能源、太阳能、地能等领域加强国际科技合作。

2. 围绕发展中国家需求，加强适应领域和减缓领域的国际援助。对于拉美国家，应坚持联合研究和国际援助相结合的方式。对于墨西哥、智利、阿根廷等拉美地区较发达国家，应在清洁能源、新能源、节能减排、低碳等领域加强技术合作，开展国际联合研究和人员交流。对于加勒比海和南美等不发达国家，应加大在农业、林业、水资源、卫生健康等领域国际援助。对于非洲国家，要加大在农业、林业、系统观测、水资源等领域国际援助，加强对当地科技人员的技术培训与资金支持；对于太平洋等小岛屿国家，要重点关注海岸带、农业和林业上的国际援助。值得注意的是，在对发展中国家基础设施援助项目上，要将当地资源环境可持续发展考虑进去，增加绿色基础设施援助项目的建设，将低碳发展理念与基础设施援助密切结合，要避免或降低在煤电厂等高碳排放项目的援助，给当地环境发展造成负面影响，引起本地居民的不满。

四、推动应对气候变化国际合作方式的多元化发展

在应对气候变化国际合作上，应强调合作方式的多元化，针对不同地区和国家要采取多元化的合作方式，提升应对气候变化国际合作的效率。结合报告前几部分内容，本报告提出如下几点建议：

1. 重视对发展中国家应对气候变化的国际援助，通过国际援助提升中国在全球气候治理的话语权。围绕他们迫切需要的技术领域，加强对发展中国家气候变化的国际援助。从减缓领域上，应按照能源、农业土地利用与林业、废弃物管理和工业依次开展国际科技援助，其中能源领域合作是减缓领域最迫切的合作领域。在适应领域上，应按照农业和渔业、水资源、海岸地带（基础设施）、系统观察与监测、卫生健康依次开展合作，其中农业和渔业是适应领域最迫切的合作领域。

2. 努力打造应对气候变化的南南技术合作平台，促进技术转移与合作交流。搭建集成技术合作、技术转移、技术培训、技术咨询评估等功能为一体的南南合作应对气候变化平台，提供技术需求与适用技术的对接、交互、咨询与第三方服务。充分利用我驻外机构、援外培训班、论坛、展览等渠道获取和传递供需信息。在技术转移过程中注重发挥中介机构作用，重点开拓发展中国家适用技术需求信息渠道。条件成熟时，帮助其他发展中国家设立平台节点，形成公益性、国际化的南南技术转移信息服务协作网络，发挥国际组织的资源优势，共建共享，国际化运作。

3. 建立由绿色技术银行牵头的应对气候变化国际科技合作基金。为落实《联合国 2030 可持续发展议程》《巴黎协定》的目标，配合"一带一路"气候变化南南合作计划，建议以绿色技术银行为牵头单位，亚投行、丝路基金等为主要参与方，设立气候变化国际科技合作基金。从目的上看，该基金主要用于资助在气候变化领域重大国际联合研究、支持气候变化的南南科技合

作、促进气候变化国际科技合作成果的转移转化，加强绿色技术合作成果的推广与应用。特别地，对于"一带一路"沿线国家，尤其是最不发达国家，应针对这些国家气候变化能力特点，设立相应的合作基金，在气候变化脆弱性领域为设施建设、设备购买、人员培训等提供资金资助。从形式上看，气候变化国际科技合作基金应强调政府引导，注重市场的主体性作用，加强多渠道融资，鼓励公私合营方式，支持私人资本参与到气候变化国际科技合作项目中，拓宽项目的融资渠道。从管理上看，对基金支持的科技合作项目，要加强各环节中风险的评估，确保实施项目的可操作性和应用性，确保基金项目的顺利完成；做好项目成果的评估工作，保证合作项目的质量；加强项目合作成果的知识产权保护，切实保护合作双方利益，避免知识产权上的纠纷，实现利益风险共担共享。

4. 加强应对气候变化国际联合研究项目合作，打造应对气候变化的国际合作旗舰项目。围绕双方共同需求，优化项目合作指南，提出应对气候变化国际合作的优先领域，设计出符合应对气候变化共同需求的合作项目，发挥双方在有关领域的科技创新优势，实现强强联合，提升合作方应对气候变化技术合作总体水平。与此同时，要瞄准气候变化技术前沿领域，聚焦合作双方优势技术，打造应对气候变化国际合作的旗舰项目。

5. 加强应对气候变化重点领域的技术转移。在能源领域，坚持政府引导、国际组织支持、院所承担、企业参与三方合作。开展产学研联合，技术培训与技术示范应用、规划设计结合的技术转移模式。采用政府搭台、院所支撑、企业参与，政府引导与市场机制结合的技术转移机制。在环境领域，坚持政府主导、国际基金支持、科研院所支撑，技术培训与技术示范应用、规划设计结合的公益性技术转移模式。在农业领域，坚持企业主导、政府支持、市场运作、企业承担、院所支撑的产学研结合，规划设计、技术培训与技术应用示范软硬结合的市场主导、政府支持的技术转移模式、机制。

五、加强应对气候变化科技援助，服务"一带一路"气候变化南南合作

"一带一路"沿线国家由于受经济和科技发展水平限制，在应对气候变化的科技创新能力上存在着诸多短板，其中以最不发达国家尤为突出。为此，气候变化科技援助成为了"一带一路"沿线国家应对气候变化的主要渠道。无论是伞形集团还是欧盟国家，气候变化科技援助都已成为发达国家气候变化国际科技合作中的重要组成。加强气候变化科技援助，不仅实现了受援国气候变化领域科技创新能力的提升，也有助于中国气候变化领域技术标准、治理理念的传播，可以提升中国在全球治理中的国际话语权。面对新国际形势，中国政府应继续做好气候变化科技援助有关工作，完善气候变化科技援助管理和规划。

1. 科技援助应采取多主体、软硬结合方式。要注重发挥政府在科技援助中的引导作用，充分发挥市场在科技援助中的重要作用，鼓励和支持科研院所、高等院校和企业参与到气候变化科技援助中来。要坚持软（政策规划、能力建设、资源调查）硬（项目合作研究+应用示范+基地建设）结合，兼顾政策规划、科学研究及观测、适应、减缓四个重点方向。重视发挥中国科技软实力，多向发展中国家提供技术咨询、政策规划、资源调查等服务，包括协助发展中国家政府编写本国应对气候国家方案/行动规划，帮助最不发达国家政府准备《国家适应行动计划》、准备《国家信息通报》和《技术需求评估报告》，协助发展中国家科技界参加政府间气候变化委员会（IPCC）评估报告有关工作等。

2. 组建产学研结合的援助联盟。要充分发挥院所（人员培训+适应性合作研究）和企业（成熟技术产品应用示范+技术推广）优势，整合国内企业、高校和科研院所力量，组建走出去产业联盟，抱团出海。鼓励与发展中国家

的高校、科研院所建立合作关系。

3. 能力建设与技术转移、贸易结合。鼓励培训、技术、产品相结合，重视帮助发展中国家提高科技应对气候变化的能力建设，将技术培训、人才培养、仪器设备捐赠、援建科研机构、在发展中国家举办技术展览、帮助发展中国家提高 CDM 项目能力等活动与技术输出更紧密地结合起来。在科技发挥先导作用后，支持企业跟进开拓市场。

4. 建立综合示范培训服务的海外一体化基地。依托在外大型中资企业力量，组建南南科技合作产学研联盟走出去，开展南南合作、技术转移。由政府牵头，以企业化运作方式在重点发展中国家的首都建立海外基地，为中国企业、高校和科研院所在发展中国家开展技术合作提供保障平台，集成科普知识教育、技术培训点、技术示范点、产品维护点、技术咨询服务等功能。

5. 加强与非政府组织（NGO）合作，共同推动应对气候变化科技援助。加强与气候变化有关非政府组织的合作，发挥非政府组织在援助中的中性的独特优势，加强对发展中国家等受援国在气候变化有关领域的技术培训。同时，利用非政府组织机构的平台，向受援国乃至全球宣传中国全球气候治理中的科技创新理念和成果，分享和推广中国全球气候治理的方案。

6. 从需求出发，注重援助的实效性和可持续性。重视提高发展中国家适应能力并惠及民生的科技援外项目。在援助项目设计和执行过程中，还应考虑与扶贫、防灾减灾、粮食增产、卫生健康、环境保护、发展清洁能源等当地经济社会可持续发展的优先议题相结合，发挥各类项目的协同效应。科技援助项目不应盲目追求规模大或标志性工程，更应注重符合用户需求、受益面广、持续性强（买得起、用得上、易维护），惠及百姓民生、适合大面积推广的技术。通过区域性布局、布点建设一批有国际影响力的技术示范项目，形成网状示范基地集群，促进项目成果的辐射推广。

六、积极参与全球气候治理，发挥中国的建设性作用

加强全球气候变化多边治理，已成为世界主要发达国家提升气候治理国际话语权的重要渠道。对中国而言，应对气候变化、发展绿色技术既是大国竞争的新焦点，也是谋求大国地位的新起点。在人类共同面临的全球气候问题面前，中国应积极应对，在国际谈判中争取主动，在双、多边"气候外交"场合力争成为议程设置者和制度建设者，为中国经济社会发展赢得必要的发展空间。当前，特朗普政府宣布退出《巴黎协定》给全球气候治理带来了诸多不确定性。全球气候多边治理机制面临着严重挑战。中国作为全球气候治理的关键参与者，要积极参与全球气候治理，推动全球气候治理朝着更加公平、合理方向发展。一方面，可利用南南合作的契机，在可持续发展目标和气候变化议程的指导下加强与发展中国家合作，将气候变化与国际科技合作与创新能力开放相结合；加强与德国等发达国家的战略合作，促进国际气候变化机制的进一步完善，引入更多的主体参与气候外交。加强与联合国等国际组织的多边合作，共同发起、设立气候变化南南科技合作研究计划，利用好国际组织的专家和渠道，发挥国际组织协调发展中国家政府和科研机构的作用。另一方面，支持中国科研人员和政府官员到气候变化框架公约秘书处、环境署、全球环境基金会、气候技术中心等组织任职，竞争执委或有决策权的职务，提升中国在多边气候变化南南合作项目设计和资金分配中的话语权，加强气候变化南南科技合作成果的对外宣传。

七、建立多能源绿色发展体系

建立氢能、可再生能源、清洁能源、核能和智能电网等多能源一体化的绿色发展体系，降低中国对煤炭等传统能源的依赖度。在总体方案设计上，

可参考欧盟的绿色新政，从目标、原则、任务、方式、保障机制上进行规划设计。在各绿色能源领域，可结合中国能源体系现状与需求，重点参考德国（氢能战略）、日本（清洁能源）等发达国家在重点能源领域发展战略，研究提出了各能源重点技术研发方向、项目资助机制等，从而建立起多能源绿色发展体系。

小　结

本章重点就如何推动新时期中国气候变化国际科技合作提出了对策建议，本章首先总结了世界主要国家气候变化领域国际科技合作经验，主要包括统一、全方位的应对气候变化国家总体战略是气候变化落实的重要保障；应对气候变化科技创新管理体系应完整、灵活；气候变化援助仍是南北合作的重要方式；发展中国家、最不发达国家等国家仍然在适应领域存在较大合作需求；国际话语权争夺仍是全球气候治理的核心；非政府组织在全球气候治理中发挥了独特作用。基于上述经验，本章提出了推动气候变化国际科技合作的政策建议。本章认为，未来应着力于如下几个方面：加强顶层设计，研究制定应对气候变化国际科技合作国家战略；建立上下联动、多部门协调、多层次的应对气候变化国际科技合作机制；按照"一国一策"原则研究提出应对气候变化国别科技合作策略；认真落实"一带一路"应对气候变化南南合作计划，推动气候变化南南科技合作；持续做好气候变化科技援助的有关工作；抓住美国退出《巴黎协定》之机，努力成为全球气候治理的主导者；研究建立由绿色技术银行牵头的气候变化国际科技合作基金；建立多能源绿色发展体系。

参考文献

陈雄："南南合作中资源开发利用技术转移模式、机制研究"，博士论文，中国地质大学，2018 年。

秦海波、王毅、谭显春、黄宝荣："美国、德国、日本气候援助比较研究及其对中国南南气候合作的借鉴"，《中国软科学》，2015 年。

辛秉清："中国气候变化南南科技合作现状分析与绩效评价研究"，博士论文，北京理工大学，2016 年。